PREFACE 머리말

실무에 강한 소방안전관리자로 가는 첫걸음

현대 사회의 복잡하고 밀집된 환경으로 인해 화재에 따른 인명·재산 피해의 위험성도 급증하고 있습니다. 이러한 환경적 변화에 따라, 화재를 예방하고 발생 시 신속하고 정확하게 대응할 수 있는 소방안전관리자의 역할은 그 어느 때보다 중요해졌습니다.

소방안전관리자 1급 자격시험은 방대한 이론과 법령, 그리고 꾸준히 변화하는 출제 경향 속에서 준비해야 하는 쉽지 않은 시험입니다. 그러나 중요한 것은 실제 시험에 자주 출제되는 핵심 이론과 문제 유형을 정확히 파악하고 정리하는 것입니다. 이 책은 그 점에 초점을 맞추어 수험생 여러분이 실질적인 도움을 얻을 수 있도록 구성되었습니다.

이 책은 다음과 같은 점에 중점을 두어 제작되었습니다.

1. 방대한 이론 중 출제 빈도가 높은 핵심 내용만을 선별하여, 도식화와 요약을 통해 한눈에 이해할 수 있도록 정리하였습니다.
2. 최근 개정된 법령 내용과 신유형 문제를 반영하여 최신 출제 경향을 놓치지 않도록 하였습니다.
3. 8개년 기출문제를 수록하여 실제 시험의 흐름을 파악할 수 있도록 했으며, 마지막에는 빈출 문제들을 별도로 정리하여 시험 직전까지 철저히 대비할 수 있습니다.

특히 수험생의 입장에서 생각하며, 이론 학습에서 생길 수 있는 문제풀이의 공백을 메우는 것에 중점을 두고자 했습니다.

공부는 단거리 달리기가 아닌 마라톤입니다. 조급해하지 말고, 매일 한 페이지씩 정직하게 공부해 나간다면 반드시 '합격'이라는 목표에 도달할 수 있을 것입니다. 끝으로, 이 책이 여러분의 합격에 실질적인 도움이 되기를 바라며, 나아가 우리 사회의 안전을 지키는 든든한 소방안전관리자로 성장하는 데 작은 디딤돌이 될 수 있기를 진심으로 기원합니다.

편저자 김연진

GUIDE 소방안전관리자 1급 시험안내

1 소방안전관리자란?

소방안전관리자는 『화재의 예방 및 안전관리에 관한 법률』에 따라 다음의 업무를 수행한다.
- 피난계획에 관한 사항과 대통령령으로 정하는 사항이 포함된 소방계획서의 작성 및 시행
- 자위소방대 및 초기대응체계의 구성, 운영 및 교육
- 피난시설, 방화구획 및 방화시설의 관리
- 소방시설이나 그 밖의 소방 관련 시설의 관리
- 소방훈련 및 교육
- 화기 취급의 감독
- 소방안전관리에 관한 업무수행에 관한 기록·유지
- 화재 발생 시 초기대응
- 그 밖에 소방안전관리에 필요한 업무

2 응시자격

- 특급 또는 1급의 소방안전관리에 대한 강습교육을 수료한 사람
- 5년 이상 2급 소방안전관리대상물의 소방안전관리자로 근무한 실무경력이 있는 사람
- 산업안전기사 또는 산업안전산업기사의 자격을 취득한 후 2년 이상 2급 소방안전관리대상물 또는 3급 소방안전관리대상물의 소방안전관리자로 근무한 실무경력이 있는 사람
- 특급 소방안전관리대상물의 소방안전관리자 시험응시 자격이 인정되는 사람

※ 자세한 내용은 한국소방안전원(www.kfsi.or.kr) 홈페이지에서 확인 가능

3 응시원서 접수방법 등

(1) 접수방법

구분		시험 접수방법
강습교육 수료자 또는 재시험 접수 희망자		별도의 "응시자격심사" 절차 없이 시험접수 가능(방문접수 또는 인터넷접수 가능)
학력, 경력, 자격 등의 응시자격으로 최초 시험접수 희망자	방문 접수	응시자격(증빙서류) 심사 후 시험접수 진행 ※ 단, 접수예정 또는 마감된 시험일정에는 접수할 수 없음
	인터넷 접수	① "응시자격심사" 신청(증빙서류 첨부) ② "응시자격심사" 승인 이후 시험접수 가능 (방문 또는 인터넷접수 가능)

※ 시험접수는 선착순 접수이므로 접수예정 또는 마감된 시험일정에는 접수할 수 없음
※ 방문접수는 토요일, 일요일, 공휴일 등을 제외한 근무일(09:00~18:00)만 가능

(2) 제출서류 및 응시수수료

기본 제출서류	① 시험응시원서 * 방문접수 시 신분증 지참 ② 증명사진(3.5cm×4.5cm) ③ 응시자격 서류심사 신청서 ④ 응시자격 증명서류 ※ ③, ④는 학력, 경력, 자격 등의 응시자격으로 최초 시험접수를 하는 경우에 한함
응시수수료	① 특급 : 제1차 18,000원 / 제2차 24,000원 ② 1·2·3급 : 12,000원

4 시험방법 및 시간

시험방법	배점	문항수	시간
객관식 (선택형, 4지 1선택)	1문제 4점	50문항 (과목별 25문항)	1시간 (60분)

5 시험과목

구분	1과목	2과목
1급	• 소방안전관리자 제도 • 소방관계법령 • 건축관계법령 • 소방학개론 • 화기취급감독 및 화재위험작업 허가·관리 • 공사장 안전관리 계획 및 감독 • 위험물·전기·가스 안전관리 • 종합방재실 운영 • 피난시설, 방화구획 및 방화시설의 관리 • 소방시설의 종류 및 기준 • 소방시설(소화·경보·피난구조·소화용수·소화활동설비)의 구조	• 소방시설(소화·경보·피난구조·소화용수·소화활동설비)의 점검·실습·평가 • 소방계획 수립 이론·실습·평가(화재안전취약자의 피난계획 등 포함) • 자위소방대 및 초기대응체계 구성 등 이론·실습·평가 • 작동기능점검표 작성 실습·평가 • 업무수행기록의 작성·유지 실습·평가 • 구조 및 응급처치 이론·실습·평가 • 소방안전 교육 및 훈련 이론·실습·평가 • 화재 시 초기대응 및 피난 실습·평가

6 합격자 결정 및 발표

합격자 결정	매 과목 100점을 만점으로 하여 매 과목 40점 이상, 전 과목 평균 70점 이상 득점한 사람
합격자 발표	시험을 종료한 날로부터 30일 이내에 인터넷 홈페이지 또는 시·도지부 게시판 등에서 확인 가능

GUIDE 구성과 특징

STEP 1

1 합격비법 핵심 포인트 30

2 8개년 기출복원문제

3 최빈출 기출 30제

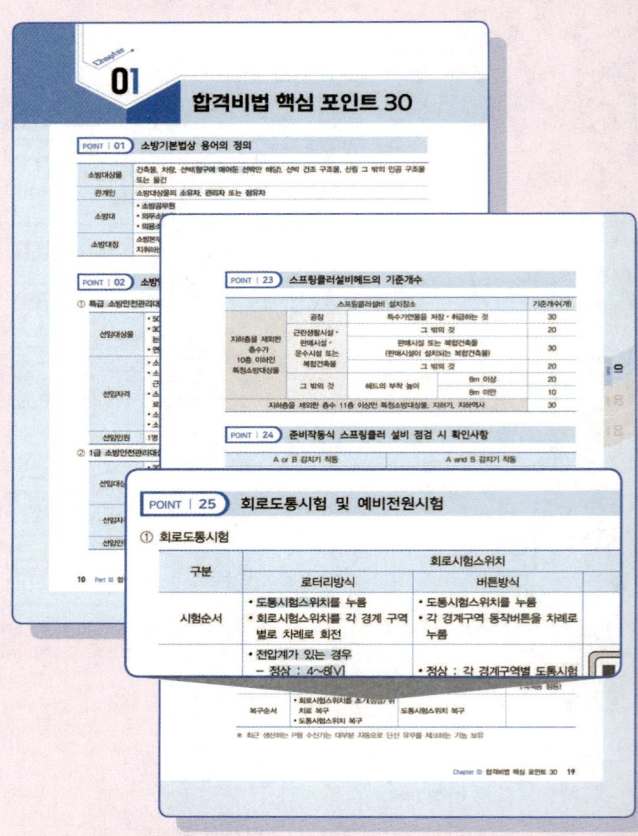

✅ 핵심이론 정리
복잡한 이론은 정리하고, 시험에 자주 출제되는 핵심 개념만 쏙쏙 모아서 정리하였습니다.

✅ 가독성을 높인 도식화된 구성
깔끔하게 도식화된 구성으로 가독성을 높이고 단기간에 빠르게 이해하고 암기할 수 있도록 구성하였습니다.

STEP 2

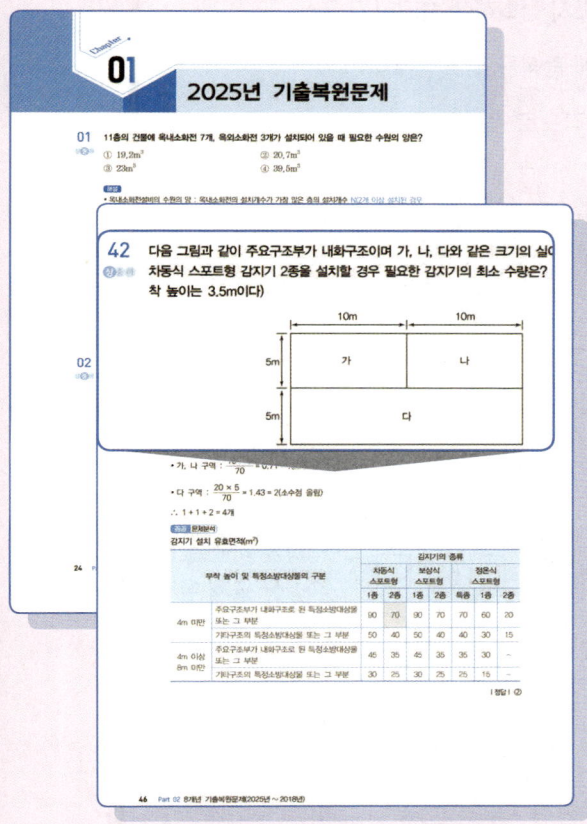

✅ **8개년 기출복원문제**
2025년~2018년까지 총 8개년의 기출복원문제를 통해 기출유형 및 출제경향을 파악할 수 있습니다.

✅ **난이도 표시 및 상세한 해설**
문항별 난이도 표시와 핵심 개념을 한번 더 짚어주는 꼼꼼하고 상세한 해설을 통해 전략적이고 효율적인 학습이 가능합니다.

STEP 3

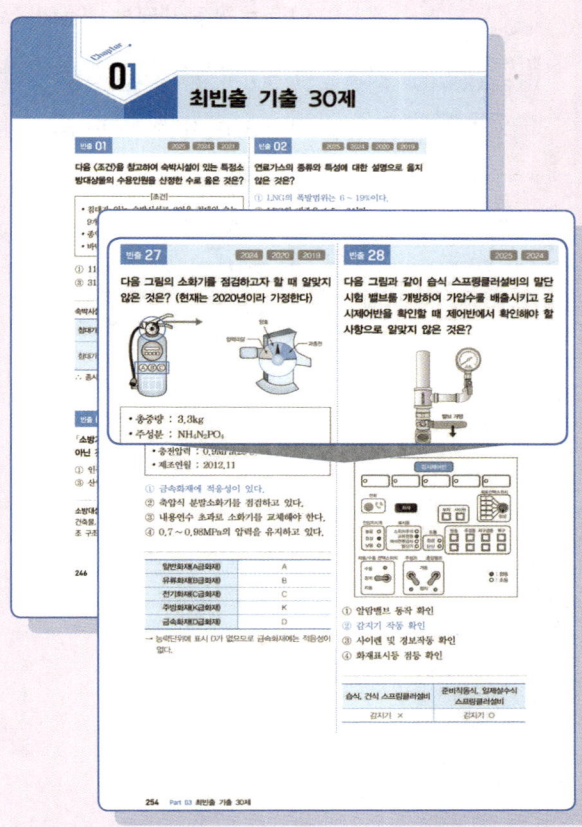

✅ **최빈출 기출 30문제 선별**
실제 시험에 출제된 문제 중 출제 비율이 높은 30문제만 선별하여 마무리 정리가 가능합니다.

✅ **시험 직전 점검용으로 최적화된 구성**
간단한 해설과 한눈에 보이는 정답으로 시험 직전 최종 점검용으로 활용할 수 있게 구성하였습니다.

GUIDE 소방안전관리자 1급 합격플래너

소방안전관리자 1급 "5일 완성" 합격플랜

- **공부법 하나!** 핵심 포인트는 꼭 출제되는 내용이므로 반드시 정확하게 숙지하기
- **공부법 둘!** 기출문제 위주로 많은 문제를 풀어보는 것에 중점을 두고 공부하기
- **공부법 셋!** 최빈출 기출 30문제는 무조건 맞힌다는 생각으로 공부하기

계획일정	학습범위	학습일	Check 추가학습	Check 최종점검	오늘의 목표
Day 1	합격비법 핵심 포인트 30	월 일	☐	☐	• 출제 경향 파악 • 암기 포인트 추출
Day 2	2025년 · 2024년 · 2023년 기출복원문제	월 일	☐	☐	• 최신 기출을 통해 최신 출제 유형 확인
Day 3	2022년 · 2021년 · 2020년 기출복원문제	월 일	☐	☐	• 중간 기출을 통해 반복 출제 포인트 확인
Day 4	2019년 · 2018년 기출복원문제 + 최빈출 기출 30제	월 일	☐	☐	• 8개년 마무리 + 출제패턴 구조화 • 반복 출제문제 점검 및 실전 감각 향상
Day 5	전 범위 복습 + 마무리 암기 ※ 1회 · 2회 실전모의고사	월 일	☐	☐	• 전체 구조 정리 • 약점 보완 및 최종 마무리 점검

CONTENTS 목차

PART 01 합격비법 핵심 포인트 30

| 01 합격비법 핵심 포인트 30 | 10 |

PART 02 8개년 기출복원문제(2025년~2018년)

01 2025년 기출복원문제	24
02 2024년 기출복원문제	53
03 2023년 기출복원문제	80
04 2022년 기출복원문제	109
05 2021년 기출복원문제	137
06 2020년 기출복원문제	167
07 2019년 기출복원문제	195
08 2018년 기출복원문제	219

PART 03 최빈출 기출 30제

| 01 최빈출 기출 30제 | 246 |

소방안전관리자 1급 8개년 기출문제집 + 무료특강

합격까지 박문각

PART 01

합격비법 핵심 포인트 30

합격비법 핵심 포인트 30

POINT | 01 소방기본법상 용어의 정의

소방대상물	건축물, 차량, 선박(항구에 매어둔 선박만 해당), 선박 건조 구조물, 산림 그 밖의 인공 구조물 또는 물건
관계인	소방대상물의 소유자, 관리자 또는 점유자
소방대	• 소방공무원 • 의무소방원 • 의용소방대원
소방대장	소방본부장 또는 소방서장 등 화재, 재난·재해, 그 밖의 위급한 상황이 발생한 현장에서 소방대를 지휘하는 사람

POINT | 02 소방안전관리(보조)자를 두어야 하는 선임대상물, 선임자격 및 선임인원

① 특급 소방안전관리대상물 ★

선임대상물	• 50층 이상(지하층은 제외)이거나 지상으로부터 높이가 200m 이상인 아파트 • 30층 이상(지하층을 포함)이거나 지상으로부터 높이가 120m 이상인 특정소방대상물(아파트는 제외) • 연면적 10만m² 이상인 특정소방대상물(아파트는 제외)
선임자격	• 소방기술사 또는 소방시설관리사의 자격이 있는 사람 • 소방설비기사의 자격을 취득한 후 5년 이상 1급 소방안전관리대상물의 소방안전관리자로 근무한 실무경력이 있는 사람 • 소방설비산업기사의 자격을 취득한 후 7년 이상 1급 소방안전관리대상물의 소방안전관리자로 근무한 실무경력이 있는 사람 • 소방공무원으로 20년 이상 근무한 경력이 있는 사람 • 소방청장이 실시하는 특급 소방안전관리대상물의 소방안전관리에 관한 시험에 합격한 사람
선임인원	1명 이상

② 1급 소방안전관리대상물 ★★

선임대상물	• 30층 이상(지하층 제외)이거나 지상으로부터 높이가 120m 이상인 아파트 • 연면적 15,000m² 이상인 특정소방대상물(아파트 및 연립주택은 제외) • 지상층의 층수가 11층 이상인 특정소방대상물(아파트는 제외) • 가연성 가스를 1,000톤 이상 저장·취급하는 시설
선임자격	• 소방설비기사 또는 소방설비산업기사의 자격이 있는 사람 • 소방공무원으로 7년 이상 근무한 경력이 있는 사람 • 소방청장이 실시하는 1급 소방안전관리대상물의 소방안전관리에 관한 시험에 합격한 사람
선임인원	1명 이상

③ 2급 소방안전관리대상물

선임대상물	• 옥내소화전설비, 스프링클러설비, 물분무등소화설비(호스릴방식 제외)를 설치해야 하는 특정소방대상물 • 가스 제조설비를 갖추고 도시가스사업의 허가를 받아야 하는 시설 또는 가연성 가스를 100톤 이상 1,000톤 미만 저장·취급하는 시설 • 지하구 • 공동주택(옥내소화전설비 또는 스프링클러설비가 설치된 공동주택으로 한정) • 보물 또는 국보로 지정된 목조건축물
선임자격	• 위험물기능장·위험물산업기사 또는 위험물기능사 자격이 있는 사람 • 소방공무원으로 3년 이상 근무한 경력이 있는 사람 • 소방청장이 실시하는 2급 소방안전관리대상물의 소방안전관리에 관한 시험에 합격한 사람 • 소방안전관리자로 선임된 사람(소방안전관리자로 선임된 기간으로 한정)
선임인원	1명 이상

④ 3급 소방안전관리대상물

선임대상물	특급, 1급, 2급 소방안전관리대상물을 제외한 특정소방대상물 중 간이스프링클러설비(주택전용 간이스프링클러설비 제외) 또는 자동화재탐지설비를 설치해야 하는 특정소방대상물
선임자격	• 소방공무원으로 1년 이상 근무한 경력이 있는 사람 • 소방청장이 실시하는 3급 소방안전관리대상물의 소방안전관리에 관한 시험에 합격한 사람 • 소방안전관리자로 선임된 사람(소방안전관리자로 선임된 기간으로 한정)
선임인원	1명 이상

⑤ 소방안전관리보조자 선임대상물

선임대상물	• 아파트 중 300세대 이상인 아파트
	• 연면적이 15,000m^2 이상인 특정소방대상물(아파트 및 연립주택은 제외)
	• 위의 특정소방대상물을 제외한 특정소방대상물 중 다음의 어느 하나에 해당하는 특정소방대상물
	  – 공동주택 중 기숙사
	  – 의료시설
	  – 노유자 시설
	  – 수련시설
	  – 숙박시설(숙박시설로 사용되는 바닥면적의 합계가 1,500m^2 미만이고 관계인이 24시간 상시 근무하고 있는 숙박시설은 제외)

POINT | 03 소방안전관리자의 선임신고

선임	소방안전관리대상물의 관계인은 소방안전관리(보조)자를 30일 이내에 선임해야 함
선임신고 등	소방안전관리자 또는 소방안전관리보조자를 선임한 경우에는 행정안전부령으로 정하는 바에 따라 선임한 날부터 14일 이내에서 소방본부장 또는 소방서장에게 신고하여야 함

참고 소방안전관리(보조)자로 선임된 경우 선임된 날로부터 6개월 내(소방안전 관련 업무 경력으로 선임된 보조자의 경우 3개월 내)에 최초로, 이후 2년 주기로 실무교육을 필수로 이수해야 함

POINT | 04　벌칙

5년 이하의 징역 또는 5천만원 이하의 벌금	• 위력을 사용하여 출동한 소방대의 화재진압·인명구조 또는 구급활동을 방해하는 행위 • 소방대가 화재진압·인명구조 또는 구급활동을 위하여 현장에 출동하거나 현장에 출입하는 것을 고의로 방해하는 행위 • 출동한 소방대원에게 폭행 또는 협박을 행사하여 화재진압·인명구조 또는 구급활동을 방해하는 행위 • 출동한 소방대의 소방장비를 파손하거나 그 효용을 해하여 화재진압·인명구조 또는 구급활동을 방해하는 행위 • 소방자동차의 출동을 방해한 사람 • 사람을 구출하는 일 또는 불을 끄거나 불이 번지지 아니하도록 하는 일을 방해한 사람 • 정당한 사유 없이 소방용수시설 또는 비상소화장치를 사용하거나 소방용수시설 또는 비상소화장치의 효용을 해치거나 그 정당한 사용을 방해한 사람
3년 이하의 징역 또는 3천만원 이하의 벌금	• 화재안전조사 결과에 따른 조치명령을 정당한 사유 없이 위반한 자 • 화재예방안전진단 결과에 따른 보수·보강 등의 조치명령을 정당한 사유 없이 위반한 자 • 화재가 발생하거나 불이 번질 우려가 있는 소방대상물 및 토지를 일시적으로 사용하거나 그 사용의 제한 또는 소방활동에 필요한 처분에 따르지 아니한 자 • 소방시설이 화재안전기준에 따라 설치·관리되고 있지 아니할 때 관계인에게 필요한 조치명령을 정당한 사유 없이 위반한 자 • 피난시설, 방화구획 및 방화시설의 관리에 해당하는 행위를 한 경우에는 피난시설, 방화구획 및 방화시설의 관리를 위하여 필요한 조치를 명할 수 있으나, 이에 따른 명령을 정당한 사유 없이 위반한 자 • 소방시설 자체점검 결과에 따른 이행계획을 완료하지 않아 필요한 조치의 이행을 명하였으나, 이에 따른 명령을 정당한 사유 없이 위반한 자
300만원 이하의 벌금	• 화재안전조사를 정당한 사유 없이 거부·방해 또는 기피한 자 • 화재예방조치명령을 정당한 사유 없이 따르지 아니하거나 방해한 자 • 소방안전관리자, 총괄소방안전관리자 또는 소방안전관리보조자를 선임하지 아니한 자 • 소방시설·피난시설·방화시설 및 방화구획 등이 법령에 위반된 것을 발견하였음에도 필요한 조치를 할 것을 요구하지 아니한 소방안전관리자 • 소방안전관리자에게 불이익한 처우를 한 관계인 • 자체점검 결과 소화펌프 고장 등 중대위반사항이 발견된 경우 필요한 조치를 하지 않은 관계인 또는 관계인에게 중대위반사항을 알리지 아니한 관리업자 등
100만원 이하의 벌금	• 정당한 사유 없이 소방대의 생활안전활동을 방해한 자 • 정당한 사유 없이 소방대가 현장에 도착할 때까지 사람을 구출하는 조치 또는 불을 끄거나 불이 번지지 아니하도록 하는 조치를 하지 아니한 사람 • 피난명령을 위반한 자 • 정당한 사유 없이 물의 사용이나 수도의 개폐장치의 사용 또는 조작을 하지 못하게 하거나 방해한 자 • 긴급조치를 정당한 사유 없이 방해한 자 • 전용구역에 차를 주차하거나 전용구역에의 진입을 가로막는 등의 방해 행위를 한 자
20만원 이하의 과태료	다음의 지역 또는 장소에서 화재로 오인할 만한 우려가 있는 불을 피우거나 연막 소독을 하려는 자가 신고를 하지 아니하여 소방자동차를 출동하게 한 자 • 시장지역 • 공장·창고, 목조건물, 위험물의 저장 및 처리시설이 밀집한 지역 • 석유화학제품을 생산하는 공장이 있는 지역 • 그 밖에 시·도의 조례로 정하는 지역 또는 장소

POINT | 05 무창층과 지하층

무창층	지상층 중 다음 요건을 모두 갖춘 개구부(건축물에서 채광·환기·통풍 또는 출입 등을 위하여 만든 창·출입구, 그 밖에 이와 비슷한 것)의 면적의 합계가 해당 층의 바닥면적의 30분의 1 이하가 되는 층 • 크기는 지름 50cm 이상의 원이 통과할 수 있을 것 • 해당 층의 바닥면으로부터 개구부 밑부분까지의 높이가 1.2m 이내일 것 • 도로 또는 차량이 진입할 수 있는 빈터를 향할 것 • 화재 시 건축물로부터 쉽게 피난할 수 있도록 창살이나 그 밖의 장애물이 설치되지 않을 것 • 내부 또는 외부에서 쉽게 부수거나 열 수 있을 것
지하층	건축물의 바닥이 지표면 아래에 있는 층으로서 바닥에서 지표면까지 평균높이가 해당 층 높이의 2분의 1 이상인 것

POINT | 06 방염대상물품

제조 또는 가공공정에서 방염처리를 한 물품 ★	건축물 내부의 천장이나 벽에 설치하는 물품
• 창문에 설치하는 커튼류(블라인드 포함) • 카펫 • 벽지류(두께 2mm 미만인 종이벽지 제외) • 전시용 및 무대용 합판·목재·섬유판 • 암막·무대막(영화상영관·가상체험 체육시설업에 설치하는 스크린 포함) • 섬유류 또는 합성수지류로 제작된 소파·의자(단란주점영업·유흥주점영업·노래연습장업에 한정)	• 종이류(두께 2mm 이상), 합성수지류 또는 섬유류를 주원료로 한 물품 • 합판이나 목재 • 공간을 구획하기 위하여 설치하는 간이칸막이 • 흡음·방음을 위하여 설치하는 흡음재(흡음용 커튼 포함) 또는 방음재(방음용 커튼 포함)

POINT | 07 종합점검 및 작동점검 주기

종합점검	작동점검
사용승인 달에 실시	종합점검 받은 달부터 6개월이 되는 달에 실시

POINT | 08 대수선

건축물의 기둥, 보, 내력벽, 주계단 등의 구조나 외부 형태를 수선·변경하거나 증설하는 것으로서 대통령령으로 정하는 것을 말함
① 내력벽을 증설 또는 해체하거나 그 벽면적을 30m² 이상 수선 또는 변경하는 것
② 기둥을 증설 또는 해체하거나 3개 이상 수선 또는 변경하는 것
③ 보를 증설 또는 해체하거나 3개 이상 수선 또는 변경하는 것
④ 지붕틀(한옥의 경우 지붕틀의 범위에서 서까래는 제외)을 증설 또는 해체하거나 3개 이상 수선 또는 변경하는 것

⑤ 방화벽 또는 방화구획을 위한 바닥 또는 벽을 증설 또는 해체하거나 수선 또는 변경하는 것
⑥ 주계단・피난계단 또는 특별피난계단을 증설 또는 해체하거나 수선 또는 변경하는 것
⑦ 다가구주택의 가구 간 경계벽 또는 다세대주택의 세대 간 경계벽을 증설 또는 해체하거나 수선 또는 변경하는 것
⑧ 건축물의 외벽에 사용하는 마감재료를 증설 또는 해체하거나 벽면적 30㎡ 이상 수선 또는 변경하는 것

POINT | 09 자동방화셔터 설치기준

① 피난이 가능한 60분+방화문 또는 60분 방화문으로부터 3m 이내에 별도로 설치할 것
② 전동방식이나 수동방식으로 개폐할 수 있을 것
③ 불꽃감지기 또는 연기감지기 중 하나와 열감지기를 설치할 것
④ 불꽃이나 연기를 감지한 경우 일부 폐쇄되는 구조일 것
⑤ 열을 감지한 경우 완전 폐쇄되는 구조일 것

POINT | 10 종합방재실

종합방재실의 설치장소	• 설치위치		
		원칙	1층 또는 피난층
		다른 위치에 설치할 수 있는 경우	• 2층 또는 지하 1층 : 초고층 건축물 등에 특별피난계단이 설치되어 있고, 특별피난계단 출입구로부터 5m 이내에 종합방재실을 설치하려는 경우 • 관리사무소 내 : 공동주택의 경우
	• 비상용 승강장, 피난 전용 승강장 및 특별피난계단으로 이동하기 쉬운 곳 • 재난정보 수집 및 제공, 방재 활동의 거점 역할을 할 수 있는 곳 • 소방대가 쉽게 도달할 수 있는 곳 • 화재 및 침수 등으로 인하여 피해를 입을 우려가 적은 곳		
종합방재실의 구조 및 면적	• 다른 부분과 방화구획으로 설치 • 인력의 대기 및 휴식 등을 위한 종합방재실과 방화구획된 부속실 설치 • 면적 : 20㎡ 이상 • 재난 및 안전관리, 방법 및 보안, 테러 예방을 위하여 필요한 시설・장비의 설치와 근무 인력의 재난 및 안전관리 활동, 재난 발생 시 소방대원의 지휘 활동에 지장이 없도록 설치 • 출입문 : 출입 제한 및 통제 장치 갖출 것		

POINT | 11 가연물의 구비조건

① 산소와의 친화력이 커야 함
② 활성화에너지(최소 점화에너지)가 작아야 함
③ 열전도율이 작아야 함
④ 연소열이 커야 함
⑤ 비표면적(단위무게당의 표면적)이 커야 함
⑥ 건조도가 높아야 함

POINT 12 위험물별 연소범위 및 지정수량

① 연소범위(vol%)

수소	4.1~75	메틸알코올	6~36
아세틸렌	2.5~81	암모니아	15~28
중유	1~5	아세톤	2.5~12.8
등유	0.7~5	휘발유	1.2~7.6

② 지정수량

휘발유	등유·경유	중유	알코올류	황	질산
200L	1,000L	2,000L	400L	100kg	300kg

POINT 13 소화기의 적응 화재별 표시 분류

종류	기준	표시
일반화재 (A급화재)	나무, 섬유, 종이, 고무, 플라스틱류와 같은 일반 가연물이 타고 나서 재가 남는 화재	A
유류화재 (B급화재)	인화성 액체, 가연성 액체, 석유 그리스, 타르, 오일, 유성도료, 솔벤트, 래커, 알코올 및 인화성 가스와 같은 유류가 타고 나서 재가 남지 않는 화재	B
전기화재 (C급화재)	전류가 흐르고 있는 전기기기, 배선과 관련된 화재	C
주방화재 (K급화재)	주방에서 동식물유를 취급하는 조리기구에서 일어나는 화재	K
금속화재 (D급화재)	마그네슘 합금 등 가연성 금속에서 일어나는 화재	D

POINT 14 전기화재 주요원인

① 단락(합선)에 의한 발화
② 과부하에 의한 발화
  • 전선의 과부하
  • 전기부품 및 기기의 과부하
  • 누전에 의한 발화(저압누전, 고압누전)
③ 반단선, 트래킹 및 흑연화
④ 접촉불량, 방전, 정전기, 은이동, 낙뢰, 차량화재

POINT | 15 연료가스의 종류와 특징

구분	액화석유가스(LPG)	액화천연가스(LNG)
주성분	프로판(C_3H_8), 부탄(C_4H_{10})	메탄(CH_4)
용도	가정용, 공업용, 자동차 연료용	도시가스
비중	1.5~2(누출 시 낮은 곳에 체류)	0.6(누출 시 천장 쪽에 체류)
폭발범위	• 프로판 : 2.1~9.5% • 부탄 : 1.8~8.4%	5~15%

POINT | 16 방화구획의 설치기준

① 방화구획 설치대상 : 주요구조부가 내화구조 또는 불연재료로 된 건축물로서 연면적이 1,000㎡를 넘는 것은 다음의 구조물로 구획해야 함
  • 내화구조로 된 바닥 및 벽
  • 60분＋방화문・60분 방화문 또는 자동방화셔터(국토교통부령으로 정하는 기준에 적합한 것)

② 방화구획의 면적별・층별 구획 등 ★

구분	구획기준
면적별 구획	• 10층 이하의 층은 바닥면적 1,000㎡ 이내마다 구획 • 11층 이상의 층은 바닥면적 200㎡(벽 및 반자의 실내마감이 불연재료인 경우 500㎡) 이내마다 구획 [참고] 스프링클러설비 기타 이와 유사한 자동식 소화설비를 설치한 경우에는 상기 면적의 3배 이내마다 구획
층별 구획	매층마다 구획(지하 1층에서 지상으로 직접 연결하는 경사로 부위는 제외)
필로티 등	필로티 등의 부분을 주차장으로 사용하는 경우 그 부분은 건축물의 다른 부분과 구획할 것

POINT | 17 피난계단과 특별피난계단의 피난 동선

피난계단	옥내 → 계단실 → 피난층
특별피난계단	옥내 → 노대 또는 부속실 → 계단실 → 피난층

POINT 18 특정소방대상물별 소화기구의 능력단위 기준

특정소방대상물	소화기구의 능력단위
위락시설	해당 용도의 바닥면적 30m²마다 능력단위 1단위 이상
공연장·집회장·관람장·문화재·장례식장 및 의료시설	해당 용도의 바닥면적 50m²마다 능력단위 1단위 이상
근린생활시설·판매시설·운수시설·숙박시설·노유자 시설·전시장·공동주택·업무시설·방송통신시설·공장·창고시설·항공기 및 자동차 관련 시설 및 관광휴게시설	해당 용도의 바닥면적 100m²마다 능력단위 1단위 이상
그 밖의 것	해당 용도의 바닥면적 200m²마다 능력단위 1단위 이상

참고 건축물의 주요구조부가 내화구조이고, 벽 및 반자의 실내에 면하는 부분이 불연재료·준불연재료 또는 난연재료인 경우 : 위 표의 바닥면적의 2배

POINT 19 지시압력계

① 소화기 종류별 능력단위기준

종류	능력단위기준
소형소화기	능력단위가 1단위 이상이고 대형소화기의 능력단위 미만인 소화기
대형소화기	화재 시 사람이 운반할 수 있도록 운반대와 바퀴가 설치되어 있고 능력단위가 A급 10단위 이상, B급 20단위 이상인 소화기

② 지시압력계

노란색(황색)	녹색	적색
압력 부족	압력 정상	압력 높음

POINT 20 옥내소화전설비와 옥외소화전설비의 비교

① 옥내소화전설비와 옥외소화전설비 ★

구분	옥내소화전설비	옥외소화전설비
방수량	130L/min 이상	350L/min 이상
방수압력	0.17MPa 이상 0.7MPa 이하	0.25MPa 이상 0.7MPa 이하
호스구경	40mm(호스릴 25mm)	65mm
최소방출시간	• 20분 : 29층 이하 • 40분 : 30 ~ 49층 이하 • 60분 : 50층 이상	20분
설치거리	수평거리 25m 이하	수평거리 40m 이하
표시등	적색등	

② 저수량 비교
- 옥내소화전설비 : 옥내소화전의 설치개수가 가장 많은 층의 설치개수 N(2개 이상 설치된 경우 2개, 고층건축물의 경우 최대 5개)에 2.6m³(130L/min × 20min)를 곱한 양 이상(호스릴 옥내소화전설비 포함)

30 ~ 49층	N × 5.2m³(130L/min × 40min) 이상(N 최대 개수 5개)
50층 이상	N × 7.8m³(130L/min × 60min) 이상(N 최대 개수 5개)

- 옥외소화전설비

$$Q = 7N(최대\ 2개)$$

POINT | 21 옥내소화전설비의 방수압력 측정

① **방수압력 측정** : 방수구에 호스를 결속한 상태로 노즐의 선단에 방수압력 측정계(피토게이지)를 근접(D/2)시켜서 측정하여 방수압력 측정계(피토게이지)의 압력계상의 눈금을 확인함

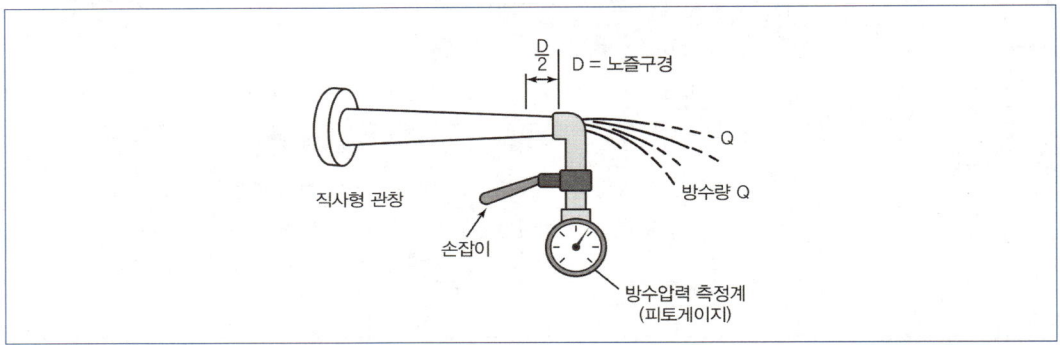

② **측정 시 주의사항** ★
- 초기방수 시 물속 이물질이나 공기가 완전히 배출된 후 측정
- 반드시 직사형 관창 사용
- 피토게이지는 봉상주수(막대모양 분사) 상태에서 직각으로 측정

③ **방수압력 측정 시 정상압력** : 0.17MPa 이상 0.7MPa 이하

POINT | 22 감시제어반의 스위치와 표시등

① 평상시에 펌프는 정지상태로 '자동(연동)'에 있어야 함
② 시험점검을 위한 수동 조작 시에는 자동/수동 절환스위치를 '수동' 위치에, 주펌프 또는 충압펌프는 '기동' 버튼을 눌러야 함

POINT | 23 스프링클러설비헤드의 기준개수

스프링클러설비 설치장소			기준개수(개)
지하층을 제외한 층수가 10층 이하인 특정소방대상물	공장	특수가연물을 저장·취급하는 것	30
		그 밖의 것	20
	근린생활시설·판매시설·운수시설 또는 복합건축물	판매시설 또는 복합건축물 (판매시설이 설치되는 복합건축물)	30
		그 밖의 것	20
	그 밖의 것	헤드의 부착 높이 8m 이상	20
		헤드의 부착 높이 8m 미만	10
지하층을 제외한 층수 11층 이상인 특정소방대상물, 지하가, 지하역사			30

POINT | 24 준비작동식 스프링클러 설비 점검 시 확인사항

A or B 감지기 작동	A and B 감지기 작동
• 화재표시등, A 감지기 or B 감지기 지구표시등 점등 • 경종 또는 사이렌 경보	• 화재표시등, A 감지기, B 감지기 지구표시등 점등 여부 확인 • 솔레노이드밸브 개방 여부 확인 • 화재수신반 밸브개방표시등의 점등 여부 확인 • 사이렌 또는 경종의 발령 상태 확인 • 펌프의 자동기동 여부 확인

POINT | 25 회로도통시험 및 예비전원시험

① 회로도통시험

구분	회로시험스위치		비고
	로터리방식	버튼방식	
시험순서	• 도통시험스위치를 누름 • 회로시험스위치를 각 경계 구역별로 차례로 회전	• 도통시험스위치를 누름 • 각 경계구역 동작버튼을 차례로 누름	
적부 판정방법	• 전압계가 있는 경우 　- 정상 : 4~8[V] 　- 단선 : 0[V] • 도통시험 확인등이 있는 경우 　- 정상 : 정상 확인등 점등(녹색) 　- 단선 : 단선 확인등 점등(적색)	• 정상 : 각 경계구역별 도통시험 단선 확인등(녹색) 점등 • 단선 : 각 경계구역별 도통시험 단선 확인등(적색) 점등	■ 정상　도통 ■ 단선　시험 단선인 경우 (적색등 점등)
복구순서	• 회로시험스위치를 초기(정상) 위치로 복구 • 도통시험스위치 복구	도통시험스위치 복구	

※ 최근 생산하는 P형 수신기는 대부분 자동으로 단선 유무를 체크하는 기능 보유

② 예비전원시험

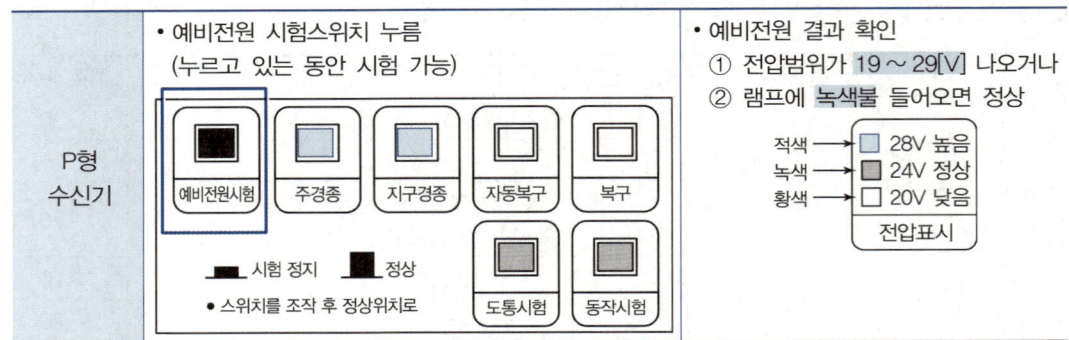

POINT | 26　설치장소별 피난기구의 적응성

장소 \ 층별	1층	2층	3층	4층 이상 10층 이하
노유자 시설	• 미끄럼대 • 구조대 • 피난교 • 다수인 피난장비 • 승강식 피난기	• 미끄럼대 • 구조대 • 피난교 • 다수인 피난장비 • 승강식 피난기	• 미끄럼대 • 구조대 • 피난교 • 다수인 피난장비 • 승강식 피난기	• 구조대 • 피난교 • 다수인 피난장비 • 승강식 피난기
의료시설, 근린생활시설 중 입원실이 있는 의원·접골원·조산원	-	-	• 미끄럼대 • 구조대 • 피난교 • 피난용 트랩 • 다수인 피난장비 • 승강식 피난기	• 구조대 • 피난교 • 피난용 트랩 • 다수인 피난장비 • 승강식 피난기
다중이용업소로서 영업장의 위치가 4층 이하	-	• 미끄럼대 • 피난사다리 • 구조대 • 완강기 • 다수인 피난장비 • 승강식 피난기	• 미끄럼대 • 피난사다리 • 구조대 • 완강기 • 다수인 피난장비 • 승강식 피난기	• 미끄럼대 • 피난사다리 • 구조대 • 완강기 • 다수인 피난장비 • 승강식 피난기
그 밖의 것	-	-	• 미끄럼대 • 피난사다리 • 구조대 • 완강기 • 피난교 • 피난용 트랩 • 간이완강기 • 공기안전매트 • 다수인 피난장비 • 승강식 피난기	• 피난사다리 • 구조대 • 완강기 • 피난교 • 간이완강기 • 공기안전매트 • 다수인 피난장비 • 승강식 피난기

POINT | 27 방연풍속

방연풍속 : 옥내로부터 제연구역 내로 연기의 유입을 유효하게 방지할 수 있는 풍속

제연구역		방연풍속
계단실 및 그 부속실을 동시에 제연하는 것 또는 계단실만 단독으로 제연하는 것		0.5m/s 이상
부속실만 단독으로 제연하는 것	부속실이 면하는 옥내가 거실인 경우	0.7m/s 이상
	부속실이 면하는 옥내가 복도로서 그 구조가 방화구조(내화시간이 30분 이상인 구조를 포함)인 것	0.5m/s 이상

POINT | 28 객석유도등 설치개수

$$객석유도등\ 설치개수 = \frac{객석통로의\ 직선부분\ 길이(m)}{4} - 1$$

POINT | 29 성인심폐소생술

① **시행방법**

일반인 심폐소생술 시행방법	자동심장충격기(AED) 사용방법
반응의 확인 ↓ 119 신고 ↓ 호흡 확인 ↓ 가슴압박 30회 시행 (성인의 경우 분당 100~120회) ↓ 인공호흡 2회 시행 ↓ 가슴압박과 인공호흡의 반복 ↓ 회복자세	전원 켜기 ↓ 두 개의 패드 부착 (패드 1 : 오른쪽 빗장뼈 아래, 패드 2 : 왼쪽 젖꼭지 아래의 중간겨드랑선) ↓ 심장리듬 분석 ↓ 심장충격(제세동) 시행 ↓ 즉시 심폐소생술 다시 시행

② **심폐소생술 실시 시 올바른 가슴압박 속도와 깊이**
- 속도 : 100~120회/분
- 압박깊이 : 약 5cm

③ **가슴압박 위치** : 가슴압박 시 가슴뼈(흉골)의 아래쪽 절반 부위에 깍지를 낀 두 손의 손바닥 뒤꿈치를 댐

POINT | 30 출혈

① **출혈의 증상** ★
- 호흡과 맥박이 빠르고 약하고 불규칙하며, 체온이 떨어지고 호흡곤란도 나타남
- 반사작용이 둔해짐
- 탈수현상이 나타나며 갈증을 호소함
- 동공이 확대되고 두려움이나 불안을 호소함
- 혈압이 점차 저하되며, 피부가 창백해지고 차고 축축해짐
- 구토가 발생함

② 출혈 시 응급처치

직접압박법	• 출혈 상처 부위를 직접 압박하는 방법 • 소독거즈나 압박붕대로 출혈 부위를 덮은 후 4~6인치 탄력붕대로 출혈 부위가 압박되게 감아줌 • 출혈 부위를 심장보다 높여줌
지혈대 사용법	• 절단과 같은 심한 출혈이 있을 때나 지혈법으로도 출혈을 막지 못할 경우 최후의 수단으로 사용하는 방법 • 5cm 이상의 띠를 사용

PART 02

8개년 기출복원문제
(2025년~2018년)

2025년 기출복원문제

01 11층의 건물에 옥내소화전 7개, 옥외소화전 3개가 설치되어 있을 때 필요한 수원의 양은?

① $19.2m^3$ ② $20.7m^3$
③ $23m^3$ ④ $39.5m^3$

해설
- 옥내소화전설비의 수원의 양 : 옥내소화전의 설치개수가 가장 많은 층의 설치개수 N(2개 이상 설치된 경우 2개, 고층건축물의 경우 최대 5개)에 $2.6m^3$(130L/min × 20min)를 곱한 양 이상

| 30 ~ 49층 | N × $5.2m^3$(130L/min × 40min) 이상(N 최대 개수 5개) |
| 50층 이상 | N × $7.8m^3$(130L/min × 60min) 이상(N 최대 개수 5개) |

→ Q = 2.6N = 2.6 × 2 = $5.2m^3$
- 옥외소화전설비의 수원의 양 : Q = 7N(최대 2개)
  → Q = 7N = 7 × 2 = $14m^3$
∴ 필요한 수원의 양 = $5.2m^3$ + $14m^3$ = $19.2m^3$

| 정답 | ①

02 액화석유가스(LPG)에 대한 설명으로 옳지 않은 것은?

① CH_4이 주성분이다.
② 프로판의 폭발범위는 2.1 ~ 9.5%이다.
③ 비중이 1.5 ~ 2로 누출 시 낮은 곳에 체류한다.
④ 가정용, 공업용으로 주로 사용된다.

해설
연료가스의 종류와 특성

구분	액화석유가스(LPG)	액화천연가스(LNG)
주성분	프로판(C_3H_8), 부탄(C_4H_{10})	메탄(CH_4)
용도	가정용, 공업용, 자동차 연료용	도시가스
비중	1.5 ~ 2(누출 시 낮은 곳에 체류)	0.6(누출 시 천장 쪽에 체류)
폭발범위	• 프로판 : 2.1 ~ 9.5% • 부탄 : 1.8 ~ 8.4%	5 ~ 15%

| 정답 | ①

03 다음 중 100만원 이하의 벌금에 해당하지 않는 것은?

① 정당한 사유 없이 소방용수시설 또는 비상소화장치를 사용하거나 소방용수시설 또는 비상소화장치의 효용을 해치거나 그 정당한 사용을 방해한 사람
② 정당한 사유 없이 소방대가 현장에 도착할 때까지 사람을 구출하는 조치 또는 불을 끄거나 불이 번지지 아니하도록 하는 조치를 하지 아니한 사람
③ 정당한 사유 없이 물의 사용이나 수도의 개폐장치의 사용 또는 조작을 하지 못하게 방해한 자
④ 피난명령을 위반한 자

해설
정당한 사유 없이 소방용수시설 또는 비상소화장치를 사용하거나 소방용수시설 또는 비상소화장치의 효용을 해치거나 그 정당한 사용을 방해한 사람 : 5년 이하의 징역 또는 5천만원 이하의 벌금

| 정답 | ①

04 다음 중 대수선에 해당하지 않는 것은?

① 보 3개를 수선 또는 변경하는 것
② 지붕틀 3개를 수선 또는 변경하는 것
③ 주계단, 피난계단 또는 특별피난계단을 증설 또는 해체하는 것
④ 기둥 2개를 수선 또는 변경하는 것

해설
대수선
건축물의 기둥, 보, 내력벽, 주계단 등의 구조나 외부 형태를 수선·변경하거나 증설하는 것으로서 대통령령으로 정하는 것
- 내력벽을 증설 또는 해체하거나 그 벽면적을 30m² 이상 수선 또는 변경하는 것
- 기둥을 증설 또는 해체하거나 3개 이상 수선 또는 변경하는 것
- 보를 증설 또는 해체하거나 3개 이상 수선 또는 변경하는 것
- 지붕틀(한옥의 경우 지붕틀의 범위에서 서까래는 제외)을 증설 또는 해체하거나 3개 이상 수선 또는 변경하는 것
- 방화벽 또는 방화구획을 위한 바닥 또는 벽을 증설 또는 해체하거나 수선 또는 변경하는 것
- 주계단·피난계단 또는 특별피난계단을 증설 또는 해체하거나 수선 또는 변경하는 것
- 다가구주택의 가구 간 경계벽 또는 다세대주택의 세대 간 경계벽을 증설 또는 해체하거나 수선 또는 변경하는 것
- 건축물의 외벽에 사용하는 마감재료를 증설 또는 해체하거나 벽면적 30m² 이상 수선 또는 변경하는 것

| 정답 | ④

05 소방대상물의 관계인이 아닌 것은?

① 관리자 ② 점유자
③ 감독자 ④ 소유자

[해설]
관계인 : 소방대상물의 소유자, 관리자 또는 점유자

| 정답 | ③

06 차동식 스포트형 감지기에 대한 설명으로 옳은 것은?

① 바이메탈, 감열판 및 접점 등으로 구분된다.
② 주위 온도가 일정 온도 이상이 되었을 때 작동한다.
③ 감열실, 다이아프램, 리크구멍, 접점 등으로 구분한다.
④ 보일러실, 주방 등에 설치한다.

[해설]
차동식 스포트형 감지기와 정온식 스포트형 감지기

구분	차동식 스포트형 감지기	정온식 스포트형 감지기
개념	주위 온도가 일정 상승률 이상이 되었을 때 작동	주위 온도가 일정 온도 이상이 되었을 때 작동
설치 장소	거실, 사무실 등	보일러실, 주방 등
구조	감열실, 다이아프램, 리크구멍, 접점 등으로 구분	바이메탈, 감열판, 접점 등으로 구분

[꼼꼼 문제분석]
차동식 스포트형 감지기와 정온식 스포트형 감지기의 작동도

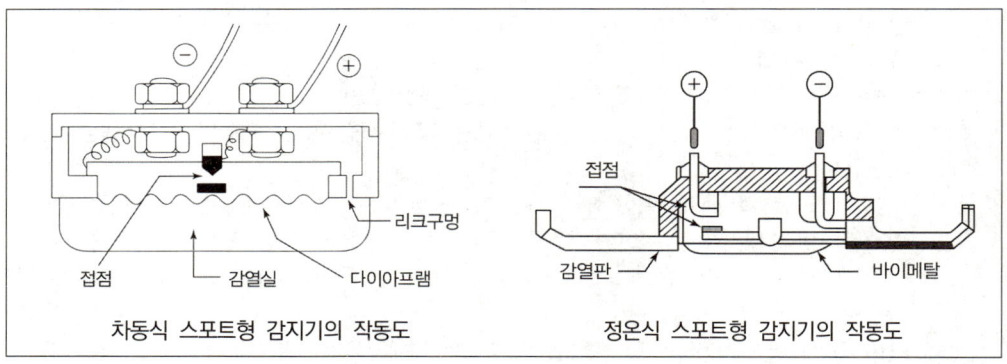

| 정답 | ③

07 다음 방염대상물품 중 제조 또는 가공공정에서 방염처리를 한 물품으로 옳지 않은 것은?

① 종이류(두께 2mm 이상)
② 암막·무대막(영화상영관에 설치하는 스크린과 가상체험 체육시설업에 설치하는 스크린 포함)
③ 창문에 설치하는 커튼류(블라인드 포함)
④ 섬유류 또는 합성수지류 등을 원료로 하여 제작된 소파·의자(단란주점, 유흥주점 및 노래연습장에 한정)

해설

방염대상물품

제조 또는 가공공정에서 방염처리를 한 물품	건축물 내부의 천장이나 벽에 설치하는 물품
• 창문에 설치하는 커튼류(블라인드 포함) • 카펫 • 벽지류(두께 2mm 미만인 종이벽지 제외) • 전시용 및 무대용 합판·목재·섬유판 • 암막·무대막(영화상영관·가상체험 체육시설업에 설치하는 스크린 포함) • 섬유류 또는 합성수지류로 제작된 소파·의자(단란주점영업·유흥주점영업·노래연습장업에 한정)	• 종이류(두께 2mm 이상), 합성수지류 또는 섬유류를 주원료로 한 물품 • 합판이나 목재 • 공간을 구획하기 위하여 설치하는 간이칸막이 • 흡음·방음을 위하여 설치하는 흡음재(흡음용 커튼 포함) 또는 방음재(방음용 커튼 포함)

| 정답 | ①

08 다음은 건축허가 등의 동의 요구 회신기한에 대한 내용이다. ( ) 안에 들어갈 말로 알맞은 것은?

> 건축허가 등의 동의 요구를 받은 소방본부장 또는 소방서장은 건축허가 등의 동의 요구서류를 접수한 날부터 ( )일 이내에 건축허가 등의 동의 여부를 회신해야 한다. 단, 허가를 신청한 건축물이 특급 소방안전관리대상물일 경우에는 ( )일 이내에 회신해야 한다.

① 10, 30
② 7, 10
③ 5, 10
④ 15, 30

해설

건축허가 등의 동의 요구를 받은 소방본부장 또는 소방서장은 건축허가 등의 동의 요구서류를 접수한 날부터 5일 이내에 건축허가 등의 동의 여부를 회신해야 한다(특급 소방안전관리대상물인 경우 10일).

| 정답 | ③

09
방화구획의 설치기준 중 스프링클러설비, 기타 이와 유사한 자동식 소화설비를 설치한 10층 이하의 층은 바닥면적 몇 m² 이내마다 구획하여야 하는가?

① 1,500m²
② 3,000m²
③ 4,000m²
④ 5,000m²

해설
방화구획의 면적별 구획기준

면적별 구획	• 10층 이하의 층은 바닥면적 1,000m² 이내마다 구획 • 11층 이상의 층은 바닥면적 200m²(벽 및 반자의 실내마감이 불연재료인 경우 500m²) 이내마다 구획 ※ 스프링클러설비 기타 이와 유사한 자동식 소화설비를 설치한 경우에는 상기 면적의 3배 이내마다 구획

∴ 1,000m² × 3배 = 3,000m² 이내마다 구획해야 한다.

| 정답 | ②

10
연기의 수평방향 확산속도로 옳은 것은?

① 0.5 ~ 1.0m/sec
② 1.0 ~ 1.2m/sec
③ 2 ~ 3m/sec
④ 3 ~ 5m/sec

해설
연기의 유동 및 확산은 벽 및 천장을 따라 진행하며, 일반적으로 확산속도는 다음과 같다.
• 수평방향 : 0.5 ~ 1m/sec
• 수직방향 : 2 ~ 3m/sec
• 계단실 내의 수직이동속도 : 3 ~ 5m/sec

| 정답 | ①

11
건축물의 외벽 중심선으로 둘러싸인 부분의 수평투영면적을 의미하는 것으로 옳은 것은?

① 용적률
② 대지면적
③ 연면적
④ 건축면적

해설

건축면적	건축물의 외벽(외벽이 없는 경우에는 외곽 부분의 기둥)의 중심선으로 둘러싸인 부분의 수평투영면적
연면적	하나의 건축물 각 층의 바닥면적의 합계
용적률	대지면적에 대한 연면적(대지에 2 이상의 건축물이 있는 경우에는 이들 연면적의 합계)의 비율

| 정답 | ④

12. 다음은 「다중이용업소법」에서 정의한 밀폐구조의 영업장에 대한 내용이다. (   ) 안에 들어갈 말로 알맞은 것은?

> 지상층에 있는 다중이용업소의 영업장 중 채광, 환기, 통풍 및 피난 등이 용이하지 못한 구조로 되어 있으면서 개구부의 면적의 합계가 영업장 바닥면적의 (   ) 이하가 되는 것

① 1/30
② 1/15
③ 1/100
④ 1/20

해설
「다중이용업소법」상 밀폐구조의 영업장
지상층에 있는 다중이용업소의 영업장 중 채광, 환기, 통풍 및 피난 등이 용이하지 못한 구조로 되어 있으면서 개구부 면적의 합계가 영업장으로 사용하는 바닥면적의 30분의 1 이하에 해당하는 영업장을 말한다.

|정답| ①

13. 종합방재실의 설치기준에 대한 설명으로 옳은 것은?

① 재난정보 수집 및 제공, 방재활동의 거점 역할을 할 수 있는 곳이어야 한다.
② 종합방재실의 면적은 30m² 로 해야 한다.
③ 공동주택의 경우 관리사무소 내에 설치할 수 없다.
④ 종합방재실은 반드시 1층에서 설치해야 한다.

해설
- 종합방재실의 면적은 20m² 이상으로 해야 한다.
- 공동주택의 경우 관리사무소 내에 설치할 수 있다.
- 종합방재실의 위치는 1층 또는 피난층이 원칙이나 다른 위치에도 설치할 수 있다.

꼼꼼 문제분석
종합방재실의 설치장소
- 설치위치

원칙	1층 또는 피난층
다른 위치에 설치할 수 있는 경우	• 2층 또는 지하 1층 : 초고층 건축물 등에 특별피난계단이 설치되어 있고, 특별피난계단 출입구로부터 5m 이내에 종합방재실을 설치하려는 경우 • 관리사무소 내 : 공동주택의 경우

- 비상용 승강장, 피난 전용 승강장 및 특별피난계단으로 이동하기 쉬운 곳
- 재난정보 수집 및 제공, 방재 활동의 거점 역할을 할 수 있는 곳
- 소방대가 쉽게 도달할 수 있는 곳
- 화재 및 침수 등으로 인하여 피해를 입을 우려가 적은 곳

|정답| ①

14 다음에서 설명하는 소방안전관리자로 옳은 것은?

- 소방설비기사 또는 소방설비산업기사 국가기술자격증을 취득한 자로 해당 소방안전관리자 자격수첩을 받은 사람
- 소방공무원으로 7년 이상 근무한 경력이 있는 자로 해당 소방안전관리자 자격수첩을 받은 사람

① 3급 소방안전관리자 ② 2급 소방안전관리자
③ 1급 소방안전관리자 ④ 특급 소방안전관리자

해설
1급 소방안전관리대상물

선임대상물	• 30층 이상(지하층 제외)이거나 지상으로부터 높이가 120m 이상인 아파트 • 연면적 15,000m² 이상인 특정소방대상물(아파트 및 연립주택은 제외) • 지상층의 층수가 11층 이상인 특정소방대상물(아파트는 제외) • 가연성 가스를 1,000톤 이상 저장·취급하는 시설
선임자격	• 소방설비기사 또는 소방설비산업기사의 자격이 있는 사람 • 소방공무원으로 7년 이상 근무한 경력이 있는 사람 • 소방청장이 실시하는 1급 소방안전관리대상물의 소방안전관리에 관한 시험에 합격한 사람
선임인원	1명 이상

|정답| ③

15 다음 (   ) 안에 들어갈 말로 옳은 것은?

위험물기능사 자격 취득자는 (㉠) 위험물을 취급할 수 있으며, 위험물안전관리자 교육이수자는 (㉡) 위험물을 취급할 수 있다.

① ㉠ 제4류, ㉡ 제2류 ② ㉠ 제4류, ㉡ 제1류
③ ㉠ 모든, ㉡ 제4류 ④ ㉠ 모든, ㉡ 모든

해설
위험물취급자격자의 자격

위험물취급자격자의 구분	취급할 수 있는 위험물
위험물기능장, 위험물산업기사, 위험물기능사의 자격을 취득한 사람	모든 위험물
위험물안전관리자 교육이수자	위험물 중 제4류 위험물
소방공무원 근무경력 3년 이상인 자	위험물 중 제4류 위험물

|정답| ③

16 다음 중 전기화재의 예방방법으로 옳은 것을 모두 고른 것은?

㉠ 전원개폐기를 설치하고 월 1~2회 동작 여부를 확인한다.
㉡ 과전류 차단장치를 설치한다.
㉢ 단선 시 발생되는 열에 의해 전선피복이 연소하여 발화의 원인이 된다.
㉣ 전선은 묶거나 꼬이지 않도록 한다.

① ㉡, ㉣
② ㉠, ㉡
③ ㉢, ㉣
④ ㉠, ㉢

해설

전기화재의 화재예방요령
- 누전차단기를 설치하고 월 1~2회 동작 여부를 확인한다.
- 플러그를 뽑을 때는 선을 당기지 않고 몸체를 잡고 뽑는다.
- 과전류 차단장치를 설치한다.
- 전선은 묶거나 꼬이지 않도록 한다.
- 전기담요는 접힌 부분에서 열이 발생하므로 밟거나 접어서 사용하지 않는다.
- 비닐전선은 열에 약하므로 고열을 발생시키는 기구에는 고무코드 전선을 사용한다.
- 비닐장판이나 양탄자 밑으로는 전선이 지나지 않도록 한다.
- 전선이 쇠붙이나 움직이는 물체와 접촉되지 않도록 한다.
- 전기시설을 설치할 때에는 전문 면허업체에 의뢰하여 정확하게 시공한다.
- 규격퓨즈를 사용하여 끊어질 경우 그 원인을 조사한다.
→ 발화의 원인이 되는 것은 예방요령이 되기 어렵다.

| 정답 | ①

17 객석유도등의 설치장소로 옳지 않은 것은?

① 객석의 통로
② 객석의 천장
③ 객석의 바닥
④ 객석의 벽

해설

객석유도등은 객석의 통로, 바닥 또는 벽에 설치해야 한다.

| 정답 | ②

18 위험물류별 특성으로 틀린 것은?

① 제1류 위험물은 산화성 고체로 가열, 충격, 마찰 등에 의해 분해되고 산소를 방출한다.
② 제2류 위험물은 가연성 고체로 연소 시 유독가스가 발생한다.
③ 제4류 위험물은 인화성 액체로 주수소화가 불가능한 것이 대부분이다.
④ 제6류 위험물은 자기반응성 물질로 산소공급원의 역할을 한다.

해설
제6류 위험물은 산화성 액체이다. 자기반응성 물질로 산소공급원의 역할을 하는 것은 제5류 위험물이다.

|정답| ④

19 열 전달의 설명 중 화재에서 화염의 접촉 없이 연소가 확산되는 현상은 무엇인가?

① 복사　　　　　　② 대류
③ 비화　　　　　　④ 전도

해설

복사	화재 시 화염과 격리된 인접 가연물에 불이 옮겨 붙는 현상
대류	유체(기체 또는 액체)의 흐름에 의하여 열이 전달되는 현상
전도	화재에서 화염의 접촉 없이 연소가 확산되는 현상
비화	불티가 바람에 날리거나 튀어서 멀리 떨어진 가연물에 불이 옮겨 붙는 현상

|정답| ①

20 다음 중 건물 화재의 성상단계로 옳은 것은?

① 초기 → 성장기 → 최성기 → 감쇠기
② 초기 → 성장기 → 감쇠기 → 최성기
③ 초기 → 최성기 → 성장기 → 감쇠기
④ 초기 → 감쇠기 → 성장기 → 최성기

해설
건물 화재의 성상단계 : 초기 → 성장기 → 최성기 → 감쇠기

|정답| ①

21 다음 중 가연성 물질의 구비조건으로 옳지 않은 것은?

① 비표면적이 커야 한다.
② 산소와의 친화력이 작아야 한다.
③ 열전도율이 작아야 한다.
④ 활성화에너지가 작아야 한다.

> **해설**
> 가연성 물질의 구비조건
> - 산소와의 친화력이 크다.
> - 열전도율이 작다.
> - 비표면적이 크다.
> - 활성화에너지가 작다.
> - 연소열이 크다.
> - 건조도가 높다.

| 정답 | ②

22 다음 중 경계구역에 대한 내용으로 옳은 것은?

① 해당 특정소방대상물의 주된 출입구에서 그 내부 전체가 보이는 것에 있어서는 한 변의 길이가 60m의 범위 내에서 1,000m² 이하로 할 수 있다.
② 하나의 경계구역이 2 이상의 건축물에 미치지 않도록 한다.
③ 하나의 경계구역이 2 이상의 용도에 미치지 않도록 한다.
④ 600m² 이하의 범위 안에서는 2개의 층을 하나의 경계구역으로 할 수 있다.

> **해설**
> 경계구역
> - 하나의 경계구역이 2 이상의 건축물에 미치지 아니하도록 할 것
> - 하나의 경계구역이 2 이상의 층에 미치지 아니하도록 할 것(500m² 이하의 범위 안에서는 2개의 층을 하나의 경계구역으로 할 수 있음)
> - 하나의 경계구역의 면적은 600m² 이하로 하고 한 변의 길이는 50m 이하로 할 것(해당 특정소방대상물의 주된 출입구에서 그 내부 전체가 보이는 것에 있어서는 한 변의 길이가 50m의 범위 내에서 1,000m² 이하로 할 수 있음)

| 정답 | ②

23 침대가 있는 숙박시설로서 1인용 침대 수가 15개이고 2인용 침대 수가 20개이며, 종업원의 수가 2명이다. 수용인원은 몇 명인가?

① 27명 ② 37명
③ 47명 ④ 57명

해설
숙박시설이 있는 특정소방대상물의 수용인원 산정방법

침대가 있는 경우	종사자 수 + 침대 수(2인용 침대는 2개로 산정)
침대가 없는 경우	종사자 수 + $\dfrac{바닥면적\ 합계}{3m^2}$

∴ 종사자 수 + 침대 수 = 2 + (1인용 × 15개) + (2인용 × 20개) = 57명

| 정답 | ④

24 다음 중 지하연계 복합건축물에 해당하는 것은?

- A 건축물 : 지상 11층, 지하 2층 건물로 여객자동차터미널과 백화점이 입점해 있으며, 지하 2층은 지하철역과 연결되어 있다.
- B 건축물 : 지상 10층, 지하 4층 호텔로 수용인원이 5천명이다.
- C 건축물 : 지상 2층, 지하 1층 식자재 마트로 수용인원이 5천명이고, 지하 1층은 지하도 상가로 연결되어 있다.
- D 건축물 : 지상 123층의 복합쇼핑몰

① A 건축물
② B 건축물
③ A 건축물, C 건축물
④ B 건축물, C 건축물, D 건축물

해설
지하연계 복합건축물
지하부분이 지하역사 또는 지하도상가와 연결된 건축물로서 다음의 요건을 모두 갖춘 것을 말한다. 다만, 화재 발생 시 열과 연기의 배출이 쉬운 구조를 갖춘 건축물로서 대통령령으로 정하는 건축물은 제외한다.
- 층수가 11층 이상이거나 용도별 바닥면적 등을 고려하여 대통령령으로 정하는 산정기준에 따른 수용인원이 5천명 이상인 건축물
- 건축물 안에 문화 및 집회시설, 판매시설, 운수시설, 업무시설, 숙박시설, 위락시설 중 테마파크업의 시설 또는 종합병원과 요양병원의 시설이 하나 이상 있는 건축물

| 정답 | ③

25 제4류 위험물의 공통적인 특징으로 옳은 것은?

① TNT는 제4류 위험물에 해당한다.
② 대부분 물보다 무겁고, 증기는 공기보다 가볍다.
③ 증기는 공기와 혼합되어 연소·폭발한다.
④ 자기반응성 물질이다.

[해설]
• TNT(트라이나이트로톨루엔)는 제5류 위험물(자기반응성 물질)이다.
• 제4류 위험물은 인화성 액체로, 대부분 물보다 가벼워 물 위에 뜨고, 증기는 공기보다 무거워 가라앉는다.

[꼼꼼 문제분석]
제4류 위험물 위험성
• 증기와 공기가 혼합되면 연소할 가능성이 있다.
• 정전기에 의해 인화할 수 있다.

|정답| ③

26 다음은 습식 스프링클러설비 점검 그림이다. 점검 시 스프링클러설비의 상태로 옳지 않은 것은? (단, 설비는 정상상태이며, 제시된 조건을 제외하고 나머지 조건은 무시한다)

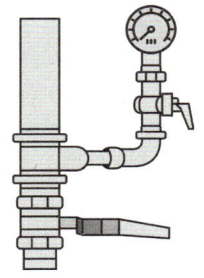

3층 말단시험밸브 모습

① 알람밸브 동작
② 주, 충압펌프 동작
③ 사이렌 동작
④ 감지기 동작

[해설]
습식 스프링클러설비는 감지기를 사용하지 않는다.

[꼼꼼 문제분석]

습식, 건식 스프링클러설비	준비작동식, 일제살수식 스프링클러설비
감지기 ×	감지기 ○

|정답| ④

27 다음 중 소화활동설비의 종류를 모두 고른 것은?

```
㉠ 물분무등소화설비        ㉡ 단독경보형 감지기
㉢ 비상콘센트설비          ㉣ 소화수조
㉤ 제연설비
```

① ㉠, ㉡, ㉣　　　　　　　② ㉡, ㉢, ㉤
③ ㉠, ㉢　　　　　　　　　④ ㉢, ㉤

해설
소화활동설비의 종류
- 연결송수관설비
- 제연설비
- 무선통신보조설비
- 연결살수설비
- 비상콘센트설비
- 연소방지설비

|정답| ④

28 다음 중 응급처치의 일반원칙으로 옳은 것을 모두 고른 것은?

```
㉠ 긴박한 상황에서는 환자의 안전을 최우선으로 한다.
㉡ 사전에 보호자 또는 당사자의 동의를 얻어 실시하는 것을 원칙으로 한다.
㉢ 환자 상태를 관찰하고 모든 손상을 발견하여 처치하되 불확실한 처치는 하지 않는다.
㉣ 119구급차와 사설구급차는 이송거리, 환자 수 등과 관계없이 무료이다.
```

① ㉠, ㉣　　　　　　　　　② ㉡, ㉢
③ ㉢, ㉣　　　　　　　　　④ ㉡, ㉣

해설
응급처치의 일반원칙
- 긴박한 상황에서도 구조자는 자신의 안전을 최우선한다.
- 응급처치 시 사전에 보호자 또는 당사자의 이해와 동의를 얻어 실시하는 것을 원칙으로 한다.
- 당황하거나 흥분하지 말고 침착하게 사고의 정도와 환자의 모든 상태를 확인한다.
- 응급처치와 동시에 119구조·구급대, 경찰, 병원 등에 응급구조를 요청한다.
- 환자상태를 관찰하며 모든 손상을 발견하여 처치하되 불확실한 처치는 하지 않는다.
- 119구급차 이용에 따른 비용징수 문제
  - 119구급차를 이용 시 전국 어느 곳에서나 이송거리, 환자 수 등과 관계없이 어떠한 경우에도 무료
  - 보건복지부의 인가를 받아 운영하는 중앙응급환자이송단 등 사설단체 또는 병원에서 운영하고 있는 앰블런스는 일정요금 징수

|정답| ②

29 다음 그림의 소화기를 점검하였다. 점검결과에 대한 설명으로 알맞은 것은? (현재시점은 2025년 8월이다)

주의사항
1. 매월 1회 이상 지시압력계의 바늘이 정상위치에 있는가를 확인
2. 소화기 설치 시에는 태양의 직사 고온다습의 장소를 피한다.
3. 사용 시에는 바람을 등지고 방사하고 사용 후에는 내부약제를 완전 방출하여야 한다.
4. 사람을 향해 방사하지 마시오.
※ 소화약제 물질 안전보건자료(MSDS 정보)
　① 위험물질 정보(0.1% 초과 시 목록) : 없음
　② 내용물의 5%를 초과하는 화학물질 목록 : 제1인산암모늄, 석분
　③ 위험한 액체에 관한 정보 : 폐자극성 분진

제조연월	2007.10

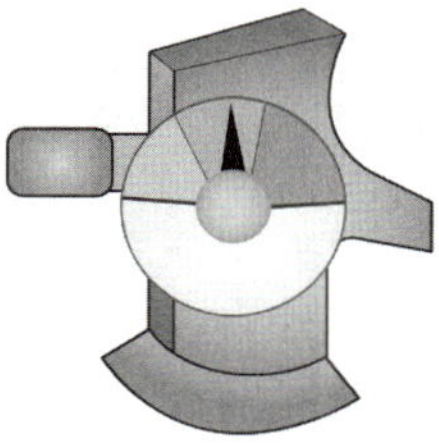

번호	점검항목	점검결과
1-A-007	지시압력계(녹색범위)의 적정 여부	㉠
1-A-008	수동식 분말소화기 내용연수(10년) 적정 여부	㉡

설비명	점검항목	불량내용
소화설비	1-A-007	㉢
	1-A-008	

① ㉠ ×, ㉡ ○, ㉢ 약제량 부족
② ㉠ ○, ㉡ ○, ㉢ 없음
③ ㉠ ×, ㉡ ×, ㉢ 약제량 부족, 내용연수 초과
④ ㉠ ○, ㉡ ×, ㉢ 내용연수 초과

해설
- 지시압력계가 녹색범위를 가리키고 있으므로 적정 여부는 ○이다.
- 제조연월이 2007년 10월인데 현재는 2025년 8월로 10년을 초과하였으므로 적정 여부는 ×이고, 불량내용은 내용연수 초과이다.

|정답| ④

30 다음 그림은 자동화재탐지설비 수신기의 작동 상태를 나타낸 것이다. 다음 중 옳은 것을 모두 고른 것은?

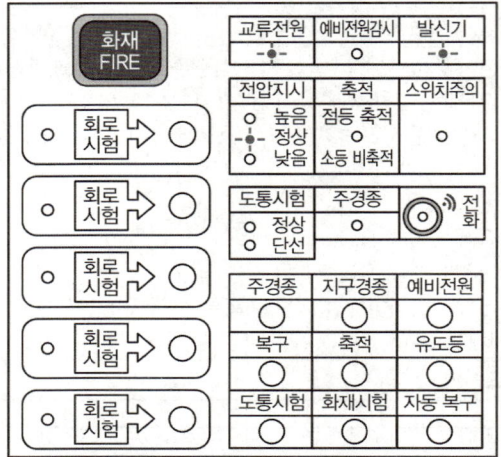

㉠ 도통시험을 실시하고 있으며 좌측 구역은 단선이다.
㉡ 화재통보기기는 발신기이다.
㉢ 스위치주의등이 점멸되지 않는 것은 조작스위치가 눌러져 작동된 상태를 나타낸다.
㉣ 수신기의 전원상태는 이상이 없다.

① ㉠, ㉡ ② ㉡, ㉢
③ ㉢, ㉣ ④ ㉡, ㉣

해설
㉠ 도통시험램프가 점등되어 있지 않으므로 도통시험을 실시하는 것은 아니다.
㉢ 스위치주의등이 점멸된다는 것은 조작스위치가 눌러져 작동된 상태를 나타낸다.

|정답| ④

31 다음 그림은 제연설비 점검 시 감시제어반의 표시등 상태를 나타낸 것이다. 다음 점검표 서식에서 작성한 점검결과와 불량내용으로 옳은 것은? (단, 제시된 조건을 제외한 나머지 조건은 무시한다)

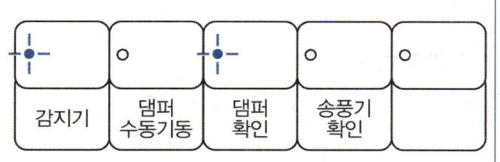

감지기 동작 시

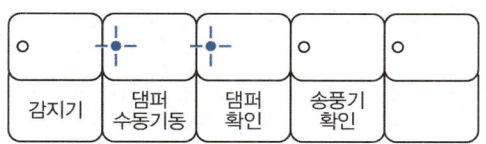

댐퍼 수동기동스위치 기동 시

구분	점검번호	점검항목	점검결과
급기구	25-C-001	급기댐퍼 설치상태(화재감지기 동작에 따른 개방) 적정 여부	㉠
송풍기	25-D-002	화재감지기 동작 및 수동 조작에 따라 작동하는지 여부	㉡
불량내용			
㉢			

① ㉠ ○, ㉡ ×, ㉢ 송풍기 미작동
② ㉠ ○, ㉡ ×, ㉢ 없음
③ ㉠ ×, ㉡ ○, ㉢ 감지기 미작동
④ ㉠ ×, ㉡ ○, ㉢ 송풍기 미작동

해설
㉠ 감지기 동작 시 댐퍼 확인램프가 점등되어 있으므로 화재감지기 동작에 따른 개방이 적정하다(○).
㉡ 댐퍼 수동기동스위치 기동 시 감지기램프가 소등되어 있으므로 화재감지기 동작 및 수동 조작에 따라 작동하는지 알 수 없다(×).
㉢ 불량내용으로는 송풍기 확인램프가 소등되어 송풍기가 미작동되고 있는 것이다.

| 정답 | ①

32

다음 내용을 참고하여 해당 층에 설치해야 하는 소화기의 능력단위와 소화기 개수를 각각 산정한 것은? (제시된 것 외에는 무시한다)

- 바닥면적은 1,000m²이다.
- 용도는 근린생활시설이다.
- 건축물은 내화구조이고, 내장재는 불연재료이다.
- 소화기는 ABC급 분말소화기(3단위)를 설치한다.

① 5단위, 2개 ② 5단위, 4개
③ 10단위, 2개 ④ 10단위, 4개

해설

근린생활시설은 바닥면적 100m²마다 능력단위 1단위 이상이고, 내화구조·불연재료라 하였으므로 2배를 적용하면 다음과 같이 구할 수 있다.

- 소화기의 능력단위 = $\dfrac{1,000m^2}{100m^2 \times 2배}$ = 5단위

- 소화기 개수 = $\dfrac{1,000m^2}{100m^2 \times 2배 \times 3단위}$ = 1.67(올림) ≒ 2개

꼼꼼 문제분석

특정소방대상물별 소화기구의 능력단위 기준

특정소방대상물	소화기구의 능력단위
위락시설	해당 용도의 바닥면적 30m²마다 능력단위 1단위 이상
공연장·집회장·관람장·문화재·장례식장 및 의료시설	해당 용도의 바닥면적 50m²마다 능력단위 1단위 이상
근린생활시설·판매시설·운수시설·숙박시설·노유자 시설·전시장·공동주택·업무시설·방송통신시설·공장·창고시설·항공기 및 자동차 관련 시설 및 관광휴게시설	해당 용도의 바닥면적 100m²마다 능력단위 1단위 이상
그 밖의 것	해당 용도의 바닥면적 200m²마다 능력단위 1단위 이상

※ 건축물의 주요구조부가 내화구조이고, 벽 및 반자의 실내에 면하는 부분이 불연재료·준불연재료 또는 난연재료로 된 특정소방대상물은 위 표의 기준면적의 2배로 함

| 정답 | ①

33 건물 내 2층에서 발신기 오작동이 발생하였다. 수신기의 상태로 볼 수 있는 것은? (단, 건물은 직상 4개 층 경보방식이다)

해설
2층에서 발신기 오작동이 발생하였으므로 지구표시등은 2층(발화층)에만 점등된다.

| 정답 | ①

34 습식 스프링클러설비 시험밸브 개방 시 감시제어반의 표시등이 점등되어야 할 것으로 옳은 것은? (단, 설비는 정상상태이며, 주어지지 않은 조건은 무시한다)

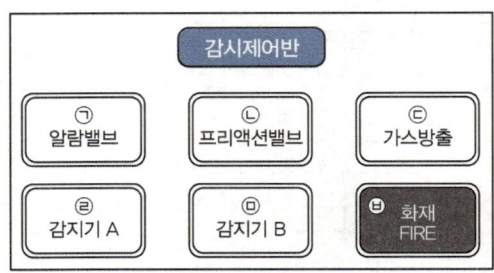

① ㉠, ㉥
② ㉡, ㉢
③ ㉢, ㉣
④ ㉣, ㉤

해설

습식 스프링클러설비의 점검 시 확인사항
- 감시제어반(수신기) 확인사항
  - 화재표시등 점등 확인
  - 해당 구역 밸브개방표시등(습식 : 알람밸브표시등) 점등 확인
- 해당 방호구역의 경보(사이렌) 상태 확인
- 소화펌프 자동기동 여부 확인

|정답| ①

35 다음 중 폐쇄형 스프링클러헤드를 설치하는 장소의 최고 주위온도가 60℃일 때 설치해야 하는 표시온도로 옳은 것은?

① 79℃ 미만
② 79℃ 이상 121℃ 미만
③ 121℃ 이상 162℃ 미만
④ 162℃ 이상

해설

설치장소의 평상시 최고 주위온도에 따른 폐쇄형 스프링클러헤드의 표시온도

설치장소의 최고 주위온도	표시온도
39℃ 미만	79℃ 미만
39℃ 이상 64℃ 미만	79℃ 이상 121℃ 미만
64℃ 이상 106℃ 미만	121℃ 이상 162℃ 미만
106℃ 이상	162℃ 이상

|정답| ②

36 다음 중 분말소화기의 동작 전·후의 모습을 설명한 내용으로 알맞지 않은 것은?

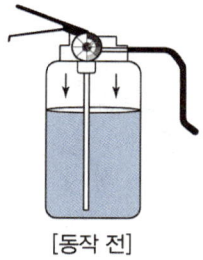
[동작 전]

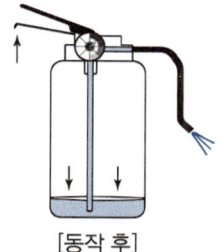
[동작 후]

① 소화기의 내용연수는 10년이다.
② 소화기의 사용가능한 압력범위는 0.7~0.98MPa이다.
③ 가압식 소화기의 동작 모습이다.
④ 소화기 용기 내에는 질소가스가 충전되어 있다.

해설
그림은 축압식 소화기의 동작 모습으로, 축압식 소화기는 손잡이를 누를 때만 소화약제가 방출된다. 가압식 소화기는 소화기 몸체에 별도의 게이지가 없다.

| 정답 | ③

37 다음 중 심폐소생술에 대한 설명으로 옳은 것은?

① 환자의 얼굴과 가슴을 30초 이내로 천천히 관찰하고 호흡을 확인한다.
② 환자의 몸과 수평이 되도록 가슴을 압박한다.
③ 성인의 경우 가슴압박은 분당 100~120회의 속도로 실시한다.
④ 15회의 가슴압박과 2회의 인공호흡을 반복한다.

해설
- 쓰러진 환자의 얼굴과 가슴을 10초 이내로 관찰하여 호흡을 확인한다.
- 환자의 몸과 수직이 되도록 가슴을 압박한다.
- 성인의 경우 가슴압박은 분당 100~120회의 속도와 약 5cm 깊이로 강하고 빠르게 실시한다.
- 30회의 가슴압박과 2회의 인공호흡을 반복한다.

| 정답 | ③

38 다음 중 옥내소화전설비의 방수압력 측정조건 및 방법으로 옳은 것은?

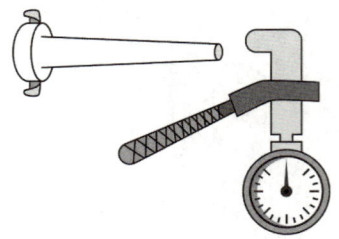

① 반드시 방사형 관창을 이용하여 측정해야 한다.
② 방수압력 측정계는 노즐의 선단에서 근접(노즐구경의 $\frac{1}{2}$)하여 측정한다.
③ 방수압력 측정 시 정상압력은 0.15MPa 이하로 측정되어야 한다.
④ 방수압력 측정계로 측정할 경우 물이 나가는 방향과 방수압력 측정계의 각도는 상관없다.

해설
옥내소화전설비의 방수압력 측정
- 방수압력 측정방법 : 방수구에 호스를 결속한 상태로 노즐의 선단에 방수압력 측정계(피토게이지)를 근접 (D/2)시켜서 측정하여 방수압력 측정계(피토게이지)의 압력계상의 눈금을 확인한다.
- 방수압력 측정 시 주의사항
  - 초기 방수 시 물속에 이물질이나 공기가 완전히 배출된 후 측정
  - 반드시 직사형 관창을 이용하여 측정
  - 피토게이지는 봉상주수(막대모양 분사) 상태에서 직각으로 측정
- 방수압력 측정 시 정상압력 : 0.17MPa 이상 0.7MPa 이하

|정답| ②

39 다음 중 가스계 소화설비의 점검 전 안전조치를 순서대로 나열한 것은?

| ㉠ 솔레노이드밸브 분리 | ㉡ 연결된 조작동관 분리 |
| ㉢ 감시제어반 연동 정지 | ㉣ 솔레노이드밸브 안전핀 제거 |

① ㉡ - ㉢ - ㉣ - ㉠
② ㉡ - ㉢ - ㉠ - ㉣
③ ㉡ - ㉠ - ㉢ - ㉣
④ ㉢ - ㉡ - ㉣ - ㉠

해설
가스계 소화설비의 점검 전 안전조치
- 기동용기에서 선택밸브에 연결된 조작동관 분리
- 제어반의 솔레노이드밸브 연동 '정지' 상태에 두기
- 솔레노이드밸브에 연결된 안전핀 체결 → 솔레노이드 분리 → 안전핀 제거

|정답| ②

40 소방계획의 수립 절차는 4단계로 구성된다. 다음 중 2단계(위험환경 분석)의 내용에 해당하는 것을 모두 고른 것은?

┌───┐
│ ㉠ 위험환경 식별   ㉡ 위험환경 분석/평가   │
│ ㉢ 위험환경 목표/전략 수립 ㉣ 위험환경 경감대책 수립 │
└───┘

① ㉠, ㉣
② ㉡, ㉢, ㉣
③ ㉠, ㉡, ㉣
④ ㉡, ㉣

해설
소방계획의 수립 절차

1단계 (사전기획)	2단계 (위험환경 분석)	3단계 (설계/개발)	4단계 (시행/유지관리)
작성준비 ↓ 요구사항 검토 ↓ 작성계획 수립	위험환경 식별 ↓ 위험환경 분석/평가 ↓ 위험경감대책 수립	목표/전략 수립 ↓ 실행계획 설계 및 개발	수립/시행 ↓ 운영/유지관리

|정답| ③

---

41 다음 중 제연구역의 차압에 대한 설명으로 옳지 않은 것은?

① 계단실 출입문의 개방력은 110N를 초과해야 계단실로 연기가 유입되지 않는다.
② 제연구역과 옥내와의 최소 차압은 40Pa 이상이어야 한다.
③ 계단으로의 연기 유입을 막기 위해 차압이 필요하다.
④ 스프링클러가 설치된 경우 제연구역과 옥내와의 최소 차압은 12.5Pa 이상이어야 한다.

해설
- 제연구역의 차압 : 계단으로의 연기 유입을 막기 위해 제연구역과 옥내와의 사이에 유지하여야 하는 일정한 기압의 차이
- 최소 차압 : 40Pa 이상(스프링클러설비가 설치된 경우 12.5Pa)
- 출입문의 개방력 : 110N 이하

|정답| ①

42 다음 그림과 같이 주요구조부가 내화구조이며 가, 나, 다와 같은 크기의 실이 있는 건축물에 차동식 스포트형 감지기 2종을 설치할 경우 필요한 감지기의 최소 수량은? (단, 감지기의 부착 높이는 3.5m이다)

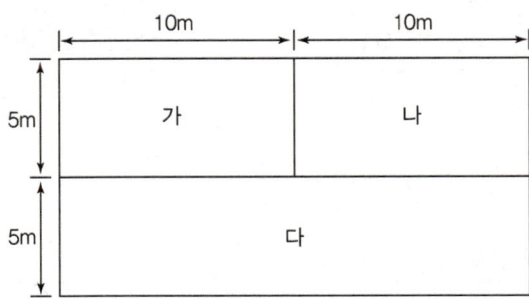

① 2개 ② 4개
③ 6개 ④ 8개

해설

- 가, 나 구역 : $\dfrac{10 \times 5}{70}$ = 0.71 = 1(소수점 올림)

- 다 구역 : $\dfrac{20 \times 5}{70}$ = 1.43 = 2(소수점 올림)

∴ 1 + 1 + 2 = 4개

꼼꼼 문제분석

감지기 설치 유효면적(m^2)

부착 높이 및 특정소방대상물의 구분		감지기의 종류						
		차동식 스포트형		보상식 스포트형		정온식 스포트형		
		1종	2종	1종	2종	특종	1종	2종
4m 미만	주요구조부가 내화구조로 된 특정소방대상물 또는 그 부분	90	70	90	70	70	60	20
	기타구조의 특정소방대상물 또는 그 부분	50	40	50	40	40	30	15
4m 이상 8m 미만	주요구조부가 내화구조로 된 특정소방대상물 또는 그 부분	45	35	45	35	35	30	—
	기타구조의 특정소방대상물 또는 그 부분	30	25	30	25	25	15	—

|정답| ②

43 다음 옥내소화전의 감시제어반과 동력제어반에서 주펌프를 수동으로 기동시키기 위하여 조작해야 할 스위치로 옳은 것은? (단, 설비는 정상상태이며 제시된 조건을 제외한 나머지 조건은 무시한다)

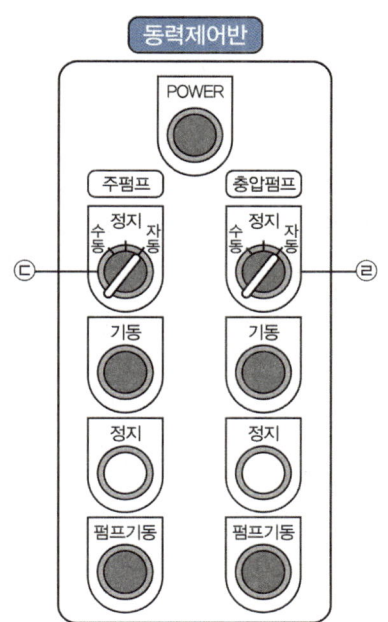
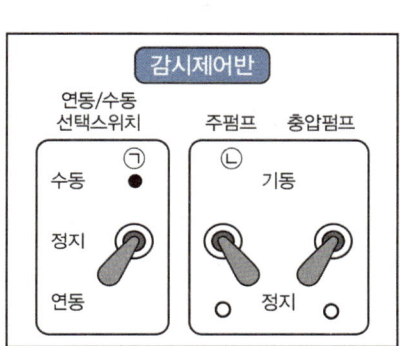

① ㉠만 수동으로 조작
② ㉠은 연동에 두고 ㉡을 기동으로 조작
③ ㉢을 수동으로 두고 기동버튼 누름
④ ㉣을 수동으로 두고 기동버튼 누름

해설

주펌프(충압펌프)를 수동으로 기동하는 방법

감시제어반에서 기동 시	동력제어반에서 기동 시
• 선택스위치 : 수동 • 주펌프(충압펌프) : 기동	• 주펌프(충압펌프) 스위치 : 수동 • 주펌프(충압펌프) 기동버튼 : 누름

|정답| ③

44 다음 그림은 수신기가 비화재보인 경우이다. 화재를 복구하는 순서로 옳은 것은?

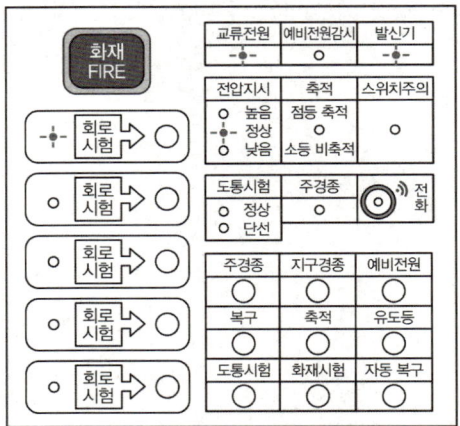

㉠ 수신기 확인 ㉡ 수신기 정상 복구
㉢ 음향장치 정지 ㉣ 실제 화재 여부 확인
㉤ 비화재보 원인 제거 ㉥ 음향장치 복구

① ㉠ → ㉣ → ㉢ → ㉤ → ㉥ → ㉡
② ㉠ → ㉣ → ㉢ → ㉤ → ㉡ → ㉥
③ ㉣ → ㉠ → ㉤ → ㉢ → ㉡ → ㉥
④ ㉣ → ㉠ → ㉢ → ㉤ → ㉡ → ㉥

해설
비화재보 시 대처방법

1단계	2단계
수신기 확인	실제 화재 여부 확인
3단계	4단계
음향장치 정지	비화재보 원인 제거
5단계	6단계
복구스위치를 눌러 수신기를 정상으로 복구	음향장치 복구 (음향장치를 정상 또는 연동으로 전환)
7단계	
스위치주의 소등 확인	

|정답| ②

45 소방계획의 주요원리 중 ( ) 안에 들어갈 내용으로 옳은 것은?

주요원리	주요내용
( )	• 모든 형태의 위험을 포괄 • 재난의 전주기적(예방·대비 → 대응 → 복구) 단계의 위험성 평가

① 종합적 안전관리
② 융합적 안전관리
③ 지속적 발전모델
④ 통합적 안전관리

해설

소방계획의 주요원리

주요원리	주요내용
종합적 안전관리	• 모든 형태의 위험을 포괄 • 재난의 전주기적(예방·대비 → 대응 → 복구) 단계의 위험성 평가
통합적 안전관리	• 외부 : 거버넌스(정부 – 대상처 – 전문기관) 및 안전관리 네트워크 구축 • 내부 : 협력 및 파트너십 구축, 전원 참여
지속적 발전모델	• PDCA Cycle(계획 : Plan, 이행·운영 : Do, 모니터링 : Check, 개선 : Act)

| 정답 | ①

46 다음은 피난행동요령에 대한 설명이다. ( ) 안에 들어갈 내용으로 옳지 않은 것은?

• (①)는 절대 이용하지 않도록 하며 계단을 이용하여 옥외로 대피한다.
• 출입문을 열기 전 (②)을 확인하여 뜨거우면 문을 열지 말고 다른 길을 찾는다.
• 아래층으로 대피할 수 없을 때에는 (③)으로 대피한다.
• 아파트의 경우 세대 밖으로 나가기 어려울 경우 세대 사이에 설치된 (④)를 통해 옆 세대로 대피하거나 세대 내 대피공간으로 대피한다.

① 엘리베이터
② 천장
③ 옥상
④ 경량칸막이

해설

화재 시 일반적 피난행동
• 엘리베이터는 절대 이용하지 않도록 하며 계단을 이용해 옥외로 대피한다.
• 출입문을 열기 전 문 손잡이가 뜨거우면 문을 열지 말고 다른 길을 찾는다.
• 아래층으로 대피할 수 없을 때에는 옥상으로 대피한다.
• 아파트의 경우 세대 밖으로 나가기 어려울 경우 세대 사이에 설치된 경량칸막이를 통해 옆 세대로 대피하거나 세대 내 대피공간으로 대피한다.

| 정답 | ②

47 소방대상물의 설치장소별 피난기구의 적응성에 대한 설명으로 옳은 것은?

① 다중이용업소로 영업장의 위치가 1층인 경우 미끄럼대, 구조대, 피난사다리 등이 적응성이 있다.
② 의료시설 중 입원실이 있는 3층에는 승강식 피난기가 적응성이 있다.
③ 노유자 시설의 4층에는 미끄럼대가 적응성이 있다.
④ 의료시설 중 입원실이 있는 의원의 경우 3층 이상 10층 이하에는 완강기가 적응성이 있다.

해설

설치장소별 피난기구의 적응성

장소 \ 층별	1층	2층	3층	4층 이상 10층 이하
노유자 시설	• 미끄럼대 • 구조대 • 피난교 • 다수인 피난장비 • 승강식 피난기	• 미끄럼대 • 구조대 • 피난교 • 다수인 피난장비 • 승강식 피난기	• 미끄럼대 • 구조대 • 피난교 • 다수인 피난장비 • 승강식 피난기	• 구조대 • 피난교 • 다수인 피난장비 • 승강식 피난기
의료시설, 근린생활시설 중 입원실이 있는 의원·접골원·조산원	–	–	• 미끄럼대 • 구조대 • 피난교 • 피난용 트랩 • 다수인 피난장비 • 승강식 피난기	• 구조대 • 피난교 • 피난용 트랩 • 다수인 피난장비 • 승강식 피난기
다중이용업소로서 영업장의 위치가 4층 이하	–	• 미끄럼대 • 피난사다리 • 구조대 • 완강기 • 다수인 피난장비 • 승강식 피난기	• 미끄럼대 • 피난사다리 • 구조대 • 완강기 • 다수인 피난장비 • 승강식 피난기	• 미끄럼대 • 피난사다리 • 구조대 • 완강기 • 다수인 피난장비 • 승강식 피난기
그 밖의 것	–	–	• 미끄럼대 • 피난사다리 • 구조대 • 완강기 • 피난교 • 피난용 트랩 • 간이완강기 • 공기안전매트 • 다수인 피난장비 • 승강식 피난기	• 피난사다리 • 구조대 • 완강기 • 피난교 • 간이완강기 • 공기안전매트 • 다수인 피난장비 • 승강식 피난기

| 정답 | ②

48 수신기의 예비전원시험을 진행한 결과 아래와 같이 수신기의 표시등이 점등되었을 때, 조치사항으로 옳은 것은?

① 축적스위치를 누름
② 복구스위치를 누름
③ 예비전원시험스위치 불량 여부 확인
④ 예비전원 불량 여부 확인

해설
예비전원감시램프가 점등되어 있으므로 예비전원 불량 여부를 확인한다.

| 정답 | ④

49 다음 주펌프와 충압펌프의 기동점과 정지점 중 가장 낮은 값을 가지는 것은?

① 충압펌프의 기동점
② 충압펌프의 정지점
③ 주펌프의 정지점
④ 주펌프의 기동점

해설
• 정지점

주펌프의 정지점	펌프의 양정을 압력으로 환산
충압펌프의 정지점	주펌프보다 0.05~0.1MPa 낮게 설정

• 기동점

주펌프의 기동점	자연낙차압 + 0.2MPa
충압펌프의 기동점	주펌프의 기동점보다 0.05MPa 높게 설정

| 정답 | ④

50 다음 분말소화기의 주성분 약제는 무엇인가?

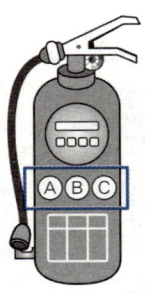

① $NH_4H_2PO_4$
② $NaHCO_3$
③ $KHCO_3$
④ $KHCO_3 + (NH_2)_2CO$

해설
ABC급 분말소화기의 소화약제는 제1인산암모늄($NH_4H_2PO_4$)이다.

꼼꼼 문제분석
분말소화기의 소화약제 및 적응화재

소화약제	명칭	주성분	적응화재	소화효과
제1종	탄산수소나트륨	$NaHCO_3$	BC	질식효과· 억제(부촉매)효과
제2종	탄산수소칼륨	$KHCO_3$	BC	
제3종	인산암모늄	$NH_4H_2PO_4$	ABC	
제4종	탄산수소칼륨 + 요소	$KHCO_3 + (NH_2)_2CO$	BC	

| 정답 | ①

02 2024년 기출복원문제

[01 ~ 03] 지상 4층, 연면적 5,000m²인 공장 건물에 자동화재탐지설비 및 유도등이 설치되어 있다. 이 공장에 소방안전관리자 등을 2024년 3월 5일에 선임하였을 때 다음 물음에 옳은 답을 하시오.

01 위의 특정소방대상물에 대하여 소방안전관리자, 소방안전관리보조자 선임에 관한 설명으로 옳은 것은?

① 2급 소방안전관리자 1명, 소방안전관리보조자 1명
② 2급 소방안전관리자 1명, 소방안전관리보조자 2명
③ 3급 소방안전관리자 1명, 소방안전관리보조자 1명
④ 3급 소방안전관리자 1명, 소방안전관리보조자 없음

해설
- 3급 소방안전관리대상물
 특급, 1급, 2급 소방안전관리대상물을 제외한 특정소방대상물 중 간이스프링클러설비(주택전용 간이스프링클러설비 제외) 또는 자동화재탐지설비를 설치해야 하는 특정소방대상물
 → 3급 소방안전관리자 1명이 필요하다.
- 소방안전관리보조자 선임대상물
 연면적이 15,000m² 이상인 특정소방대상물(아파트 및 연립주택은 제외)
 → 연면적이 15,000m²를 초과하지 않으므로 소방안전관리보조자는 선임할 필요가 없다.

| 정답 | ④

02 위의 특정소방대상물에 대하여 소방안전관리자 선임조건으로 옳은 것은? (단, 해당 소방안전관리자 자격증을 받은 경우이다)

① 위험물산업기사 자격이 있는 사람
② 공공기관 소방안전관리에 관한 강습교육을 수료한 사람
③ 2급 소방안전관리자 자격증을 받은 사람
④ 3급 소방안전관리자 교육을 수료한 사람

해설
2급 소방안전관리자 자격증을 받은 사람은 3급 소방안전관리대상물에 선임 가능하다.

| 정답 | ③

03 소방안전관리자 실무교육은 언제까지 받아야 하는가?

① 2024년 9월 1일
② 2024년 10월 1일
③ 2024년 11월 1일
④ 2024년 12월 1일

해설

소방안전관리자 실무교육은 선임된 날부터 6개월 이내, 그 이후에는 2년마다 1회 이상 받아야 한다. 여기에서 '선임한 날부터'라는 뜻은 선임한 날 다음날부터 계산함을 의미한다.
→ 2024년 3월 5일에 선임되었으므로, 선임한 날부터 6개월 이내인 2024년 9월 5일 안에 실무교육을 들어야 한다. 따라서 기한을 넘지 않는 ① 2024년 9월 1일이 가장 알맞다.

| 정답 | ①

---

04 다음의 표는 연소의 3요소 중 가연물이 될 수 없는 조건과 물질이다. 다음 중 조건과 해당되는 물질을 옳게 짝지은 것은?

조건	물질
㉠ 불활성 기체 ㉡ 완전산화물 ㉢ 흡열반응물질	ⓐ 돌, 흙 ⓑ 질소 또는 질소산화물 ⓒ 물, 이산화탄소 ⓓ 헬륨, 네온, 아르곤 ⓔ 일산화탄소

① ㉠ - ⓔ, ㉡ - ⓓ, ㉢ - ⓑ
② ㉠ - ⓓ, ㉡ - ⓒ, ㉢ - ⓑ
③ ㉠ - ⓓ, ㉡ - ⓑ, ㉢ - ⓒ
④ ㉠ - ⓑ, ㉡ - ⓔ, ㉢ - ⓐ

해설

불연성 물질

불활성 기체	불활성 기체는 화학반응에 참여하지 않으므로 가연물이 될 수 없음 예 헬륨, 네온, 아르곤 등
완전산화물	이미 산화가 완전히 진행된 물질은 더 이상 연소할 수 없음 예 물, 이산화탄소 등
흡열반응물질	연소는 발열반응이어야 지속됨 예 질소, 질소산화물 등

| 정답 | ②

05
화재를 진압하고 화재, 재난·재해, 그 밖의 위급한 상황에서의 구조·구급활동 등을 하기 위하여 구성된 조직체에 해당하지 않는 것은?

① 의무소방원
② 자체소방대원
③ 의용소방대원
④ 소방공무원

해설
소방대란 화재를 진압하고 화재, 재난·재해, 그 밖의 위급한 상황에서의 구조·구급활동 등을 하기 위하여 다음의 사람으로 구성된 조직체를 말한다.
- 소방공무원
- 의무소방원
- 의용소방대원

| 정답 | ②

06
다음 중 불이 번질 우려가 있는 소방대상물 및 토지의 강제처분을 방해한 자에 대한 벌칙으로 옳은 것은?

① 100만원 이하의 벌금
② 500만원 이하의 벌금
③ 5년 이하의 징역 또는 5천만원 이하의 벌금
④ 3년 이하의 징역 또는 3천만원 이하의 벌금

해설
화재가 발생하거나 불이 번질 우려가 있는 소방대상물 및 토지를 일시적으로 사용하거나 그 사용의 제한 또는 소방활동에 필요한 처분을 방해한 자 또는 정당한 사유 없이 그 처분에 따르지 아니한 자 : 3년 이하의 징역 또는 3천만원 이하의 벌금

| 정답 | ④

07
소방안전관리자는 업무 수행에 관한 기록을 몇 년간 보관해야 하는가?

① 1년
② 2년
③ 3년
④ 10년

해설
소방안전관리자는 업무 수행에 관한 기록을 작성한 날부터 2년간 보관해야 한다.

| 정답 | ②

08 다음 〈조건〉을 참고하여 숙박시설이 있는 특정소방대상물의 수용인원을 산정한 수로 옳은 것은?

---[조건]---
- 침대가 있는 숙박시설로 2인용 침대의 수는 9개이다.
- 종업원의 수는 3명이다.
- 바닥면적은 $30m^2$이다.

① 11명
② 21명
③ 31명
④ 55명

해설

숙박시설이 있는 특정소방대상물의 수용인원 산정방법

침대가 있는 경우	종사자 수 + 침대 수(2인용 침대는 2개로 산정)
침대가 없는 경우	종사자 수 + $\dfrac{\text{바닥면적 합계}}{3m^2}$

∴ 종사자 수 + 침대 수 = 3 + (2인용 × 9개) = 21명

| 정답 | ②

09 다음 중 건축허가 등을 함에 있어서 미리 소방본부장 또는 소방서장의 동의를 받아야 하는 건축물의 범위 기준으로 옳지 않은 것은?

① 차고·주차장으로 사용되는 바닥면적이 $200m^2$ 이상인 층이 있는 건축물이나 주차시설
② 장애인 의료재활시설로서 연면적 $300m^2$ 이상인 건축물
③ 지하층 또는 무창층으로 바닥면적이 $150m^2$ 이상인 층이 있는 건축물
④ 노유자 시설 및 수련시설로서 연면적 $100m^2$ 이상인 건축물

해설

건축허가 등의 동의 대상물 범위
- 연면적이 $400m^2$ 이상인 건축물이나 시설[단, 학교시설 $100m^2$, 노유자 시설 및 수련시설 $200m^2$, 정신의료기관(입원실이 없는 정신건강의학과 의원은 제외) $300m^2$, 장애인 의료재활시설 $300m^2$]
- 차고·주차장으로 사용되는 바닥면적이 $200m^2$ 이상인 층이 있는 건축물이나 주차시설
- 승강기 등 기계장치에 의한 주차시설로서 자동차 20대 이상을 주차할 수 있는 시설
- 지하층 또는 무창층이 있는 건축물로서 바닥면적이 $150m^2$(공연장의 경우에는 $100m^2$) 이상인 층이 있는 것
- 층수가 6층 이상인 건축물
- 항공기격납고, 관망탑, 항공관제탑, 방송용 송수신탑
- 공동주택, 의원(입원실 또는 인공신장실이 있는 것으로 한정)·조산원·산후조리원, 숙박시설, 위험물저장 및 처리시설, 발전시설 중 풍력발전소·전기저장시설·지하구
- 요양병원(의료재활시설 제외)

| 정답 | ④

10 다음 중 가연성 물질의 구비조건으로 옳은 것은?

① 연소열이 작다. ② 건조도가 낮다.
③ 산소와의 친화력이 작다. ④ 열전도율이 작다.

해설
가연성 물질의 구비조건으로 열전도율이 작아야 한다.

꼼꼼 문제분석
가연성 물질의 구비조건
- 산소와의 친화력이 크다.
- 열전도율이 작다.
- 비표면적이 크다.
- 활성화에너지가 작다.
- 연소열이 크다.
- 건조도가 높다.

|정답| ④

11 다음 중 화재안전조사에 대한 설명으로 옳은 것은?

① 화재안전조사의 방법 중 화재안전조사 항목 전부를 확인하는 조사방법을 부분조사라 한다.
② 화재안전조사 결과에 따른 조치명령에는 소방대상물의 재축명령, 이전명령, 제거명령이 포함된다.
③ 소방청장, 소방본부장, 시·도지사는 화재안전조사 결과에 따른 조치명령을 할 수 있다.
④ 소방대상물, 관계지역 또는 관계인에 대하여 소방시설 등이 소방관계법령에 적합하게 설치·관리되고 있는지 조사하는 것이다.

해설
화재안전조사
- 정의 : 소방청장, 소방본부장 또는 소방서장(소방관서장)이 소방대상물, 관계지역 또는 관계인에 대하여 소방시설 등이 소방관계법령에 적합하게 설치·관리되고 있는지, 소방대상물에 화재 발생 위험이 있는지 등을 확인하기 위해 실시하는 현장조사, 문서열람·보고요구 등을 하는 활동
- 방법

종합조사	부분조사
화재안전조사 항목 전부를 확인하는 조사	화재안전조사 항목 중 일부를 확인하는 조사

- 결과에 따른 조치명령
  - 소방대상물의 개수·이전·제거
  - 사용폐쇄
  - 사용의 금지 또는 제한
  - 공사의 정지 또는 중지
- 명령권자 : 소방관서장(소방청장·소방본부장·소방서장)

|정답| ④

12 연료가스의 종류와 특성에 대한 설명으로 옳지 않은 것은?

① LNG의 폭발범위는 6 ~ 19%이다.
② LPG의 비중은 1.5 ~ 2이다.
③ 부탄의 폭발범위는 1.8 ~ 8.4%이다.
④ 프로판의 폭발범위는 2.1 ~ 9.5%이다.

해설
연료가스의 종류와 특성

구분	액화석유가스(LPG)	액화천연가스(LNG)
주성분	프로판(C_3H_8), 부탄(C_4H_{10})	메탄(CH_4)
용도	가정용, 공업용, 자동차 연료용	도시가스
비중	1.5 ~ 2(누출 시 낮은 곳에 체류)	0.6(누출 시 천장 쪽에 체류)
폭발범위	• 프로판 : 2.1 ~ 9.5% • 부탄 : 1.8 ~ 8.4%	5 ~ 15%

| 정답 | ①

13 다음 중 연소 후 재를 남기지 않는 것은 무슨 화재인가?

① 주방화재　　　　② 일반화재
③ 유류화재　　　　④ 금속화재

해설
화재의 분류

일반화재 (A급화재)	나무, 섬유, 종이, 고무, 플라스틱류와 같은 일반 가연물이 타고 나서 재가 남는 화재
유류화재 (B급화재)	인화성 액체, 가연성 액체, 석유 그리스, 타르, 오일, 유성도료, 솔벤트, 래커, 알코올 및 인화성 가스와 같은 유류가 타고 나서 재가 남지 않는 화재
전기화재 (C급화재)	전류가 흐르고 있는 전기기기, 배선과 관련된 화재
주방화재 (K급화재)	주방에서 동식물유를 취급하는 조리기구에서 일어나는 화재
금속화재 (D급화재)	마그네슘 합금 등 가연성 금속에서 일어나는 화재

| 정답 | ③

14 다음 중 연기의 유동 및 확산속도에 대한 설명으로 옳은 것은?

① 계단실 내에서 수직방향 이동속도는 0.5 ~ 1m/s로 느리게 이동한다.
② 수직방향 이동속도는 0.5 ~ 1m/s이다.
③ 수평방향 이동속도는 2 ~ 3m/s이다.
④ 연기는 수평방향보다 수직방향으로 빠르게 이동한다.

해설
연기의 유동 및 확산은 벽 및 천장을 따라 진행하며 일반적으로 확산속도는 다음과 같다.
- 수평방향 : 0.5 ~ 1m/sec
- 수직방향 : 2 ~ 3m/sec
- 계단실 내의 수직이동속도 : 3 ~ 5m/sec

| 정답 | ④

15 다음 중 초고층 건축물 등의 재난 및 안전관리 업무를 총괄하는 자로 옳은 것은?

① 총괄재난관리자   ② 관계인
③ 관계주체   ④ 소방관서장

해설
총괄재난관리자는 초고층 건축물 등의 재난 및 안전관리 업무를 총괄하는 자를 말한다.

| 정답 | ①

16 다음 중 자동방화셔터에 대한 설명으로 옳은 것은?

① 불꽃이나 연기를 감지한 경우 완전 폐쇄되는 구조일 것
② 전동방식이나 수동방식으로 개폐할 수 있을 것
③ 열을 감지한 경우 일부 폐쇄되는 구조일 것
④ 방화문으로부터 5m 이내에 별도로 설치할 것

해설
자동방화셔터의 요건
- 피난이 가능한 60분 + 방화문 또는 60분 방화문으로부터 3m 이내에 별도로 설치할 것
- 전동방식이나 수동방식으로 개폐할 수 있을 것
- 불꽃감지기 또는 연기감지기 중 하나와 열감지기를 설치할 것
- 불꽃이나 연기를 감지한 경우 일부 폐쇄되는 구조일 것
- 열을 감지한 경우 완전 폐쇄되는 구조일 것

| 정답 | ②

17 다음 중 방화문에 해당하지 않는 것은?

① 30분 방화문 ② 30분 + 방화문
③ 60분 방화문 ④ 60분 + 방화문

해설
방화문의 구분

60분 + 방화문	연기 및 불꽃을 차단할 수 있는 시간이 60분 이상이고, 열을 차단할 수 있는 시간이 30분 이상인 방화문
60분 방화문	연기 및 불꽃을 차단할 수 있는 시간이 60분 이상인 방화문
30분 방화문	연기 및 불꽃을 차단할 수 있는 시간이 30분 이상 60분 미만인 방화문

| 정답 | ②

18 4층 이상 노유자 시설의 피난기구 중 적응성이 있는 것은?

① 피난용 트랩 ② 피난교
③ 피난사다리 ④ 완강기

해설
설치장소별 피난기구의 적응성

장소 \ 층별	1층	2층	3층	4층 이상 10층 이하
노유자 시설	• 미끄럼대 • 구조대 • 피난교 • 다수인 피난장비 • 승강식 피난기	• 미끄럼대 • 구조대 • 피난교 • 다수인 피난장비 • 승강식 피난기	• 미끄럼대 • 구조대 • 피난교 • 다수인 피난장비 • 승강식 피난기	• 구조대 • 피난교 • 다수인 피난장비 • 승강식 피난기

| 정답 | ②

19 인화성 또는 발화성 등의 성질을 가지는 것으로 대통령령이 정하는 물품을 의미하는 것은?

① 위험물 ② 산화성 고체
③ 산화성 액체 ④ 가연물

해설
위험물이란 인화성 또는 발화성 등의 성질을 가지는 것으로 대통령령이 정하는 물품을 말한다.

| 정답 | ①

20 다음은 소방교육 및 훈련의 실시원칙 중 무엇에 대한 내용인가?

- 어떠한 기술을 어느 정도까지 익혀야 하는가를 명확하게 제시한다.
- 습득하여야 할 기술이 활동 전체에서 어느 위치에 있는가를 인식하도록 한다.

① 동기부여의 원칙
② 목적의 원칙
③ 경험의 원칙
④ 학습자 중심의 원칙

해설

소방교육 및 훈련의 실시원칙

학습자 중심의 원칙	• 한 번에 한 가지씩 습득 가능한 분량을 교육 및 훈련시킨다. • 쉬운 것에서 어려운 것으로 교육을 실시하되 기능적 이해에 비중을 둔다. • 학습자에게 감동이 있는 교육이 되어야 한다.
동기부여의 원칙	• 교육의 중요성을 전달해야 한다. • 학습을 위해 적절한 스케줄을 적절히 배정해야 한다. • 교육은 시기적절하게 이루어져야 한다. • 핵심사항에 교육의 포커스를 맞추어야 한다. • 학습에 대한 보상을 제공해야 한다. • 교육에 재미를 부여해야 한다. • 교육에 있어 다양성을 활용해야 한다. • 사회적 상호작용을 제공해야 한다. • 전문성을 공유해야 한다. • 초기성공에 대해 격려해야 한다.
목적의 원칙	• 어떠한 기술을 어느 정도까지 익혀야 하는가를 명확하게 제시한다. • 습득하여야 할 기술이 활동 전체에서 어느 위치에 있는가를 인식하도록 한다.
현실성의 원칙	학습자의 능력을 고려하지 않은 훈련은 비현실적이고 불완전하다.
실습의 원칙	• 실습을 통해 지식을 습득한다. • 목적을 생각하고, 적절한 방법으로 정확하게 하도록 한다.
경험의 원칙	경험을 했던 사례를 들어 현실감 있게 하도록 한다.
관련성의 원칙	모든 교육 및 훈련 내용은 실무적인 접목과 현장성이 있어야 한다.

| 정답 | ②

21 건축물의 주요구조부가 내화구조이고, 벽 및 반자의 실내에 면하는 부분이 불연재료로 된 바닥면적 600m²인 의료시설에 필요한 소화기구의 능력단위로 옳은 것은?

① 6단위
② 5단위
③ 4단위
④ 3단위

해설

의료시설은 바닥면적 50m²마다 능력단위 1단위 이상이고, 내화구조·불연재료라 하였으므로 2배를 적용하면 다음과 같이 구할 수 있다.

소화기구의 능력단위 = $\dfrac{600m^2}{50m^2 \times 2배}$ = 6단위

꼼꼼 문제분석

특정소방대상물별 소화기구의 능력단위 기준

특정소방대상물	소화기구의 능력단위
위락시설	해당 용도의 바닥면적 30m²마다 능력단위 1단위 이상
공연장·집회장·관람장·문화재·장례식장 및 의료시설	해당 용도의 바닥면적 50m²마다 능력단위 1단위 이상
근린생활시설·판매시설·운수시설·숙박시설·노유자 시설·전시장·공동주택·업무시설·방송통신시설·공장·창고시설·항공기 및 자동차 관련 시설 및 관광휴게시설	해당 용도의 바닥면적 100m²마다 능력단위 1단위 이상
그 밖의 것	해당 용도의 바닥면적 200m²마다 능력단위 1단위 이상

※ 건축물의 주요구조부가 내화구조이고, 벽 및 반자의 실내에 면하는 부분이 불연재료·준불연재료 또는 난연재료로 된 특정소방대상물은 위 표의 기준면적의 2배로 함

| 정답 | ①

22 다음 중 발화점에 대한 설명으로 옳지 않은 것은?

① 발화점은 보통 인화점보다 수백℃가 높은 온도이다.
② 일반적으로 산소와의 친화력이 큰 물질일수록 발화점이 높다.
③ 고체 가연물의 발화점은 가열속도, 가연물의 크기나 모양에 따라 달라진다.
④ 화재진압 후 계속 물을 뿌리는 이유는 발화점 이상으로 가열된 건축물이 열로 인하여 다시 연소되는 것을 방지하기 위한 것이다.

해설

일반적으로 산소와의 친화력이 큰 물질일수록 발화점이 낮다.

| 정답 | ②

23 다음 중 무창층에 대한 설명으로 옳지 않은 것은?

① 도로 또는 차량이 진입할 수 있는 빈터를 향해야 한다.
② 내부 또는 외부에서 쉽게 부수거나 열 수 있어야 한다.
③ 개구부의 면적의 합계가 해당 층 바닥면적의 1/30 이하가 되는 층을 말한다.
④ 크기는 지름 50cm 이하의 원이 통과할 수 있어야 한다.

해설
무창층
지상층 중 다음 요건을 모두 갖춘 개구부의 면적의 합계가 해당 층의 바닥면적의 30분의 1 이하가 되는 층을 말한다.
- 크기는 지름 50cm 이상의 원이 통과할 수 있을 것
- 해당 층의 바닥면으로부터 개구부 밑부분까지의 높이가 1.2m 이내일 것
- 도로 또는 차량이 진입할 수 있는 빈터를 향할 것
- 화재 시 건축물로부터 쉽게 피난할 수 있도록 창살이나 그 밖의 장애물이 설치되지 않을 것
- 내부 또는 외부에서 쉽게 부수거나 열 수 있을 것

|정답| ④

24 전기안전관리상 주요 화재원인이 아닌 것은?

① 누전에 의한 발화
② 과전류(과부하)에 의한 발화
③ 전기절연저항에 의한 발화
④ 전선의 합선(단락)에 의한 발화

해설
- 전기절연저항은 높을수록 안전하고, 낮아질 경우 누전·절연파괴의 위험이 생긴다.
- 절연저항 자체가 발화의 원인이 되지는 못한다.

꼼꼼 문제분석
전기화재의 종류
- 단락(합선)   · 트래킹 및 흑연화   · 과부하
- 접촉불량   · 반단선   · 정전기 등
- 누전   · 방전

|정답| ③

25 다음 중 제연설비에 대한 설명으로 옳지 않은 것은?

① 거실 제연설비는 수평피난을 위한 급·배기방식의 소화활동설비이다.
② 부속실 제연설비는 수직피난을 위한 급기가압방식이다.
③ 스프링클러설비가 설치된 경우 급기가압제연설비의 최소 차압은 40Pa 이상이다.
④ 부속실만 단독으로 제연하는 것 중 부속실이 면하는 옥내가 거실인 경우 방연풍속은 0.7m/s 이상이다.

[해설]
최소 차압은 40Pa 이상(옥내에 스프링클러설비가 설치된 경우 12.5Pa 이상)이어야 한다.

| 정답 | ③

26 P형 수신기의 예비전원시험(전압계 방식)을 하기 위해 예비전원 버튼을 눌렀을 때 전압계가 다음과 같이 지시하였다. 다음 중 옳은 것은?

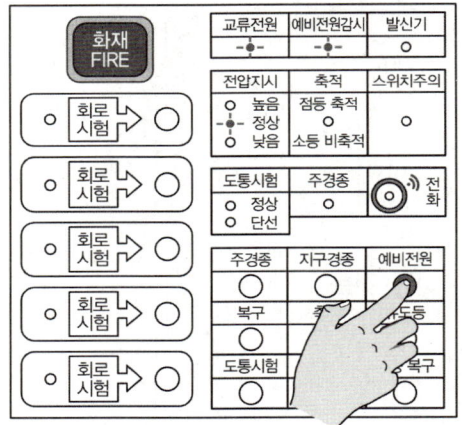
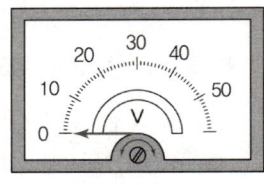

① 예비전원이 정상이다.
② 예비전원이 불량이다.
③ 교류전원을 점검하여야 한다.
④ 예비전원 전압이 과도하게 높다.

[해설]
예비전원시험스위치를 눌렀을 때 전압계인 경우 전압범위가 약 19 ~ 29[V]이면 정상이다. 그림에서 전압계가 0[V]를 지시하고 있으므로 예비전원은 불량이다.

[꼼꼼 문제분석]
예비전원시험의 적부 판정방법(예시)
• 전압계인 경우 정상 : 전압범위 약 19 ~ 29[V]
• 램프 방식인 경우 정상 : 녹색

| 정답 | ②

27 다음은 준비작동식 스프링클러설비 점검 시 유수검지장치를 작동시키는 방법과 감시제어반에서 확인해야 할 사항이다. 〈보기〉의 내용 중 옳은 것을 모두 고른 것은?

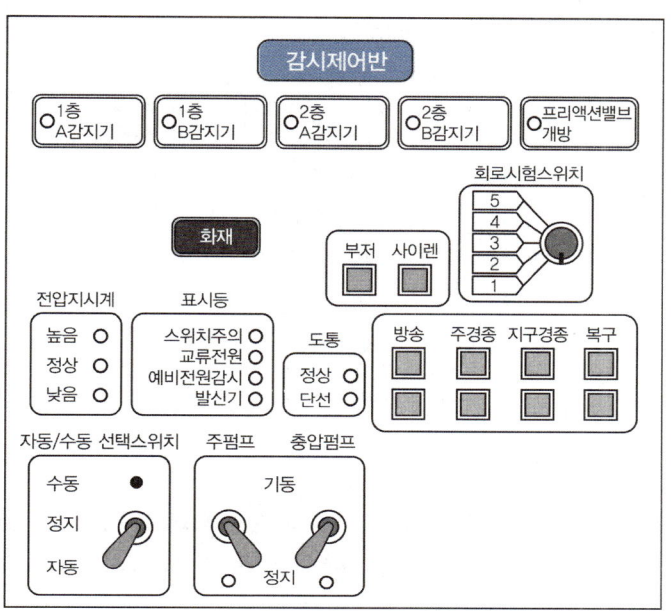

[보기]

1. 프리액션밸브 유수검지장치를 작동시키는 방법
   (1) 화재동작시험을 통한 A, B 감지기 작동
   (2) 해당 구역 감지기(A, B) 2개 회로 작동
   (3) 말단시험밸브 개방

2. 감시제어반 확인사항
   (4) 해당 구역 감지기 A, B 지구표시등 점등
   (5) 프리액션밸브 개방표시등 점등
   (6) 도통시험회로 단선 여부 확인
   (7) 발신기표시등 점등 확인

① (1), (2), (4), (5)
② (1), (2), (4), (7)
③ (3), (5), (6), (7)
④ (2), (3), (5), (6)

> **해설**

1. 준비작동식 유수검지장치(프리액션밸브)의 작동방법
   - 해당 방호구역의 감지기 2개 회로 작동
   - SVP(수동조작함)의 수동조작스위치 작동
   - 밸브 자체에 부착된 수동기동밸브 개방
   - 감시제어반(수신기) 측의 준비작동식 유수검지장치 수동기동스위치 작동
   - 감시제어반(수신기)에서 동작시험스위치 및 회로선택스위치로 작동(2회로 작동)
2. 도통시험회로 단선 여부와 발신기표시등 점등 확인은 유수검지장치 작동 시 감시제어반 확인사항에 해당하지 않는다.

| 정답 | ①

---

28 다음 소화기에 대한 작동점검 결과 다음과 같은 소화기가 있음을 발견하고 즉시 교체하였다. 작동점검 서식의 점검결과란 (가), (나)에 들어갈 내용으로 옳은 것은?

 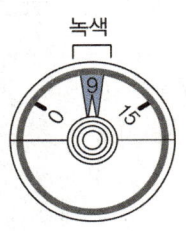

점검번호	점검항목	점검결과 (양호 ○, 불량 ×, 해당 없음)
1-A-006	소화기의 변형, 손상, 부식 등 외관의 이상 유무	(가)
설비명	점검번호	점검내용
소화설비	1-A-006	(나)

① (가) ○, (나) 해당 없음
② (가) ×, (나) 해당 없음
③ (가) ×, (나) 안전핀 탈락
④ (가) ○, (나) 손잡이 누름쇠 변형

> **해설**
- 지시압력계가 녹색범위에 위치하므로 정상 압력이다.
- 안전핀이 고정되어 있지 않아 레버가 눌릴 경우 소화약제가 방사될 수 있으므로 불량이다.

| 정답 | ③

29 다음 그림은 옥내소화전함의 상단 부분을 나타낸 것이다. 표시등 점등 상태에 따른 현재상황에 대한 설명으로 옳은 것은?

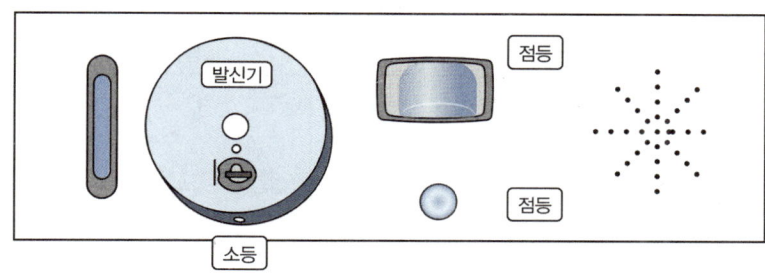

① 펌프기동표시등이 점등된 것으로 보아 충압펌프가 작동되었을 것이다.
② 위치표시등이 점등되어 있으므로 화재 상황이다.
③ 지구경종이 작동되고 있음을 알 수 있다.
④ 발신기의 응답등이 소등 상태이므로 발신기는 작동하지 않은 상태이다.

해설
• 펌프기동표시등이 점등된 것으로 보아 주펌프가 작동되었을 것이다.
• 위치표시등은 소화전함의 위치를 알려주는 표시등으로 상시 점등 상태이다.
• 지구경종의 작동 여부는 알 수 없다.

| 정답 | ④

30 다음 중 주거용 주방자동소화장치의 설치기준으로 옳지 않은 것은?

① 탐지부는 수신부와 분리하여 설치하되, 공기보다 가벼운 가스를 사용하는 경우에는 바닥면으로부터 30cm 이하의 위치에 설치해야 한다.
② 감지부는 형식승인을 받은 유효한 높이 및 위치에 설치해야 한다.
③ 수신부는 주위의 열기류 또는 습기 등과 주위온도에 영향을 받지 않고 사용자가 상시 볼 수 있는 장소에 설치해야 한다.
④ 차단장치(전기 또는 가스)는 상시 확인 및 점검이 가능하도록 설치해야 한다.

해설
가스용 주방자동소화장치를 사용하는 경우 탐지부는 수신부와 분리하여 설치하되, 공기보다 가벼운 가스를 사용하는 경우에는 천장면으로부터 30cm 이하의 위치에 설치하고, 공기보다 무거운 가스를 사용하는 장소에는 바닥면으로부터 30cm 이하의 위치에 설치할 것

| 정답 | ①

31 다음 옥내소화전 감시제어반의 스위치 상태를 보고 옳은 것을 고르시오.

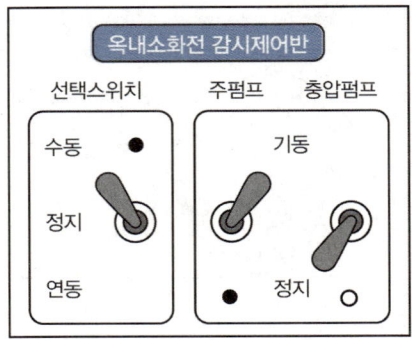

① 충압펌프를 수동으로 기동 중이다.
② 주펌프를 수동으로 기동 중이다.
③ 충압펌프를 자동으로 기동 중이다.
④ 주펌프는 자동으로 기동 중이다.

해설
선택스위치가 수동, 주펌프는 기동이므로, 주펌프를 수동으로 기동 중이다.

|정답| ②

32 화재 발생 시 특별피난계단의 계단실 및 부속실 제연설비의 작동 순서로 옳은 것은?

㉠ 화재 발생
㉡ 감지기 작동 또는 수동기동장치 작동
㉢ 급기송풍기 작동
㉣ 급기댐퍼 개방

① ㉠ → ㉡ → ㉣ → ㉢
② ㉠ → ㉢ → ㉣ → ㉡
③ ㉠ → ㉣ → ㉡ → ㉢
④ ㉠ → ㉡ → ㉢ → ㉣

해설
특별피난계단의 계단실 및 부속실 제연설비 작동 순서
• 화재 발생
• 감지기 작동 또는 수동기동장치 작동
• 화재경보 발생
• 급기댐퍼 개방
• 댐퍼가 완전히 열린 후에 송풍기 작동
• 송풍기의 바람이 계단실 및 부속실에 송풍이 됨
• 플랩댐퍼의 작동(부속실의 설정압력범위를 초과하는 경우 압력을 배출하여 설정압력범위를 유지)

|정답| ①

33 다음 그림 중 심폐소생술(CPR) 시행 순서로 옳은 것은?

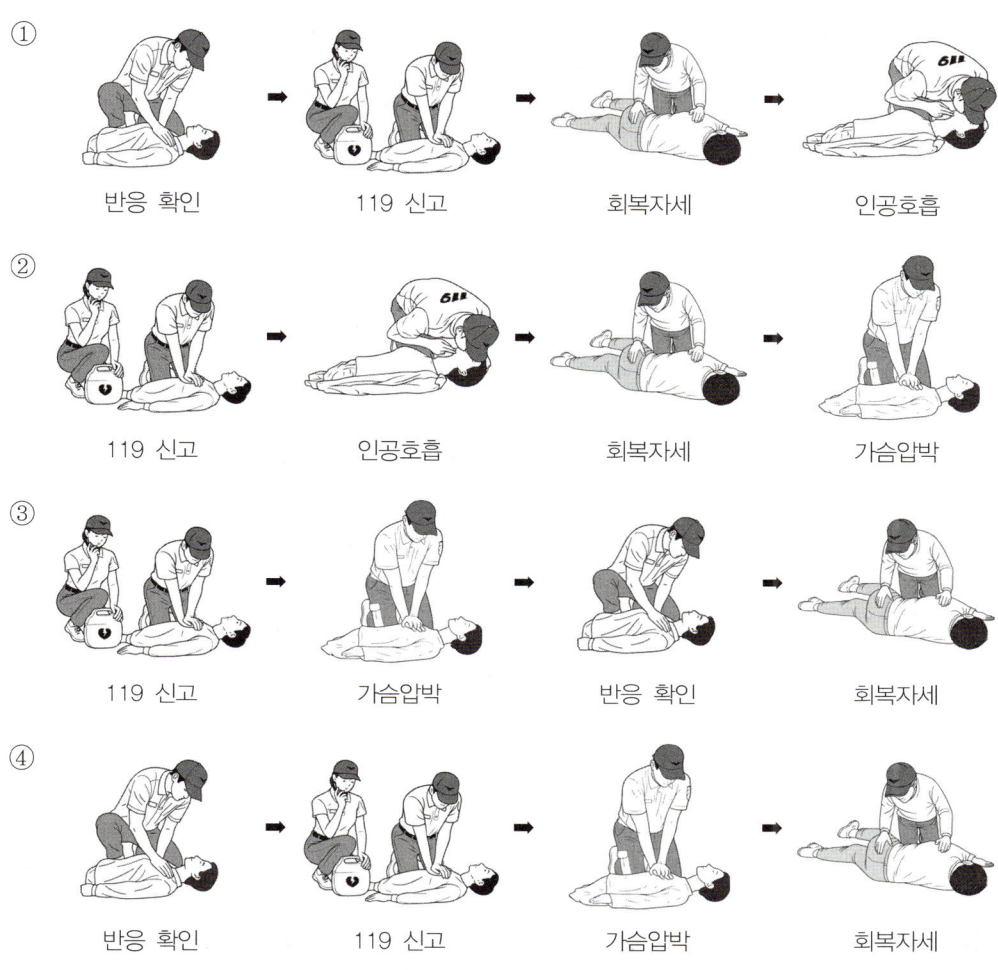

해설

일반인 심폐소생술 시행방법

반응의 확인 → 119 신고 → 호흡 확인 → 가슴압박 30회 시행(성인의 경우 분당 100~120회) → 인공호흡 2회 시행 → 가슴압박과 인공호흡의 반복 → 회복자세

| 정답 | ④

34 소방계획의 수립 절차는 4단계로 구성된다. 다음 중 2단계(위험환경 분석)의 내용에 해당하는 것을 모두 고른 것은?

| ㉠ 위험환경 식별 | ㉡ 위험환경 분석/평가 |
| ㉢ 위험환경 목표/전략 수립 | ㉣ 위험환경 경감대책 수립 |

① ㉠, ㉣
② ㉡, ㉢, ㉣
③ ㉠, ㉡, ㉣
④ ㉡, ㉣

해설
소방계획의 수립 절차

1단계 (사전기획)	2단계 (위험환경 분석)	3단계 (설계/개발)	4단계 (시행/유지관리)
작성준비 ↓ 요구사항 검토 ↓ 작성계획 수립	위험환경 식별 ↓ 위험환경 분석/평가 ↓ 위험경감대책 수립	목표/전략 수립 ↓ 실행계획 설계 및 개발	수립/시행 ↓ 운영/유지관리

| 정답 | ③

35 알람밸브를 기준으로 1차와 2차 측 배관에 가압수가 차 있고, 화재 시 열에 의해 헤드가 개방되면 가압수가 즉시 살수되어 소화하는 스프링클러설비는 무엇인가?

① 준비작동식 스프링클러설비
② 일제살수식 스프링클러설비
③ 습식 스프링클러설비
④ 건식 스프링클러설비

해설
습식 스프링클러설비
가압송수장치에서 폐쇄형 스프링클러헤드까지 배관 내에 항상 물이 가압되어 있다가 화재로 인한 열로 폐쇄형 스프링클러헤드가 개방되면 배관 내에 유수가 발생하여 습식 유수검지장치가 작동하게 되는 스프링클러설비를 말한다.

| 정답 | ③

36 동력제어반 상태가 다음과 같았을 때 감시제어반의 예상되는 모습으로 옳은 것은? (단, 현재 감시제어반에서 펌프를 수동조작하고 있다)

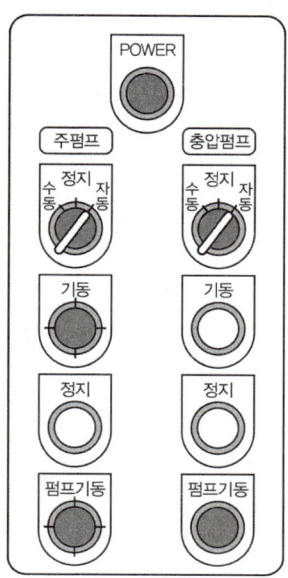

① 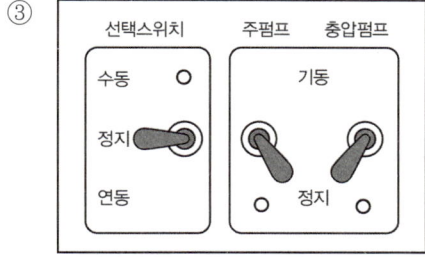 ②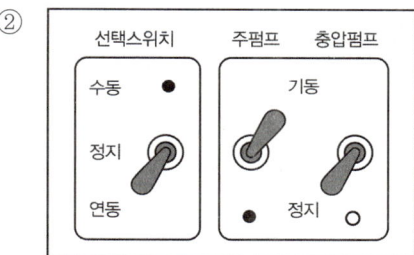

③ ④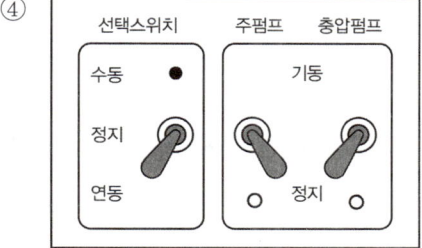

해설
동력제어반에 주펌프의 기동표시등과 펌프기동표시등이 점등되어 있으므로 감시제어반에서 펌프를 수동조작하고 있음을 알 수 있다.
→ 선택스위치 : 수동, 주펌프 : 기동, 충압펌프 : 정지

|정답| ①

37 어느 소방안전관리자는 한 건물에 자동화재탐지설비를 점검한 후 작동점검표에 점검결과를 다음과 같이 작성하였다. 점검항목에 '조작스위치가 정상위치에 있는지 여부'는 어떤 것을 확인하여야 알 수 있었겠는가?

자동화재탐지설비 (양호 ○, 불량 ×, 해당 없음 /)

구분	점검번호	점검항목	점검결과
수신기	15-B-002	조작스위치가 정상위치에 있는지 여부	○
	15-B-006	수신기 음향기구의 음량, 음색 구별 가능 여부	○
감지기	15-D-009	감지기 변형, 손상 확인 및 작동시험 적합 여부	○
전원	15-H-002	예비전원 성능 적정 및 상용전원 차단 시 예비전원 자동전환 여부	×
배선	15-I-003	수신기 도통시험회로 정상 여부	○

① 회로단선 여부 확인
② 예비전원 및 예비전원감시등 확인
③ 교류전원감시등 확인
④ 스위치주의등 확인

해설
조작스위치가 정상위치에 있는지 여부는 스위치주의등을 확인한다.

| 정답 | ④

38 심폐소생술 실시 시 속도와 가슴압박 깊이로 옳은 것은?

① 속도 : 40~60회/분, 압박깊이 : 1cm
② 속도 : 40~60회/분, 압박깊이 : 5cm
③ 속도 : 100~120회/분, 압박깊이 : 1cm
④ 속도 : 100~120회/분, 압박깊이 : 5cm

해설
심폐소생술 실시 시 올바른 속도와 가슴압박 깊이
• 속도 : 100~120회/분
• 압박깊이 : 5cm

| 정답 | ④

39. 옥외소화전이 29개 설치되어 있을 때 소화전함의 최소 설치개수로 옳은 것은?

① 10개 이상
② 11개 이상
③ 12개 이상
④ 13개 이상

해설

옥외소화전함 설치기준

옥외소화전설비에는 옥외소화전마다 그로부터 5m 이내의 장소에 소화전함을 다음과 같이 설치하여야 한다.
- 옥외소화전이 10개 이하 설치된 때 : 옥외소화전마다 5m 이내의 장소에 1개 이상의 소화전함 설치
- 옥외소화전이 11개 이상 30개 이하 설치된 때 : 11개 이상의 소화전함을 각각 분산하여 설치
- 옥외소화전이 31개 이상 설치된 때 : 옥외소화전 3개마다 1개 이상의 소화전함 설치

|정답| ②

40. 다음 그림과 같이 습식 스프링클러설비의 말단시험밸브를 개방하여 가압수를 배출시키고 감시제어반을 확인할 때 제어반에서 확인해야 할 사항으로 옳지 않은 것은?

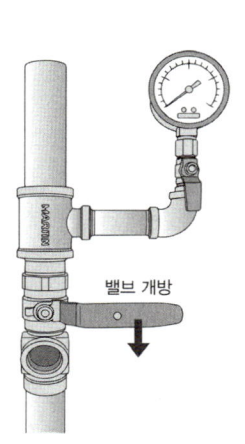

① 알람밸브 동작 확인
② 감지기 작동 확인
③ 사이렌 및 경보작동 확인
④ 화재표시등 점등 확인

해설

습식, 건식 스프링클러설비	준비작동식, 일제살수식 스프링클러설비
감지기 ×	감지기 ○

|정답| ②

41 다음 중 인공호흡에 대한 설명으로 옳은 것을 모두 고른 것은?

> ㉠ 턱을 목 아래쪽으로 내려 공기가 잘 들어가도록 해준다.
> ㉡ 머리를 젖혔던 손의 엄지와 검지로 환자의 코를 잡아서 막고, 입을 크게 벌려 환자의 입을 완전히 막은 후 가슴이 올라올 정도로 1초에 걸쳐서 숨을 불어 넣는다.
> ㉢ 숨을 불어 넣을 때에는 환자의 가슴이 부풀어 오르는지 눈으로 확인하고 공기가 배출되도록 해야 한다.
> ㉣ 인공호흡이 꺼려지는 경우에는 가슴압박만 시행할 수 있다.

① ㉠　　　　　　　　　　　② ㉡
③ ㉡, ㉣　　　　　　　　　④ ㉠, ㉢

해설
㉠ 환자의 머리를 젖히고, 턱을 들어 올려 환자의 기도를 개방시킨다.
㉢ 숨을 불어 넣을 때에는 환자의 가슴이 부풀어 오르는지 눈으로 확인한다. 숨을 불어 넣은 후에는 입을 떼고 코도 놓아주어서 공기가 배출되도록 한다.

| 정답 | ③

---

42 다음 중 이산화탄소 소화설비의 장단점에 대한 설명으로 옳은 것은?

① 설비가 저압으로 특별한 주의와 관리가 필요 없다.
② 방사 시 동상의 우려가 있다.
③ 표면화재에 적합하다.
④ 화재진화 후 재가 남는다.

해설
이산화탄소 소화설비의 장단점

장점	단점
• 심부화재에 적합하다. • 화재진화 후 잔여물이 남지 않아 깨끗하다. • 피연소물에 피해가 적다. • 비전도성으로 전기화재에 좋다.	• 사람에게 질식의 우려가 있다. • 방사 시 동상의 우려와 소음이 크다. • 설비가 고압으로 특별한 주의와 관리가 필요하다.

| 정답 | ②

43 소방교육 및 훈련의 실시원칙 중 다음 내용에 해당하는 것은?

> • 어떠한 기술을 어느 정도까지 익혀야 하는가를 명확하게 제시한다.
> • 습득하여야 할 기술이 활동 전체에서 어느 위치에 있는가를 인식하도록 한다.

① 실습의 원칙 ② 경험의 원칙
③ 목적의 원칙 ④ 현실의 원칙

해설
소방교육 및 훈련의 실시원칙 중 목적의 원칙
• 어떠한 기술을 어느 정도까지 익혀야 하는가를 명확하게 제시한다.
• 습득하여야 할 기술이 활동 전체에서 어느 위치에 있는가를 인식하도록 한다.

|정답| ③

44 다음 그림은 P형 1급 수신기의 일부를 나타낸 그림이다. 그림에 나타난 수신기의 점검 및 상태 등에 대한 설명으로 옳지 않은 것은?

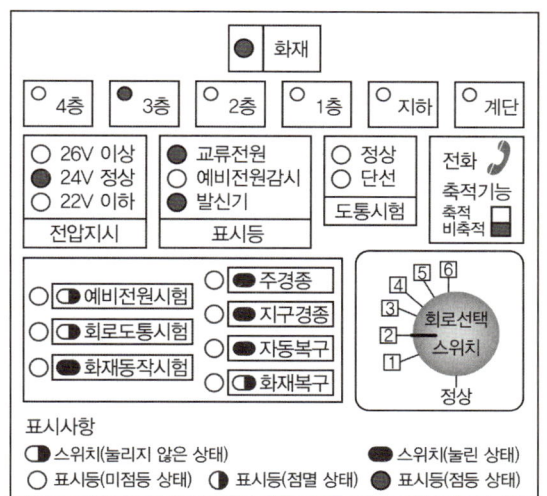

① 화재동작시험 중이다.
② 회로도통시험 중이다.
③ 회로선택스위치를 이용하여 점검 중이다.
④ 점검 중 경종이 울리지 않도록 조치하였다.

해설
도통시험스위치가 눌리지 않았으므로 도통시험을 하는 중이 아니며, 화재동작시험과 도통시험은 동시에 진행할 수 없다.

|정답| ②

45. 공연장, 집회장, 관람장에 설치할 수 있는 유도등으로 옳지 않은 것은?

① 대형피난구유도등
② 중형피난구유도등
③ 통로유도등
④ 객석유도등

해설
공연장, 집회장(종교집회장 포함), 관람장, 운동시설에는 대형피난구유도등, 통로유도등, 객석유도등을 설치한다.

꼼꼼 문제분석
유도등의 종류

구분	피난구유도등	통로유도등			객석유도등
		복도	계단	거실	
용도	피난경로로 사용되는 출입구 표시	피난통로를 안내하기 위한 유도등으로 방향을 명시			객석의 통로, 바닥, 벽에 설치
예시					
설치장소 (위치)	출입구 (상부)	일반 복도 (하부)	일반 계단 (하부)	주차장, 도서관 등 (상부)	공연장, 극장 등 (하부)

|정답| ②

46. 옥내소화전설비의 방수압력 측정방법에 대한 설명으로 옳지 않은 것은?

① 방수압력 측정계는 봉상주수 상태에서 수평으로 측정한다.
② 노즐의 선단에 피토게이지를 노즐구경의 D/2의 지점에 근접한다.
③ 방사형 관창을 호스에서 분리하고 직사형 관창을 체결한다.
④ 방수구에 호스를 결속한 상태로 소화수를 방출한다.

해설
방수압력 측정계(피토게이지)는 봉상주수 상태에서 직각으로 측정한다.

|정답| ①

47 다음 그림은 자동화재탐지설비 수신기의 작동 상태를 나타낸 것이다. 다음 중 옳은 것을 모두 고른 것은?

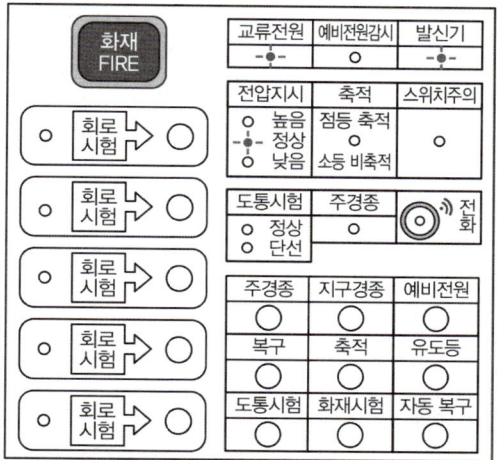

㉠ 도통시험을 실시하고 있으며 좌측 구역은 단선이다.
㉡ 화재경보기기는 발신기이다.
㉢ 스위치주의등이 점멸되지 않는 것은 조작스위치가 눌러져 작동된 상태를 나타낸다.
㉣ 수신기의 전원상태는 이상이 없다.

① ㉠, ㉡
② ㉡, ㉢
③ ㉢, ㉣
④ ㉡, ㉣

해설
㉠ 도통시험램프가 점등되어 있지 않으므로 도통시험을 실시하는 것은 아니다.
㉢ 스위치주의등이 점멸된다는 것은 조작스위치가 눌러져 작동된 상태를 나타낸다.

| 정답 | ④

48 가스계 소화설비 기동용기함의 솔레노이드밸브 점검 전 상태를 참고하여 진행한 안전조치의 순서로 옳은 것은?

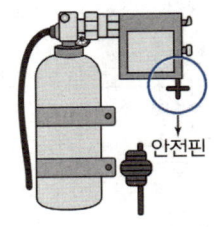

솔레노이드밸브 점검 전

㉠ 안전핀 제거	㉡ 솔레노이드 분리	㉢ 안전핀 체결

① ㉡ → ㉢ → ㉠
② ㉢ → ㉡ → ㉠
③ ㉢ → ㉠ → ㉡
④ ㉡ → ㉠ → ㉢

해설
가스계 소화설비의 점검 전 안전조치

솔레노이드 격발		
안전핀 체결	솔레노이드 분리	안전핀 제거

|정답| ②

49 다음 〈조건〉을 기준으로 스프링클러설비의 주펌프 압력스위치의 설정값으로 옳은 것은? (단, 압력스위치의 단자는 고정되어 있으며, 옥상수조는 없다)

[조건]
- 조건 1 : 펌프양정 70m
- 조건 2 : 가장 높이 설치된 헤드로부터 펌프 중심점까지의 낙차를 압력으로 환산한 값 = 0.3MPa

① RANGE : 0.7MPa, DIFF : 0.3MPa
② RANGE : 0.7MPa, DIFF : 0.25MPa
③ RANGE : 0.3MPa, DIFF : 0.7MPa
④ RANGE : 0.3MPa, DIFF : 0.25MPa

해설

Range	펌프의 정지압력	Diff	정지압력(Range) − 기동압력

- Range(정지점) : 70m = 0.7MPa(주펌프의 정지점은 펌프의 양정이다)
- 기동압력 = 0.3 + 0.15 = 0.45MPa
  ※ 주펌프의 기동점

옥내소화전	자연낙차압 + 0.2MPa	스프링클러설비	자연낙차압 + 0.15MPa

- Diff = 정지압력(Range) − 기동압력 = 0.7 − 0.45 = 0.25MPa

|정답| ②

50 다음 중 화재 시 피난을 유도하기 위한 유도등은 정상상태에서 상용전원으로 점등되고, 정전되었을 때는 비상전원으로 자동절환되어 몇 분 이상 작동할 수 있어야 하는가?

① 10분 이상
② 20분 이상
③ 30분 이상
④ 60분 이상

해설
유도등의 비상전원은 유도등을 20분 이상 유효하게 작동시킬 수 있는 용량으로 할 것

|정답| ②

Chapter 03 2023년 기출복원문제

01 연소의 형태에 따른 고체 물질로 짝지어진 것 중 옳지 않은 것은?

① 자기연소 : 황
② 분해연소 : 석탄
③ 증발연소 : 열가소성수지
④ 표면연소 : 마그네슘

해설
황(S)은 증발연소를 한다.

꼼꼼 문제분석
고체의 연소

분해연소	목재, 종이, 석탄 등	증발연소	고체파라핀, 황, 열가소성수지
표면연소	숯, 코크스, 금속(마그네슘 등), 목재의 말기 연소 등	자기연소	제5류 위험물(자기반응성 물질), 폭발성 물질

| 정답 | ①

02 유도등의 3선식 배선 시 자동으로 점등되는 경우로 옳지 않은 것은?

① 옥내소화전 충압펌프가 동작되는 때
② 비상경보설비의 발신기가 작동되는 때
③ 상용전원이 정전되거나 전원선이 단선되는 때
④ 방재업무를 통제하는 곳 또는 전기실의 배전반에서 수동으로 점등하는 때

해설
유도등의 3선식 배선 시 자동으로 점등되는 경우
• 자동화재탐지설비의 감지기 또는 발신기가 작동되는 때
• 비상경보설비의 발신기가 작동되는 때
• 상용전원이 정전되거나 전원선이 단선되는 때
• 방재업무를 통제하는 곳 또는 전기실의 배전반에서 수동으로 점등하는 때
• 자동소화설비가 작동되는 때

| 정답 | ①

03 장애유형별 피난보조에 대한 설명으로 옳지 않은 것은?

① 노인은 지병이 있는 경우가 많으므로 구조대가 알기 쉽게 지병을 표시한다.
② 지적장애인은 공황상태에 빠질 수 있으므로 차분하고 느린 어조로 도움을 주러 왔음을 밝히고 피난을 보조한다.
③ 시각장애인은 표정이나 제스처를 사용하고 조명을 적극 활용한다.
④ 지체장애인은 2인 이상이 1조가 되어 피난을 보조한다.

해설
- 표정이나 제스처를 사용하고, 조명을 활용하는 것은 청각장애인의 피난보조에 대한 설명이다.
- 시각장애인은 지팡이를 이용하여 피난하도록 한다.

|정답| ③

04 종합방재실의 구축효과로 옳지 않은 것은?

① 화재 시 신속한 대응
② 시스템 안전성 향상
③ 유지관리 비용 증가
④ 화재 피해 최소화

해설
종합방재실 구축효과
- 화재 피해 최소화
- 화재 시 신속한 대응
- 시스템 안전성 향상
- 유지관리 비용 절감

|정답| ③

05 다중이용업소에 해당하는 영업장으로 옳은 것은?

① 바닥면적 50m²인 지하 1층 제과점
② 바닥면적 66m²인 지상 2층 일반음식점
③ 노래연습장업
④ 수용인원 50명의 학원

해설
다중이용업의 범위
- 바닥면적 합계가 66m² 이상인 지하층 제과점
- 바닥면적 합계가 100m² 이상인 지상층 일반음식점
- 노래연습장업은 층별, 면적 구분 없이 적용
- 수용인원 300명 이상의 학원

|정답| ③

06 다음에 해당하는 소방안전관리대상물의 선임대상으로 옳지 않은 것은? (단, 해당 소방안전관리자 자격증을 받은 경우이다)

> 지상 11층, 지하 3층인 특정소방대상물로 스프링클러설비가 설치되어 있다.

① 소방공무원으로 7년 이상 근무한 경력이 있는 사람
② 위험물기능장 자격증을 취득한 사람
③ 소방설비기사 자격증을 취득한 사람
④ 소방설비산업기사 자격증을 취득한 사람

해설
2급 소방안전관리대상물 : 위험물기능장·위험물산업기사 또는 위험물기능사 자격이 있는 사람

꼼꼼 문제분석
1급 소방안전관리대상물

선임대상물	• 30층 이상(지하층 제외)이거나 지상으로부터 높이가 120m 이상인 아파트 • 연면적 15,000m^2 이상인 특정소방대상물(아파트 및 연립주택은 제외) • 지상층의 층수가 1층 이상인 특정소방대상물(아파트는 제외) • 가연성 가스를 1,000톤 이상 저장·취급하는 시설
선임자격	• 소방설비기사 또는 소방설비산업기사의 자격이 있는 사람 • 소방공무원으로 7년 이상 근무한 경력이 있는 사람 • 소방청장이 실시하는 1급 소방안전관리대상물의 소방안전관리에 관한 시험에 합격한 사람
선임인원	1명 이상

| 정답 | ②

07 소방안전관리자를 2023년 1월 1일에 선임하였다고 할 때 언제까지 관할 소방서장에게 신고해야 하는가?

① 1월 10일   ② 1월 14일
③ 1월 30일   ④ 2월 1일

해설
선임신고 등
소방안전관리자 또는 소방안전관리보조자를 선임한 경우에는 행정안전부령으로 정하는 바에 따라 선임한 날부터 14일 이내에서 소방본부장 또는 소방서장에게 신고해야 한다.
→ 따라서 2023년 1월 14일까지 신고해야 한다.

| 정답 | ②

08 화재로 오인할 만한 우려가 있는 불을 피우거나 연막소독을 하려는 자가 신고를 하지 아니하여 소방자동차를 출동하게 한 경우의 벌칙으로 옳은 것은?

① 20만원 이하의 과태료
② 50만원 이하의 과태료
③ 100만원 이하의 과태료
④ 200만원 이하의 과태료

해설
화재로 오인할 만한 우려가 있는 불을 피우거나 연막소독을 하려는 자가 신고를 하지 아니하여 소방자동차를 출동하게 한 자에게는 20만원 이하의 과태료를 부과한다.

| 정답 | ①

09 자동화재탐지설비의 소방시설 적용 기준으로 옳지 않은 것은?

① 교육연구시설로서 연면적 $1,500m^2$ 이상 모든 층
② 업무시설로서 연면적 $1,000m^2$ 이상 모든 층
③ 판매시설로서 연면적 $1,000m^2$ 이상 모든 층
④ 근린생활시설(목욕장 제외)로서 연면적 $600m^2$ 이상 모든 층

해설
자동화재탐지설비를 설치하는 교육연구시설은 연면적 $2,000m^2$ 이상 모든 층이다.

| 정답 | ①

10 「재난 및 안전관리 기본법」상 재난의 예방·대비·대응 및 복구를 위하여 하는 모든 활동을 의미하는 용어로 옳은 것은?

① 재난관리
② 안전관리
③ 위기관리
④ 긴급구조

해설
재난관리란 재난의 예방·대비·대응 및 복구를 위하여 하는 모든 활동을 말한다.

| 정답 | ①

11 다음 중 화재안전조사 항목으로 옳지 않은 것은?

① 화재의 예방조치
② 방염
③ 소방안전관리 업무 수행
④ 특정소방대상물에 대한 강제처분 사항

해설

화재안전조사 항목
- 화재의 예방조치 등에 관한 사항
- 소방안전관리 업무 수행에 관한 사항
- 피난계획의 수립 및 시행에 관한 사항
- 소화·통보·피난 등의 훈련 및 소방안전관리에 필요한 교육에 관한 사항
- 소방자동차 전용구역의 설치에 관한 사항
- 「소방시설공사업법」에 따른 시공, 감리 및 감리원의 배치에 관한 사항
- 소방시설의 설치 및 관리에 관한 사항
- 건설현장 임시소방시설의 설치 및 관리에 관한 사항
- 피난시설, 방화구획 및 방화시설의 관리에 관한 사항
- 방염에 관한 사항
- 소방시설 등의 자체점검에 관한 사항
- 「다중이용업소의 안전관리에 관한 특별법」, 「위험물안전관리법」, 「초고층 및 지하연계 복합건축물 재난관리에 관한 특별법」의 안전관리에 관한 사항
- 그 밖에 소방대상물에 화재의 발생 위험이 있는지 등을 확인하기 위해 소방관서장이 화재안전조사가 필요하다고 인정하는 사항

| 정답 | ④

12 노유자 시설의 피난기구 중 적응성이 없는 것은?

① 구조대
② 미끄럼대
③ 완강기
④ 다수인 피난장비

해설

설치장소별 피난기구의 적응성

장소 \ 층별	1층	2층	3층	4층 이상 10층 이하
노유자 시설	• 미끄럼대 • 구조대 • 피난교 • 다수인 피난장비 • 승강식 피난기	• 미끄럼대 • 구조대 • 피난교 • 다수인 피난장비 • 승강식 피난기	• 미끄럼대 • 구조대 • 피난교 • 다수인 피난장비 • 승강식 피난기	• 구조대 • 피난교 • 다수인 피난장비 • 승강식 피난기

| 정답 | ③

13 전기화재의 원인이 아닌 것은?

① 단선에 의한 발화
② 누전에 의한 발화
③ 접촉부의 과열에 의한 발화
④ 지락에 의한 발화

해설
단선은 단순히 전선이 끊어져 회로가 끊어지는 상태를 말하므로 전류의 흐름이 차단될 뿐, 일반적으로 열이나 스파크가 발생하지 않아 직접적인 발화 원인이 되지 않는다.

| 정답 | ①

14 자동화재탐지설비에 관한 설명 중 옳은 것은?

① 도통시험의 순서는 '도통시험스위치 누름 → 자동복구스위치 누름 → 회로시험스위치 돌림'이다.
② 도통시험 시 전압계가 있는 경우 정상 19 ~ 29[V], 단선 0[V]이다.
③ 예비전원시험 시 전압계가 있는 경우 정상일 때 19 ~ 29[V]를 가리킨다.
④ 감지기 사이의 회로배선은 교차회로방식이다.

해설
- 도통시험의 순서는 '도통시험스위치 누름 → 회로시험스위치를 각 경계구역별로 차례로 회전'이다.
- 도통시험 시 전압계가 있는 경우 정상 4 ~ 8[V], 단선 0[V]이다.
- 감지기 사이의 회로배선은 송배선식이다.

꼼꼼 문제분석
예비전원시험

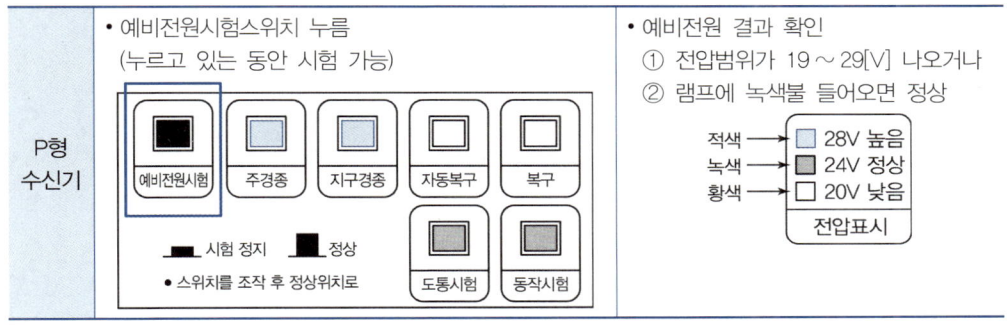

| 정답 | ③

15 옥내소화전설비에 대한 내용으로 옳은 것은?

① 옥내소화전(2개 이상인 경우 2개, 고층건축물의 경우 최대 5개)을 동시에 방수할 경우 방수압력은 0.17MPa 이상 0.7MPa 이하가 되어야 한다.
② 옥내소화전(2개 이상인 경우 2개, 고층건축물의 경우 최대 5개)을 동시에 방수할 경우 방수량은 350L/min 이상이어야 한다.
③ 방수구는 바닥으로부터 0.8m ~ 1.5m 이하의 위치에 설치한다.
④ 옥내소화전설비의 호스의 구경은 25mm 이상의 것을 사용하여야 한다.

해설
옥내소화전설비와 옥외소화전설비

구분	옥내소화전설비	옥외소화전설비
방수량	130L/min 이상	350L/min 이상
방수압력	0.17MPa 이상 0.7MPa 이하	0.25MPa 이상 0.7MPa 이하
호스구경	40mm(호스릴 25mm)	65mm
최소방출시간	• 20분 : 29층 이하 • 40분 : 30 ~ 49층 이하 • 60분 : 50층 이상	20분
설치거리	수평거리 25m 이하	수평거리 40m 이하
표시등	적색등	

|정답| ①

16 다음 중 위험물 취급소의 구분에 해당하지 않는 것은?

① 제조취급소 ② 이송취급소
③ 판매취급소 ④ 주유취급소

해설
위험물 취급소의 구분
• 주유취급소   • 판매취급소
• 이송취급소   • 일반취급소

|정답| ①

17 바닥면적 15,000m²인 12층 건축물은 몇 개의 방화구획을 설치해야 하는가? (단, 이 건축물에는 스프링클러설비가 설치되어 있다)

① 10개 ② 20개
③ 25개 ④ 30개

해설

방화구획의 면적별·층별 구획 등

면적별 구획	• 10층 이하의 층은 바닥면적 1,000m² 이내마다 구획 • 11층 이상의 층은 바닥면적 200m²(벽 및 반자의 실내마감이 불연재료인 경우 500m²) 이내마다 구획 ※ 스프링클러설비 기타 이와 유사한 자동식 소화설비를 설치한 경우에는 상기 면적의 3배 이내마다 구획
층별 구획	매층마다 구획(지하 1층에서 지상으로 직접 연결하는 경사로 부위는 제외)
필로티 등	필로티 등의 부분을 주차장으로 사용하는 경우 그 부분은 건축물의 다른 부분과 구획할 것

$\therefore \dfrac{15,000m^2}{200m^2 \times 3배} = 25개$

| 정답 | ③

18 다음 중 폐쇄형 스프링클러헤드를 설치하는 장소의 평상시 최고 주위온도가 39℃ 이상 64℃ 미만인 경우 설치해야 하는 표시온도로 옳은 것은?

① 79℃ 미만
② 79℃ 이상 121℃ 미만
③ 121℃ 이상 162℃ 미만
④ 162℃ 이상

해설

설치장소의 평상시 최고 주위온도에 따른 폐쇄형 스프링클러헤드의 표시온도

설치장소의 최고 주위온도	표시온도
39℃ 미만	79℃ 미만
39℃ 이상 64℃ 미만	79℃ 이상 121℃ 미만
64℃ 이상 106℃ 미만	121℃ 이상 162℃ 미만
106℃ 이상	162℃ 이상

| 정답 | ②

19 습식 스프링클러설비에서 알람밸브 2차 측 압력이 저하되어 클래퍼가 개방(작동)되면 이후 일어나는 현상으로 옳은 것은?

① 주펌프만 기동된다.
② 주펌프와 충압펌프가 번갈아가면서 기동된다.
③ 가속기의 동작으로 1차 측 물이 2차 측으로 빠르게 이동한다.
④ 클래퍼 개방에 따른 압력수 유입으로 압력스위치가 동작한다.

해설
습식 유수검지장치(알람밸브)
- 밸브 본체 내부의 클래퍼를 중심으로 2차 측(헤드 측)의 수압이 낮아지면 1차 측(펌프 측)의 압력으로 클래퍼가 개방되며, 클래퍼가 개방되면서 시트링 홀로 물이 들어가 압력스위치를 작동시켜 제어반에 사이렌, 화재표시등, 밸브개방표시등의 신호를 전달하는 장치를 말한다.
- 클래퍼 개방 → 시트링 홀로 물 유입 → 압력스위치 작동 → 사이렌 작동 및 화재표시등, 밸브개방표시등 점등

| 정답 | ④

20 다음 중 자동방화셔터에 대한 설명으로 옳지 않은 것은?

① 열을 감지한 경우 완전 폐쇄되는 구조여야 한다.
② 피난이 가능한 60분 + 방화문 또는 60분 방화문으로부터 5m 이내에 별도로 설치해야 한다.
③ 전동방식이나 수동방식으로 개폐할 수 있어야 한다.
④ 불꽃이나 연기를 감지한 경우 일부 폐쇄되는 구조여야 한다.

해설
자동방화셔터는 피난이 가능한 60분 + 방화문 또는 60분 방화문으로부터 3m 이내에 별도로 설치해야 한다.

| 정답 | ②

21 다음 중 가연성 고체를 가열한 경우 열분해 없이 상변화로 증발된 가연성 가스가 연소하는 형태로 옳은 것은?

① 자기연소　　　　　　② 표면연소
③ 분해연소　　　　　　④ 증발연소

해설
증발연소
고체가 열에 의해 융해되면서 액체가 되고 이 액체의 증발에 의해 가연성 증기가 발생하는 경우이다.

| 정답 | ④

22 다음 위험물과 지정수량의 연결이 옳지 않은 것은?

① 글리세린 - 4,000L
② 중유 - 1,000L
③ 등유 - 1,000L
④ 아세톤 - 400L

해설
중유의 지정수량은 2,000L이다.

꼼꼼 문제분석
주요 위험물의 지정수량

휘발유	등유·경유	중유	알코올류	황	질산
200L	1,000L	2,000L	400L	100kg	300kg

| 정답 | ②

23 다음 「건축법」 관련 용어 중 재축의 정의 및 재축이 갖추어야 할 요건으로 옳지 않은 것은?

① 재축이란 기존 건축물의 전부 또는 일부를 해체하고 그 대지에 종전과 같은 규모의 범위에서 건축물을 다시 축조하는 것을 말한다.
② 동수, 층수 및 높이가 모두 종전 규모 이하일 것
③ 동수, 층수 또는 높이의 어느 하나가 종전 규모를 초과하는 경우에는 해당 동수, 층수 및 높이가 건축법령에 모두 적합할 것
④ 연면적 합계는 종전 규모 이하로 할 것

해설
- 개축 : 기존 건축물의 전부 또는 일부(내력벽·기둥·보·지붕틀 중 셋 이상이 포함되는 경우를 말함)를 해체하고 그 대지에 종전과 같은 규모의 범위에서 건축물을 다시 축조하는 것을 말한다.
- 재축 : 건축물이 천재지변이나 그 밖의 재해로 멸실된 경우에 그 대지 안에 요건을 갖추어 다시 축조하는 것을 말한다.
→ 개축과 재축은 다시 축조하는 점은 같으나, 개축은 자의 또는 기타 행위에 의하여(임의적으로) 건축물을 철거하고 다시 축조하는 데 반하여, 재축은 재해에 의하여 멸실된 건축물을 다시 축조하는 점이 다르다.

꼼꼼 문제분석
재축의 요건
- 연면적 합계는 종전 규모 이하로 할 것
- 동수, 층수 및 높이는 다음의 어느 하나에 해당할 것
  - 동수, 층수 및 높이가 모두 종전 규모 이하일 것
  - 동수, 층수 또는 높이의 어느 하나가 종전 규모를 초과하는 경우에는 해당 동수, 층수 및 높이가 건축법령 등에 모두 적합할 것

| 정답 | ①

24 지하층을 제외한 10층 이하인 소방대상물 중 공장(특수가연물을 저장·취급하는 것)의 경우 스프링클러헤드의 기준개수로 옳은 것은?

① 15개 ② 30개
③ 40개 ④ 60개

해설
스프링클러헤드의 기준개수

스프링클러설비 설치장소			기준개수(개)
지하층을 제외한 층수가 10층 이하인 특정소방대상물	공장	특수가연물을 저장·취급하는 것	30
		그 밖의 것	20
	근린생활시설·판매시설·운수시설 또는 복합건축물	판매시설 또는 복합건축물 (판매시설이 설치되는 복합건축물)	30
		그 밖의 것	20
	그 밖의 것	헤드의 부착 높이 8m 이상	20
		헤드의 부착 높이 8m 미만	10
지하층을 제외한 층수 11층 이상인 특정소방대상물, 지하가, 지하역사			30

| 정답 | ②

25 다음 중 분말소화기에 대한 설명으로 옳지 않은 것은?

① 질식효과와 억제효과가 있다.
② 가압식 소화기와 축압식 소화기가 있다.
③ ABC급 소화기 소화약제의 색상은 담홍색이다.
④ 내용연수는 10년이며 내용연수가 지나면 무조건 교체해야 한다.

해설
분말소화기의 내용연수
소화기의 내용연수는 10년으로 하고 내용연수가 지난 제품은 교체 또는 성능확인 검사에 합격한 소화기는 내용연수 등이 경과한 달부터 다음의 기간 동안 사용할 수 있다.
• 내용연수 경과 후 10년 미만 : 3년
• 내용연수 경과 후 10년 이상 : 1년

| 정답 | ④

26 계단감지기 점검 시 수신기에 나타나는 모습으로 옳은 것은?

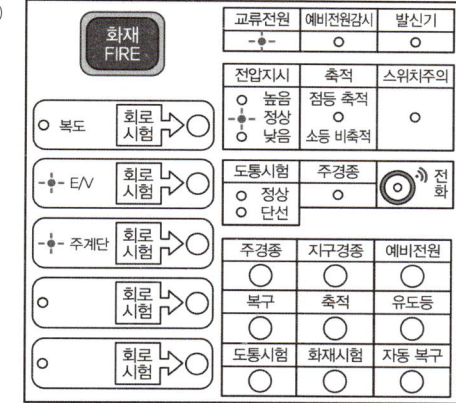

해설
계단감지기 점검 시에는 계단램프가 점등되어 있어야 한다.

| 정답 | ②

27 다음 수신기 그림에서 수신기 점검 시 1층 발신기를 눌렀을 때 건물 어디에서도 경종(음향장치)이 울리지 않았다. 이때 수신기의 스위치 상태로 옳은 것은?

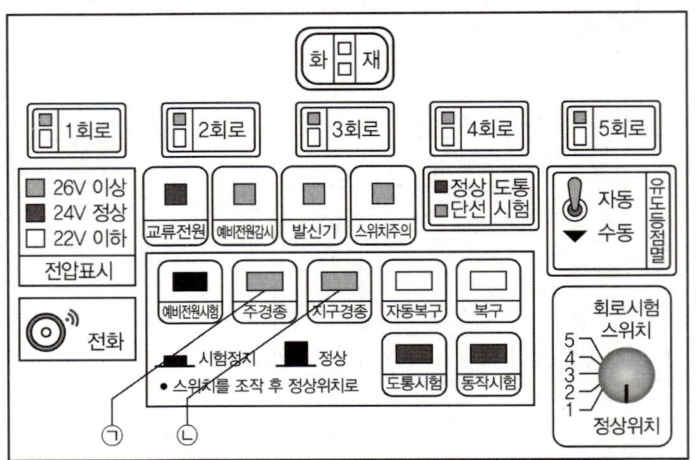

① ㉠ 스위치가 눌러져 있다.
② ㉡ 스위치가 눌러져 있다.
③ ㉠, ㉡ 스위치가 눌러져 있다.
④ 스위치가 눌러져 있지 않다.

해설
주경종스위치(㉠)와 지구경종스위치(㉡)가 눌러져 있으면 일시적으로 음향장치가 울리지 않는다.

| 정답 | ③

28 다음은 특정소방대상물 중 주방자동소화장치의 설치기준에 대한 내용이다. ( ) 안에 들어갈 말로 옳은 것은?

> 주거용 주방자동소화장치의 설치기준은 ( ) 등의 주방에 열원(가스 또는 전기)의 종류에 적합한 것으로 설치할 것

① 노유자 시설 ② 아파트
③ 숙박시설   ④ 영화관

해설
아파트 등의 주방에 열원(가스 또는 전기)의 종류에 적합한 것으로 설치하고, 열원을 차단할 수 있는 차단장치를 설치할 것

| 정답 | ②

29 다음 소화기 점검 후 아래 점검결과표의 작성으로 가장 적합한 것은?

소화기 점검사항		
		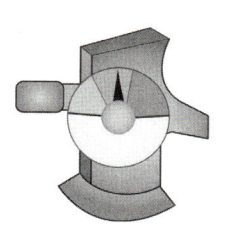

번호	점검항목	점검결과
1-A-006	소화기의 변형손상 또는 부식 등 외관의 이상 여부	㉠
1-A-007	지시압력계(녹색범위)의 적정 여부	㉡

설비명	점검항목	불량내용
소화설비	1-A-007	㉢
	1-A-008	

① ㉠ ○, ㉡ ×, ㉢ 약제량 부족
② ㉠ ○, ㉡ ×, ㉢ 외관 부식, 호스 파손
③ ㉠ ×, ㉡ ○, ㉢ 외관 부식, 호스 파손
④ ㉠ ×, ㉡ ○, ㉢ 약제량 부족

해설
㉠ 호스가 파손되었고 소화기가 부식되어 있어 외관의 이상이 있다(×).
㉡ 지시압력계가 녹색범위를 가리키고 있으므로 적정 범위이다(○).
㉢ 불량내용은 소화기 외관 부식과 호스 파손이다.

|정답| ③

30 바닥면적 500m²의 근린생활시설에는 ABC급 분말소화기를 몇 단위 비치해야 하는가? (단, 이 건물은 스프링클러설비가 설치되어 있다)

① 1단위
② 3단위
③ 5단위
④ 10단위

해설

- 특정소방대상물별 소화기구의 능력단위 기준

근린생활시설·판매시설·운수시설·숙박시설·노유자 시설·전시장·공동주택·업무시설·방송통신시설·공장·창고시설·항공기 및 자동차 관련 시설 및 관광휴게시설	해당 용도의 바닥면적 100m²마다 능력단위 1단위 이상

※ 건축물의 주요구조부가 내화구조이고, 벽 및 반자의 실내에 면하는 부분이 불연재료·준불연재료 또는 난연재료로 된 특정소방대상물은 위 표의 기준면적의 2배로 함

- 근린생활시설은 바닥면적 100m²마다 능력단위 1단위 이상이므로 다음과 같이 구할 수 있다.

$$\text{소화기의 능력단위} = \frac{500\text{m}^2}{100\text{m}^2} = 5\text{단위}$$

| 정답 | ③

---

31 다음 중 출혈 시 응급처치 방법으로 옳은 것은?

① 직접압박법을 시행할 때 출혈 부위를 심장보다 높여 준다.
② 지혈대 사용법은 출혈 상처 부위를 직접 압박하는 방법이다.
③ 지혈대 사용법의 경우 소독거즈로 출혈 부위를 덮은 후 4 ~ 6in 압박붕대로 출혈 부위를 압박하여 감는다.
④ 직접압박법은 절단과 같은 심한 출혈이 있을 때 최후의 수단으로 사용한다.

해설

출혈 시 응급처치

직접압박법	• 출혈 상처 부위를 직접 압박하는 방법이다. • 출혈 부위를 심장보다 높여 준다. • 소독거즈로 출혈 부위를 덮은 후 4 ~ 6인치 압박붕대로 출혈 부위가 압박되게 감아준다.
지혈대 사용법	• 절단과 같은 심한 출혈이 있을 때나 지혈법으로도 출혈을 막지 못할 경우 최후의 수단으로 사용하는 방법이다. • 5cm 이상의 띠를 사용한다. • 지혈대를 오랜 시간 장착·방치하면 조직괴사가 유발될 수 있으므로 무릎이나 팔꿈치 같은 관절 부위에는 착용시키지 않는다.

| 정답 | ①

32 옥내소화전 방수압력시험에 필요한 장비로 옳은 것은?

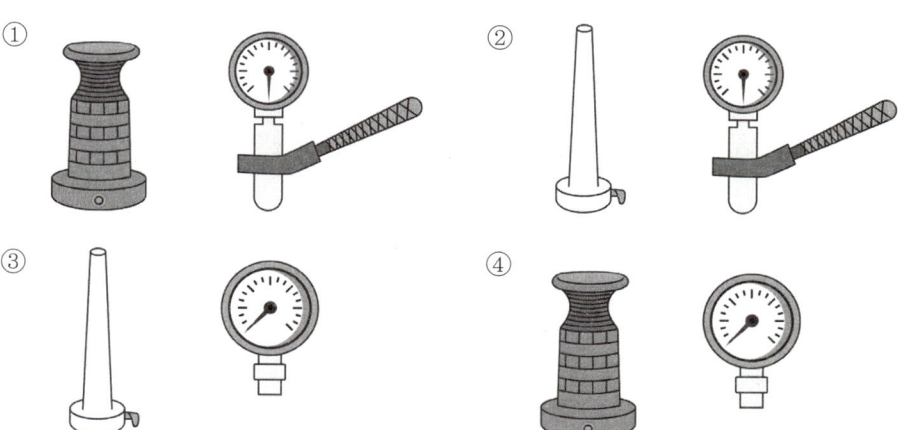

해설

옥내소화전 방수압력 측정 시 직사형 관창과 방수압력 측정계(피토게이지)가 필요하다.

꼼꼼 문제분석

옥내소화전설비의 방수압력 측정
방수구에 호스를 결속한 상태로 노즐의 선단에 방수압력 측정계(피토게이지)를 근접(D/2)시켜서 측정하여 방수압력 측정계(피토게이지)의 압력계상의 눈금을 확인한다.

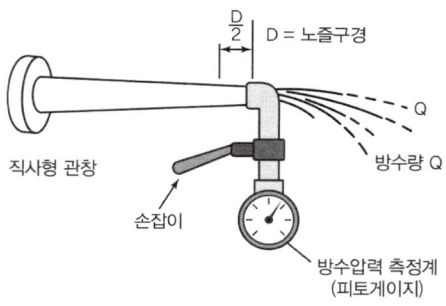

| 정답 | ②

33 다음 그림의 밸브가 개방(작동)되는 조건으로 옳지 않은 것은?

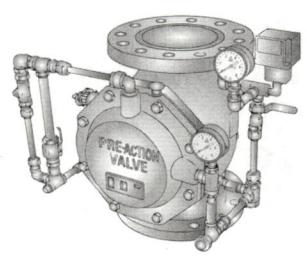

① 방화문 감지기 동작
② SVP(수동조작함)의 수동조작 버튼 기동
③ 감시제어반에서 동작시험
④ 감시제어반에서 수동조작

해설
준비작동식 유수검지장치(프리액션밸브)의 작동방법
- 해당 방호구역의 감지기 2개 회로 작동
- SVP(수동조작함)의 수동조작스위치 작동
- 밸브 자체에 부착된 수동기동밸브 개방
- 감시제어반(수신기) 측의 준비작동식 유수검지장치 수동기동스위치 작동
- 감시제어반(수신기)에서 동작시험스위치 및 회로선택스위치로 작동(2회로 작동)
→ 프리액션밸브는 방화문 감지기와 관계가 없다.

|정답| ①

34 다음과 같이 감지기 점검 시 점등되는 표시등으로 옳은 것은?

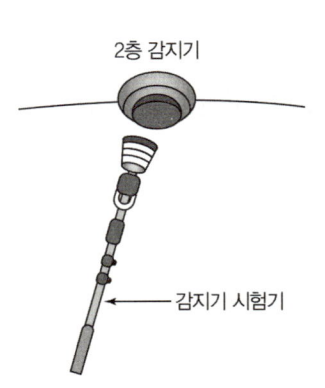
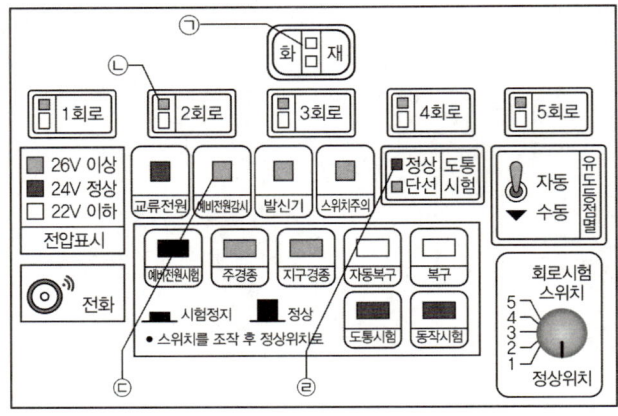

① ㉠, ㉡
② ㉡, ㉢
③ ㉡, ㉣
④ ㉠, ㉡, ㉢, ㉣

해설
감지기 동작시험을 통해 2층 감지기가 동작되면 화재표시등(㉠), 2층 지구표시등(㉡)이 점등된다.

|정답| ①

35 다음 그림과 같이 옥내소화전설비의 감시제어반이 유지되고 있다. 다음 중 주펌프를 수동기동하는 방법(㉠, ㉡, ㉢)과 이때 감시제어반에서 작동되는 음향장치(㉣)를 올바르게 나열한 것은? (단, 설비는 정상상태이며 제시된 조건을 제외한 나머지 조건은 무시한다)

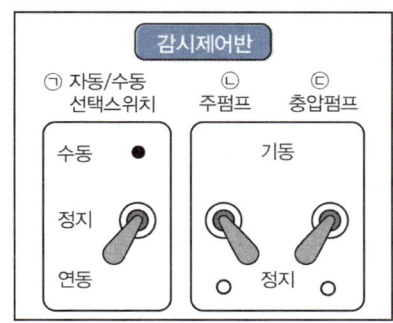

① ㉠ 연동, ㉡ 기동, ㉢ 정지, ㉣ 사이렌
② ㉠ 연동, ㉡ 정지, ㉢ 정지, ㉣ 부저
③ ㉠ 수동, ㉡ 기동, ㉢ 정지, ㉣ 부저
④ ㉠ 수동, ㉡ 기동, ㉢ 정지, ㉣ 사이렌

해설

감시제어반의 스위치와 표시등
- 평상시에 펌프는 정지상태로 '자동(연동)'에 있어야 한다.
- 시험점검을 위한 수동 조작 시에는 자동/수동 절환스위치를 '수동(㉠)' 위치에, 주펌프는 '기동(㉡)' 버튼을 눌러야 한다.
- 충압펌프를 수동기동하는 것이 아니기 때문에 '정지(㉢)', 음향장치는 '부저(㉣)'이다.

| 정답 | ③

36 다음 그림과 같이 가스 계소화설비 기동용기함의 압력스위치 점검시험을 실시하였을 때, 확인해야 할 사항으로 옳은 것은?

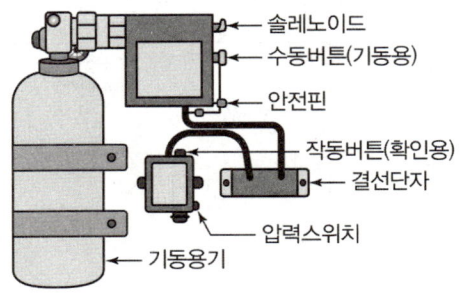

① 솔레노이드밸브의 격발을 확인한다.
② 제어반에서 화재표시등의 점등을 확인한다.
③ 수동조작함 방출등 점등을 확인한다.
④ 경보발령 여부를 확인한다.

해설
압력스위치의 점검시험을 실시하였을 때는 수동조작함 방출등 점등을 확인한다.

| 정답 | ③

37 성인 심폐소생술의 시행 시 가슴압박에 대한 설명으로 옳지 않은 것은?

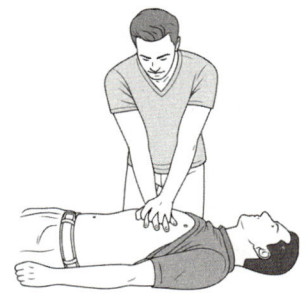

① 환자를 바닥이 단단하고 평평한 곳에 등을 대고 눕힌다.
② 가슴압박 시 가슴뼈(흉골) 위쪽의 절반 부위에 깍지를 낀 두 손의 손바닥 뒤꿈치를 댄다.
③ 구조자는 양팔을 쭉 편 상태로 체중을 실어 환자의 몸과 수직이 되도록 가슴을 압박한다.
④ 100 ~ 120회/분의 속도로 환자의 가슴이 약 5cm 깊이로 눌릴 수 있게 압박한다.

해설
가슴압박 시 가슴뼈(흉골)의 아래쪽 절반 부위에 깍지를 낀 두 손의 손바닥 뒤꿈치를 댄다.

| 정답 | ②

38 습식 스프링클러설비 점검을 위해 시험밸브함을 열어 다음과 같은 상황을 확인하였을 때 다음 그림에 대한 설명으로 옳은 것은?

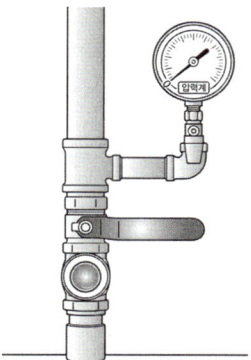

① 압력계 하단의 밸브가 닫혀 있어야 압력이 올라간다.
② 시험밸브를 상시 열어두어야 하는데 닫혀 있다.
③ 사이트글라스에 물이 흐르는 모습이 보이지 않아 펌프 내 가압수가 없음을 알 수 있다.
④ 압력계가 0을 가리키고 있어 펌프 내 가압수가 없음을 알 수 있다.

해설
- 압력계 하단의 밸브는 항시 열어 두어야 한다.
- 가압수 배출을 위한 시험밸브는 평상시에는 폐쇄상태를 유지하고 작동시험 시에만 열어 둔다.
- 사이트글라스는 물의 흐름을 확인하는 용도이다.

|정답| ④

39 다음 부속실 제연설비의 점검방법에 대한 내용 중 옳지 않은 것은?

① 옥내의 감지기를 작동시킨다(또는 수동기동장치의 스위치를 작동시킨다).
② 부속실 내의 차압을 측정한다(계단실·부속실 등 차압장소의 문을 닫고 부속실 안에서 측정을 한다).
③ 부속실 내에서 측정한 적정한 차압은 40Pa 이상(옥내에 스프링클러설비가 설치된 경우 12.5Pa 이상)이 되어야 한다.
④ 방연풍속은 계단실 및 부속실의 출입문을 모두 폐쇄한 후 풍속계로 방연풍속을 측정하며, 장소에 따라 초속 0.5m 이상 또는 0.7m 이상이 되어야 한다.

해설
계단실·부속실의 출입문을 개방한 후 풍속계로 방연풍속을 측정하며, 장소에 따라 초속 0.5m 이상 또는 0.7m 이상이 되어야 한다.

|정답| ④

40 어느 건축물의 바닥면적이 각각 1층에 700m², 2층에 600m², 3층에 300m², 4층에 200m²이다. 이 건축물의 최소 경계구역수는?

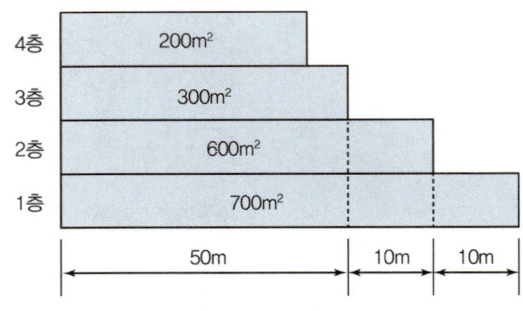

① 2개 ② 3개
③ 4개 ④ 5개

해설

- 1층 : 하나의 경계구역의 면적은 600m² 이하이므로 $\frac{700m^2}{600m^2} = 1.1 ≒ 2개$(소수점 올림)

- 2층 : 하나의 경계구역의 면적은 600m² 이하이지만, 한 변의 길이가 50m를 초과하므로 경계구역은 2개
- 3층, 4층 : 500m² 이하의 범위 안에서는 2개의 층을 하나의 경계구역으로 할 수 있으므로

$$\frac{(300 + 200)m^2}{500m^2} = 1개$$

∴ 2 + 2 + 1 = 5개

꼼꼼 문제분석

자동화재탐지설비의 경계구역 설정기준
자동화재탐지설비의 1회선이 화재의 발생을 유효하고 효율적으로 감지할 수 있도록 적당한 범위를 정한 구역을 말한다.
- 하나의 경계구역이 2 이상의 건축물에 미치지 않도록 할 것
- 하나의 경계구역이 2 이상의 층에 미치지 않도록 할 것(다만, 500m² 이하의 범위 안에서는 2개의 층을 하나의 경계구역으로 할 수 있음)
- 하나의 경계구역의 면적은 600m² 이하로 하고 한 변의 길이는 50m 이하로 할 것(다만, 해당 특정소방대상물의 주된 출입구에서 그 내부 전체가 보이는 것에 있어서는 한 변의 길이가 50m 범위 내에서 1,000m² 이하로 할 수 있음)

| 정답 | ④

41 다음 그림과 같이 부속실 또는 승강장이 설치된 경우, 급기가압제연설비에 대한 설명으로 옳은 것은?

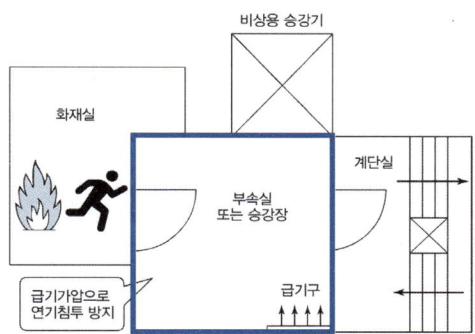

① 부속실 또는 승강장이 있는 경우, 해당 공간에도 급기를 공급하여 연기의 유입을 방지해야 한다.
② 부속실 급기가압 방식에서는 계단실의 압력을 높여야 하므로, 부속실과의 압력 차이는 최소화해야 한다.
③ 부속실과 승강장이 모두 설치된 경우, 급기는 계단실에만 공급하면 된다.
④ 승강장은 자연 배기로 연기를 제거할 수 있으므로, 급기가 필요하지 않다.

해설

제연설비의 설치 목적
- 연기를 배출시켜 화재실의 연기농도를 낮추거나 청결층을 유지한다(거실 제연설비).
- 부속실을 가압하여 연기유입을 제한한다(부속실 급기가압제연설비).
- 연기에 의한 질식방지로 피난자의 안전을 도모한다.
- 소화활동을 위한 안전공간을 확보한다.

|정답| ①

42 다음 그림의 수신기에 대해 올바르게 이해하고 있는 사람을 고른 것은?

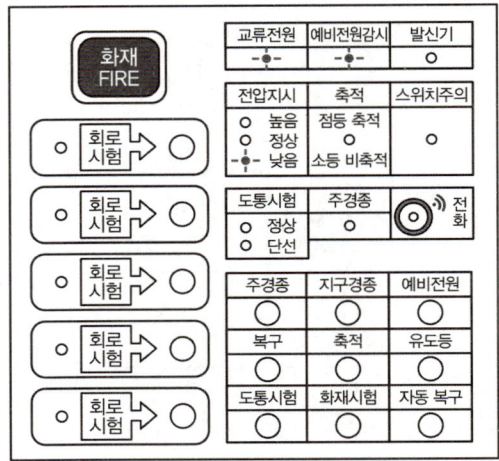

① 하씨 : 정전, 화재 등 비상시 소화설비가 정상적으로 작동될거야.
② 박씨 : 전력공급이 불안정할 때는 예비전원스위치를 눌러서 전원을 공급해야 해.
③ 정씨 : 현재 전력은 안정적으로 공급되고 있네요.
④ 유씨 : 예비전원 배터리에 문제가 있을 것으로 예상되므로 예비전원을 교체해야 해.

해설
- 예비전원감시램프가 점등되어 있으므로 예비전원 배터리에 문제가 있음을 나타내고, 비상시 소화설비가 정상적으로 작동되지 않을 수 있다.
- 예비전원스위치는 예비전원의 이상 유무를 확인하는 것으로 전원 공급과는 관련이 없다.
- 전압지시램프가 낮음으로 표시되고 있으므로 전력이 불안정하게 공급되고 있다.

| 정답 | ④

43 다음은 버튼식 P형 수신기 도통시험에 대한 내용이다. 도통시험 버튼을 누르고 각 회선별로 버튼을 눌렀을 때 결과를 판정하는 방법으로 적절한 것은?

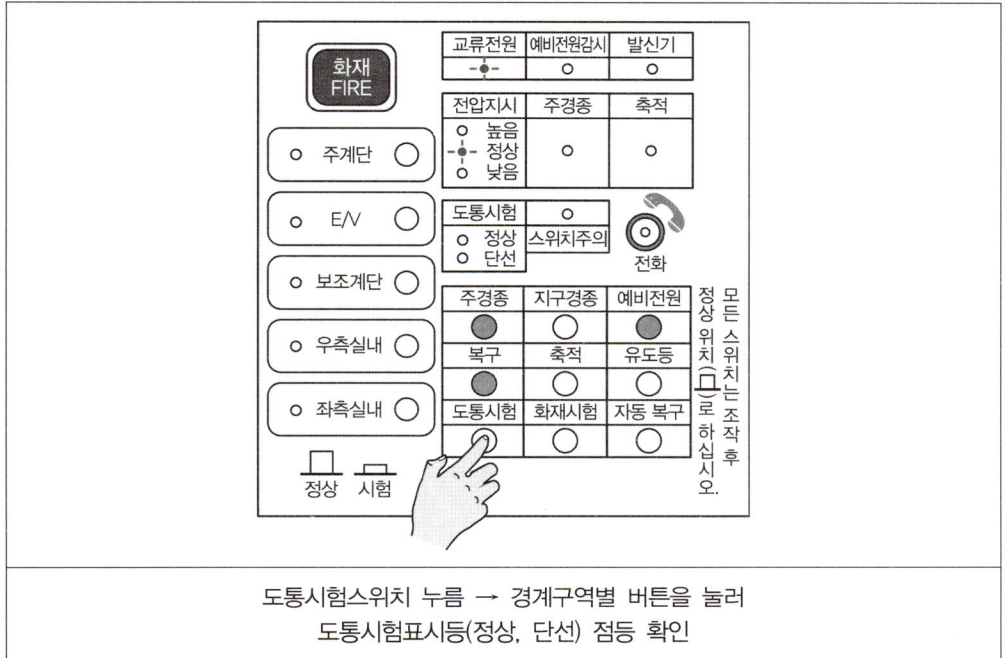

① 주계단 버튼을 누르면 녹색등이 소등되므로 정상이다.
② E/V 버튼을 누르면 적색등이 점등되므로 정상으로 판단한다.
③ 보조계단 버튼을 누르면 교류전원이 소등되므로 정상이다.
④ 우측실내 버튼을 누르면 도통시험 확인등이 녹색이므로 정상이다.

해설
버튼식 P형 수신기 도통시험에서 경계구역별로 버튼을 눌렀을 때 정상이면 녹색등, 단선이면 적색등으로 표시된다.

| 정답 | ④

44 다음 감시제어반 및 동력제어반의 스위치 위치를 보고 정상위치(평상시 상태)가 아닌 것을 모두 고른 것은? (단, 설비는 정상상태이며 제시된 조건을 제외하고 나머지 조건은 무시한다)

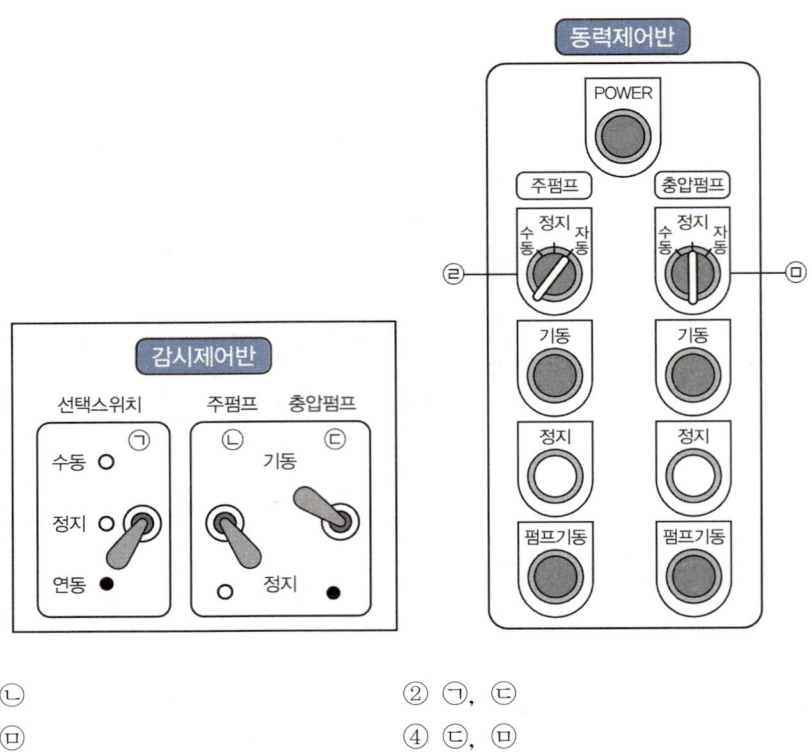

① ㄱ, ㄴ
② ㄱ, ㄷ
③ ㄴ, ㅁ
④ ㄷ, ㅁ

해설

감시제어반의 스위치와 표시등
- 평상시에 펌프는 정지상태로 '자동(연동)'에 있어야 함
- 시험점검을 위한 수동 조작 시에는 자동/수동 절환스위치를 '수동' 위치에, 주펌프 또는 충압펌프는 '기동' 버튼을 눌러야 한다.

| 정답 | ④

45 다음 가스계 소화설비의 주요 구성요소 중 그림과 명칭이 올바르게 짝지어진 것은?

① 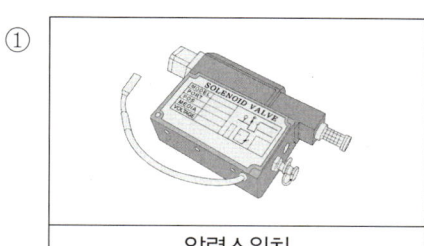 압력스위치	② 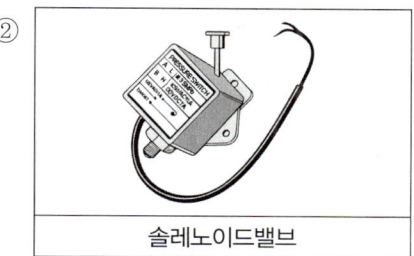 솔레노이드밸브
③  저장용기	④ 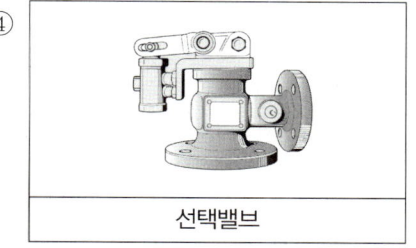 선택밸브

해설
① 솔레노이드밸브, ② 압력스위치, ③ 기동용 가스용기이다.

꼼꼼 문제분석
가스계 소화설비의 주요 구성요소
- 저장용기
- 솔레노이드밸브
- 압력스위치
- 수동조작함(수동식 기동장치)
- 기동용 가스용기
- 선택밸브
- 방출표시등
- 방출헤드

|정답| ④

46 다음 중 자위소방대 조직 편성기준에 따라 Type I 로 조직해야 하는 대상은?

① 연면적 10,000m² 이상 일반건축물
② 29층 아파트(지하층 제외)
③ 특급 소방안전관리대상물
④ 10층 일반건축물

해설

자위소방대 구성의 조직 편성기준

구분	편성대상	편성기준	
TYPE I	• 특급 • 1급(연면적 30,000m² 이상 포함 – 공동주택 제외)	지휘통제	지휘통제팀
		현장대응 (본부대)	비상연락팀, 초기소화팀, 피난유도팀, 응급구조팀, 방호안전팀 * 필요시 팀 가감 편성
		현장대응 (지구대 n)	각 구역(Zone)별 현장대응팀 * 구역별 규모, 인력에 따라 편성

| 정답 | ③

47 계단에 설치되어 있는 감지기에 대해 작동점검을 하며 수신기 상태를 확인할 때 점검 및 조치에 대한 설명으로 옳지 않은 것은?

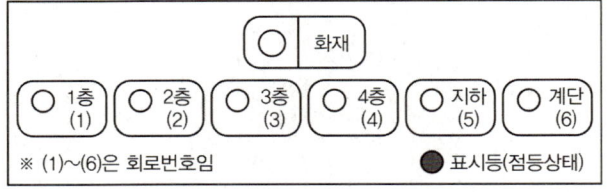

① 소방안전관리자는 점검결과를 2년간 보관해야 한다.
② 감지기 작동 시 수신기상에 화재표시등과 계단표시등이 소등되는지 확인한다.
③ 관계인은 점검결과를 15일 이내 소방서장에게 제출해야 한다.
④ 점검 시 사용되어야 할 최소 점검기구는 연기감지기 시험기이다.

해설

감지기 작동 시 수신기상에 화재표시등과 계단표시등이 점등되는지 확인한다.

| 정답 | ②

48 화재감지기가 다음 그림과 같은 방식의 배선으로 설치되어 있다. (a), (b)에 대한 내용으로 옳지 않은 것은?

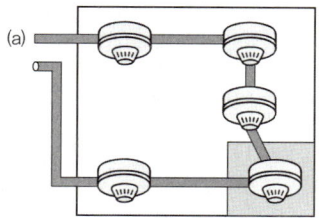
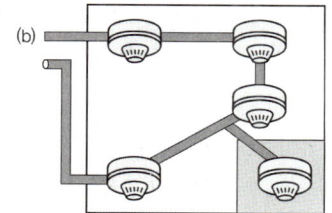

① (a) 방식의 배선방식 목적은 독립된 실에 설치하는 감지기 사이의 단선 여부를 확인하기 위함이다.
② (a) 방식으로 설치된 선로를 도통시험할 경우 정상인지 단선인지 알 수 있다.
③ (b) 방식의 배선방식은 독립된 실내 감지기 선로 단선 시 도통시험을 통하여 감지기 단선 여부를 확인할 수 있다.
④ (b) 방식의 배선방식을 송배선식이라 한다.

해설
- (a)는 송배선식이고, (b)는 송배선식이 아니다.
- 감지기 사이의 회로 배선은 송배선식으로 한다. 송배선식이란 도통시험(선로의 정상연결 여부 확인)을 원활히 하기 위한 배선방식이다.

| 정답 | ④

49 다음 중 수신기 설치기준으로 옳지 않은 것은?
① 수신기가 설치된 장소에는 경계구역 일람도를 비치한다.
② 수위실과 같이 상시 사람이 근무하고 있는 장소에 설치한다.
③ 수신기를 각 층마다 설치한다.
④ 수신기의 조작스위치 높이는 바닥으로부터 0.8m 이상 1.5m 이하로 한다.

해설
비상방송설비를 각 층마다 설치한다.

꼼꼼 문제분석
수신기 설치기준
- 수신기가 설치된 장소에는 경계구역 일람도를 비치한다.
- 수위실과 같이 상시 사람이 근무하고 있는 장소에 설치한다.
- 수신기의 조작스위치 높이는 바닥으로부터 0.8m 이상 1.5m 이하로 한다.

| 정답 | ③

50 다음 중 연결살수설비에 대한 설명으로 옳지 않은 것은?

① 고층 건물 등에 설치하며 소방대가 건물 내 소화 작업 시 외부의 송수구에서 공급받은 물을 방수구에서 사용하여 소화할 수 있도록 하는 소화활동설비이다.
② 연결살수설비는 송수구, 배관, 살수헤드로 구성되어 있다.
③ 지하층으로 바닥면적의 합계가 150m² 이상인 곳에 설치하는 소화활동설비이다.
④ 판매시설, 운수시설, 창고시설 중 물류터미널의 경우 바닥면적의 합계가 1,000m² 이상인 곳에 설치하는 소화활동설비이다.

해설
고층 건물 등에 설치하며 건물 내 소화 작업 시 외부의 송수구에서 공급받은 물을 방수구에서 사용하여 소화할 수 있도록 하는 소화활동설비는 연결송수관설비이다.

꼼꼼 문제분석

연결살수설비
- 판매시설, 운수시설, 창고시설 중 물류터미널로서 사용되는 부분의 바닥면적의 합계가 1,000m² 이상, 지하층으로서 바닥면적의 합계가 150m² 이상인 곳에 설치하는 소화활동설비
- 연결살수설비의 구성요소

송수구	소화설비에 소화용수를 보급하기 위하여 건물의 벽 또는 구조물에 설치하는 관
배관	• 가지배관의 배열은 토너먼트 방식이 아니어야 함 • 한쪽 가지배관에 설치되는 헤드의 개수 : 8개 이하
살수헤드	연결살수설비 전용헤드 또는 스프링클러헤드로 설치

| 정답 | ①

04 2022년 기출복원문제

01 다음 중 ( ) 안에 들어갈 말로 옳은 것은?

> 위험물이란 ( ) 등의 성질을 가지는 것으로 대통령령이 정하는 물품이다.

① 인화성 또는 발화성
② 인화성 또는 위험성
③ 점화성 또는 발화성
④ 위험성 또는 점화성

해설

위험물이란 인화성 또는 발화성 등의 성질을 가지는 것으로 대통령령이 정하는 물품을 말한다.

| 정답 | ①

02 다음 중 높이 130m, 1,400세대가 살고 있는 아파트에 대한 설명으로 옳은 것은?

① 소방공무원으로 3년의 근무 경력이 있는 사람을 선임할 수 있다.
② 위험물기능장 국가기술자격증이 있는 사람을 선임할 수 있다.
③ 소방안전관리보조자는 3명이 필요하다.
④ 1급 소방안전관리자 시험 합격자를 바로 선임할 수 있다.

해설

• 1급 소방안전관리대상물

선임대상물	• 30층 이상(지하층 제외)이거나 지상으로부터 높이가 120m 이상인 아파트 • 연면적 15,000m² 이상인 특정소방대상물(아파트 및 연립주택은 제외) • 지상층의 층수가 11층 이상인 특정소방대상물(아파트는 제외) • 가연성 가스를 1,000톤 이상 저장·취급하는 시설
선임자격	• 소방설비기사 또는 소방설비산업기사의 자격이 있는 사람 • 소방공무원으로 7년 이상 근무한 경력이 있는 사람 • 소방청장이 실시하는 1급 소방안전관리대상물의 소방안전관리에 관한 시험에 합격한 사람
선임인원	1명 이상

• 소방안전관리보조자는 300세대 초과 시 1명 추가 선임

∴ $\dfrac{1,400세대}{300세대}$ = 4.67(소수점 생략) → 소방안전관리보조자는 4명을 선임해야 한다.

| 정답 | ④

03 화재 시 산소공급원을 차단해 소화하는 방법으로 옳은 것은?

① 냉각소화 ② 질식소화
③ 억제소화 ④ 제거소화

[해설]
질식소화는 가연물질에 산소공급을 차단시켜 소화하는 방법이다.

[꼼꼼 문제분석]
제거요소별 소화법

가연물	산소	열	연쇄반응
제거소화	질식소화	냉각소화	억제소화

| 정답 | ②

04 다음 중 종합방재실의 설치위치에 대한 설명으로 옳지 않은 것은?

① 공동주택의 경우에는 관리사무소 내에 설치할 수 있다.
② 화재 및 침수 등으로 인하여 피해를 입을 우려가 적은 곳
③ 초고층 건축물에 특별피난계단이 설치되어 있고, 특별피난계단 출입구로부터 5m 이내에 종합방재실을 설치하려는 경우에는 지하 1층 또는 지하 2층에 설치할 수 있다.
④ 1층 또는 피난층

[해설]
초고층 건축물 등에 특별피난계단이 설치되어 있고, 특별피난계단 출입구로부터 5m 이내에 종합방재실을 설치하는 경우 2층 또는 지하 1층에 설치할 수 있다.

[꼼꼼 문제분석]
종합방재실의 설치장소
• 설치위치

원칙	1층 또는 피난층
다른 위치에 설치할 수 있는 경우	• 2층 또는 지하 1층 : 초고층 건축물 등에 특별피난계단이 설치되어 있고, 특별피난계단 출입구로부터 5m 이내에 종합방재실을 설치하려는 경우 • 관리사무소 내 : 공동주택의 경우

• 비상용 승강장, 피난전용 승강장 및 특별피난계단으로 이동하기 쉬운 곳
• 재난정보 수집 및 제공, 방재 활동의 거점 역할을 할 수 있는 곳
• 소방대가 쉽게 도달할 수 있는 곳
• 화재 및 침수 등으로 인하여 피해를 입을 우려가 적은 곳

| 정답 | ③

05 다음 스프링클러설비에 대한 설명 중 옳은 것은?

① 일제살수식 스프링클러설비는 대량살수에 의한 수손피해가 없다.
② 준비작동식 스프링클러설비는 수손피해가 크다.
③ 건식 스프링클러설비는 동결 우려 장소에 사용이 불가능하다.
④ 습식 스프링클러설비는 소화가 신속하다.

해설

스프링클러설비의 종류별 장단점

구분	폐쇄형			개방형
	습식	건식	준비작동식	일제살수식
장점	• 구조가 간단하고 공사비 저렴 • 소화가 신속함 • 타 방식에 비해 유지관리 용이	• 동결 우려 장소 및 옥외 사용 가능	• 동결 우려 장소 사용 가능 • 헤드 오작동(개방) 시 수손피해 우려 없음 • 헤드 개방 전 경보로 조기 대처 용이	• 초기화재에 신속 대처 용이 • 층고가 높은 장소에서도 소화 가능
단점	• 동결 우려 장소 사용 제한 • 헤드 오작동 시 수손피해 및 배관 부식 촉진	• 살수개시 시간 지연 및 복잡한 구조 • 화재초기 압축공기에 의한 화재 촉진 우려 • 일반 헤드인 경우 상향형으로 시공해야 함	• 감지장치로 감지기 별도 시공 필요 • 구조 복잡 시공비 고가 • 2차 측 배관 부실시공 우려	• 대량살수로 수손피해 우려 • 화재감지장치 별도 필요

| 정답 | ④

06 30층 미만인 어느 건물에 옥내소화전이 1층에 6개, 2층에 4개, 3층에 4개를 설치 시 소방대상물의 최소 수원의 양은?

① $2.7m^3$
② $10.2m^3$
③ $5.2m^3$
④ $15.7m^3$

해설

옥내소화전설비 수원의 수량
옥내소화전의 설치개수가 가장 많은 층의 설치개수 N(2개 이상 설치된 경우 2개, 고층건축물의 경우 최대 5개)에 $2.6m^3$(130L/min × 20min)를 곱한 양 이상
• 30~49층 : N × $5.2m^3$(130L/min × 40min) 이상(N 최대 개수 5개)
• 50층 이상 : N × $7.8m^3$(130L/min × 60min) 이상(N 최대 개수 5개)
 (고층건축물 : 층수가 30층 이상이거나 높이가 120m 이상인 건축물)
∴ Q = 2.6N = 2.6 × 2 = $5.2m^3$

| 정답 | ③

07 다음 중 가스누설경보기를 설치할 때 설치위치로 옳은 것은?

① LNG 가스의 경우 연료가스 탐지기 하단은 천장면의 하방 30cm 이내 위치에 설치한다.
② LPG 가스의 경우 연료가스 탐지기 상단은 천장면의 하방 50cm 이내 위치에 설치한다.
③ 증기비중이 1보다 작은 가스의 경우 가스연소기로부터 수평거리 4m 이내의 위치에 설치한다.
④ 증기비중이 1보다 큰 가스의 경우 가스연소기로부터 수평거리 8m 이내의 위치에 설치한다.

해설

가스누설경보기의 설치위치

증기비중이 1보다 작은 가스의 경우	• 가스연소기로부터 수평거리 8m 이내의 위치에 설치 • 탐지기의 하단은 천장면의 하방 30cm 이내의 위치에 설치
증기비중이 1보다 큰 가스의 경우	• 가스연소기 또는 관통부로부터 수평거리 4m 이내의 위치에 설치 • 탐지기의 상단은 바닥면의 상방 30cm 이내의 위치에 설치

꼼꼼 문제분석

연료가스의 종류와 특성

구분	액화석유가스(LPG)	액화천연가스(LNG)
주성분	프로판(C_3H_8), 부탄(C_4H_{10})	메탄(CH_4)
용도	가정용, 공업용, 자동차 연료용	도시가스
비중	1.5~2(누출 시 낮은 곳에 체류)	0.6(누출 시 천장 쪽에 체류)
폭발범위	• 프로판 : 2.1~9.5% • 부탄 : 1.8~8.4%	5~15%

| 정답 | ①

08 다음 중 경계구역 설정방법으로 옳지 않은 것은?

① 내부 전체가 보이는 것에 있어서는 한 변의 길이가 70m의 범위 내에서 1,000m² 이하로 할 수 있다.
② 하나의 경계구역의 면적은 600m² 이하로 하고, 한 변의 길이는 50m 이하로 한다.
③ 하나의 경계구역이 2 이상의 건축물에 미치지 않도록 한다.
④ 500m² 이하의 범위 안에서는 2개의 층을 하나의 경계구역으로 할 수 있다.

해설

하나의 경계구역의 면적은 600m² 이하로 하고, 한 변의 길이는 50m 이하로 할 것. 다만, 해당 특정소방대상물의 주된 출입구에서 그 내부 전체가 보이는 것에 있어서는 한 변의 길이가 50m 범위 내에서 1,000m² 이하로 할 수 있다.

| 정답 | ①

09 소화설비 중 소화기구에 대한 설명으로 옳지 않은 것은?

① 소화기의 내용연수는 10년으로 하고 내용연수가 지난 제품은 교체 또는 성능 확인을 받아야 한다.
② 소화기는 각 층마다 설치하고 소형소화기는 특정소방대상물의 각 부분으로부터 1개 소화기까지 보행거리는 20m 이내로 한다.
③ ABC급 분말소화기의 주성분은 제1인산암모늄이다.
④ 능력단위가 2단위 이상이 되도록 소화기를 설치하여야 하는 특정소방대상물 또는 그 부분에 있어서는 간이소화용구의 능력단위가 전체 능력단위를 초과하지 않도록 하여야 한다.

해설
능력단위가 2단위 이상이 되도록 소화기를 설치하여야 하는 특정소방대상물 또는 그 부분에 있어서는 간이소화용구의 능력단위가 전체 능력단위 2분의 1을 초과하지 않도록 하여야 한다(노유자 시설의 경우 제외).

| 정답 | ④

10 다음 중 질식효과와 부촉매효과를 모두 가지고 있는 소화약제의 종류로 옳은 것은?

① 포 소화약제
② 분말 소화약제
③ 이산화탄소 소화약제
④ 물 소화약제

해설

포 소화약제	냉각효과, 질식효과	분말 소화약제	부촉매효과, 질식효과
이산화탄소 소화약제	냉각효과, 질식효과	물 소화약제	냉각효과, 질식효과

| 정답 | ②

11 다음 중 비상전원이 비상조명등을 60분 이상 유효하게 작동시킬 수 있는 용량으로 하지 않아도 되는 특정소방대상물로 옳은 것은?

① 지하층을 제외한 층수가 11층 이상의 층
② 지하상가
③ 숙박시설
④ 무창층으로서 용도가 소매시장

해설
비상조명등 유효작동시간
- 20분 이상
- 60분 이상 : 지하층을 제외한 층수가 11층 이상의 층이거나 지하층 또는 무창층으로서 용도가 도매시장, 소매시장, 여객자동차터미널, 지하역사 또는 지하상가인 경우

| 정답 | ③

12 소방대상물의 설치장소별 피난기구의 적응성에 대한 설명으로 옳은 것은?

① 다중이용업소 3층에 피난사다리를 설치하였다.
② 다중이용업소 2층에 간이완강기를 설치하였다.
③ 입원실이 있는 조산원 5층에 완강기를 설치하였다.
④ 교육연구시설 4층에 미끄럼대를 설치하였다.

해설

설치장소별 피난기구의 적응성

장소 \ 층별	1층	2층	3층	4층 이상 10층 이하
노유자 시설	• 미끄럼대 • 구조대 • 피난교 • 다수인 피난장비 • 승강식 피난기	• 미끄럼대 • 구조대 • 피난교 • 다수인 피난장비 • 승강식 피난기	• 미끄럼대 • 구조대 • 피난교 • 다수인 피난장비 • 승강식 피난기	• 구조대 • 피난교 • 다수인 피난장비 • 승강식 피난기
의료시설, 근린생활시설 중 입원실이 있는 의원·접골원·조산원	-	-	• 미끄럼대 • 구조대 • 피난교 • 피난용 트랩 • 다수인 피난장비 • 승강식 피난기	• 구조대 • 피난교 • 피난용 트랩 • 다수인 피난장비 • 승강식 피난기
다중이용업소로서 영업장의 위치가 4층 이하	-	• 미끄럼대 • 피난사다리 • 구조대 • 완강기 • 다수인 피난장비 • 승강식 피난기	• 미끄럼대 • 피난사다리 • 구조대 • 완강기 • 다수인 피난장비 • 승강식 피난기	• 미끄럼대 • 피난사다리 • 구조대 • 완강기 • 다수인 피난장비 • 승강식 피난기
그 밖의 것	-	-	• 미끄럼대 • 피난사다리 • 구조대 • 완강기 • 피난교 • 피난용 트랩 • 간이완강기 • 공기안전매트 • 다수인 피난장비 • 승강식 피난기	• 피난사다리 • 구조대 • 완강기 • 피난교 • 간이완강기 • 공기안전매트 • 다수인 피난장비 • 승강식 피난기

| 정답 | ①

13 다음 그림과 같이 주요구조부가 내화구조이며 가, 나, 다와 같은 크기의 실이 있는 건축물에 차동식 스포트형 감지기 2종을 설치할 경우 필요한 감지기의 최소 수량은? (단, 감지기의 부착 높이는 3.5m이다)

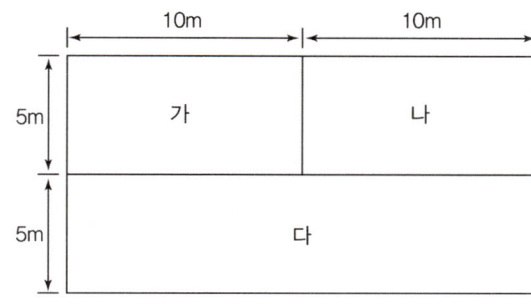

① 2개 ② 3개
③ 4개 ④ 5개

해설

- 가, 나 구역 : $\dfrac{10 \times 5}{70}$ = 0.7 = 1개(소수점 올림)

- 다 구역 : $\dfrac{20 \times 5}{70}$ = 1.43 = 2개(소수점 올림)

∴ 1 + 1 + 2 = 4개

꼼꼼 문제분석

감지기 설치 유효면적(m²)

부착 높이 및 특정소방대상물의 구분		감지기의 종류					
		차동식 스포트형		보상식 스포트형		정온식 스포트형	
		1종	2종	1종	2종	특종	1종	2종
4m 미만	주요구조부가 내화구조로 된 특정소방대상물 또는 그 부분	90	70	90	70	70	60	20
	기타구조의 특정소방대상물 또는 그 부분	50	40	50	40	40	30	15
4m 이상 8m 미만	주요구조부가 내화구조로 된 특정소방대상물 또는 그 부분	45	35	45	35	35	30	—
	기타구조의 특정소방대상물 또는 그 부분	30	25	30	25	25	15	—

|정답| ③

14 가연성으로 산소를 함유하여 자기연소하며 가열·충격·마찰 등에 의해 착화·폭발하는 등 연소속도가 빨라 소화가 곤란한 위험물은?

① 제1류 위험물 ② 제2류 위험물
③ 제4류 위험물 ④ 제5류 위험물

해설
제5류 위험물의 특징
- 가연성으로 산소를 함유하여 자기연소를 한다.
- 가열·충격·마찰 등에 의해 착화·폭발한다.
- 연소속도가 매우 빨라 소화가 곤란하다.

| 정답 | ④

15 다음 중 출혈에 대한 설명 및 응급처치 방법으로 옳은 것은?

① 절단과 같은 심한 출혈이 있을 때 최후의 수단으로 직접압박법을 시행한다.
② 응급처치 방법에는 직접압박법과 부목고정법이 있다.
③ 호흡과 맥박이 느리고 약하고 불규칙하다.
④ 출혈 시 탈수현상이 나타나며 갈증을 호소한다.

해설
- 절단과 같은 심한 출혈이 있을 때나 지혈법으로도 출혈을 막지 못할 경우 최후의 수단으로 지혈대 사용법을 사용한다.
- 출혈 시 응급처치 방법에는 직접압박법과 지혈대 사용법이 있다.
- 출혈 시 호흡과 맥박이 빠르고 약하고 불규칙하다.

| 정답 | ④

16 다음 중 응급처치의 중요성에 대한 설명으로 옳지 않은 것은?

① 긴급한 환자의 생명을 유지
② 환자의 고통을 경감
③ 위급한 부상 부위의 응급처치로 치료 기간 단축
④ 환자의 안전사고를 사전에 예방

해설
응급처치의 중요성
- 긴급한 환자의 생명을 유지
- 환자의 고통을 경감
- 위급한 부상 부위의 응급처치로 치료기간을 단축
- 현장처치의 원활화로 의료비 절감

| 정답 | ④

17 건축물 사용승인일이 2022년 1월 20일이라면 종합점검 시기와 작동점검 시기가 순서대로 옳은 것은?

① 종합점검 시기 : 1월, 작동점검 시기 : 7월
② 종합점검 시기 : 6월, 작동점검 시기 : 12월
③ 종합점검 시기 : 4월, 작동점검 시기 : 10월
④ 종합점검 시기 : 3월, 작동점검 시기 : 9월

> 해설

종합점검은 사용승인 달에 실시하므로 1월에, 작동점검은 종합점검을 받은 달부터 6개월이 되는 달에 실시하므로 7월에 실시한다.

> 꼼꼼 문제분석

소방시설 등의 자체점검

종합점검	작동점검
사용승인 달에 실시	종합점검 받은 달부터 6개월이 되는 달에 실시

| 정답 | ①

18 다음 중 제연설비에서 방연풍속이 다른 하나를 고른 것은?

① 부속실이 면하는 옥내가 복도로서 그 구조가 방화구조인 것
② 부속실이 면하는 옥내가 거실인 경우
③ 계단실 및 그 부속실을 동시에 제연하는 것
④ 계단실만 단독으로 제연하는 것

> 해설

방연풍속 : 옥내로부터 제연구역 내로 연기의 유입을 유효하게 방지할 수 있는 풍속

제연구역		방연풍속
계단실 및 그 부속실을 동시에 제연하는 것 또는 계단실만 단독으로 제연하는 것		0.5m/s 이상
부속실만 단독으로 제연하는 것	부속실이 면하는 옥내가 거실인 경우	0.7m/s 이상
	부속실이 면하는 옥내가 복도로서 그 구조가 방화구조(내화시간이 30분 이상인 구조를 포함)인 것	0.5m/s 이상

| 정답 | ②

19 다음은 상수도 소화용수설비의 설치기준에 대한 내용이다. ( ) 안에 들어갈 말로 옳은 것은?

> 호칭지름 (㉠)mm 이상의 수도배관에 (㉡)mm 이상의 소화전을 접속한다.

① ㉠ 65, ㉡ 120
② ㉠ 75, ㉡ 100
③ ㉠ 90, ㉡ 120
④ ㉠ 100, ㉡ 100

해설
상수도 소화용수설비
- 배관경 : 호칭지름 75mm 이상의 수도배관에 100mm 이상의 소화전을 접속한다.
- 소화전 설치위치 : 소방자동차 등의 진입이 쉬운 도로변 또는 공지에 설치
- 소화전 설치 수평거리 : 특정소방대상물의 수평투영면의 각 부분으로부터 140m 이하가 되도록 설치할 것

| 정답 | ②

20 특정소방대상물별 소화기구의 능력단위로 옳은 것은? (단, 건축물의 주요구조부가 내화구조이고, 벽 및 반자의 실내에 면하는 부분은 가연재료이다)

① 업무시설 – 바닥면적 $100m^2$마다 1단위 이상
② 공연장 – 바닥면적 $100m^2$마다 1단위 이상
③ 위락시설 – 바닥면적 $60m^2$마다 1단위 이상
④ 노유자 시설 – 바닥면적 $200m^2$마다 1단위 이상

해설
특정소방대상물별 소화기구의 능력단위 기준

특정소방대상물	소화기구의 능력단위
위락시설	해당 용도의 바닥면적 $30m^2$마다 능력단위 1단위 이상
공연장·집회장·관람장·문화재·장례식장 및 의료시설	해당 용도의 바닥면적 $50m^2$마다 능력단위 1단위 이상
근린생활시설·판매시설·운수시설·숙박시설·노유자 시설·전시장·공동주택·업무시설·방송통신시설·공장·창고시설·항공기 및 자동차 관련 시설 및 관광휴게시설	해당 용도의 바닥면적 $100m^2$마다 능력단위 1단위 이상
그 밖의 것	해당 용도의 바닥면적 $200m^2$마다 능력단위 1단위 이상

※ 건축물의 주요구조부가 내화구조이고, 벽 및 반자의 실내에 면하는 부분이 불연재료·준불연재료 또는 난연재료로 된 특정소방대상물은 위 표의 기준면적의 2배로 함

| 정답 | ①

21 다음 복사에 대한 설명 중 옳지 않은 것은?

① 열 에너지를 파장의 형태로 계속적으로 방사한다.
② 열 복사라고 하며 양지바른 곳에서 햇볕을 쬐면 따뜻한 것은 복사열을 받기 때문이다.
③ 유체의 흐름에 의하여 열이 전달된다.
④ 화재 시 열의 이동에 가장 크게 작용하는 열 이동방식이다.

해설
유체의 흐름에 의해 열이 전달되는 현상은 대류이다. 즉, 대류는 고체가 아닌 유체(액체 또는 기체)의 이동 자체가 열을 전달하는 방식을 말한다.

| 정답 | ③

22 다음 중 건설공사 현장에서 설치해야 하는 임시소방시설의 종류로 옳지 않은 것은?

① 가스누설경보기   ② 비상경보장치
③ 간이소화장치   ④ 스프링클러설비

해설
임시소방시설의 종류
- 소화기
- 간이소화장치
- 비상경보장치
- 가스누설경보기
- 간이피난유도선
- 비상조명등
- 방화포

| 정답 | ④

23 어느 빌딩의 전양정이 100m일 때 주펌프의 정지점과 Diff로 옳은 것은? (단, 자연낙차압은 0.5MPa이고, 옥내소화전을 기준으로 한다)

① Range : 1MPa, Diff : 0.3MPa
② Range : 1MPa, Diff : 0.7MPa
③ Range : 1.4MPa, Diff : 0.3MPa
④ Range : 1.4MPa, Diff : 0.7MPa

해설

Range	펌프의 정지압력	Diff	정지압력(Range) − 기동압력

- 정지점(Range) : 100m = 1MPa(주펌프의 정지점은 펌프의 양정이다)
- 기동압력 = 0.5 + 0.2 = 0.7MPa
  ※ 주펌프의 기동점

옥내소화전	자연낙차압 + 0.2MPa	스프링클러설비	자연낙차압 + 0.15MPa

- Diff = 정지압력(Range) − 기동압력 = 1 − 0.7 = 0.3MPa

| 정답 | ①

24 다음 사진은 유도등의 점검내용 중 어떤 점검에 해당하는가?

 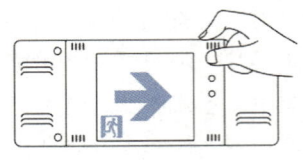

① 2선식 유도등 점검
② 3선식 유도등 점검
③ 예비전원(배터리) 점검
④ 상용전원 점검

해설

유도등의 예비전원 점검
점검스위치를 당기거나 눌러 상용전원에서 예비전원으로 자동절환 여부와 예비전원에 의하여 자동점등 여부를 확인한다.

| 정답 | ③

25 다음 그림을 보고 자동화재탐지설비 점검 시 5층의 선로 단선을 확인하는 순서로 옳은 것은?

① 주경종 버튼 누름 → 5층 회로시험 누름
② 화재시험 버튼 누름 → 5층 회로시험 누름
③ 축적 버튼 누름 → 5층 회로시험 누름
④ 도통시험 버튼 누름 → 5층 회로시험 버튼 누름

해설

- 선로 단선을 확인하기 위해 도통시험 버튼을 누른다.
- 5층의 선로 단선을 확인하기 위해 5층 회로시험 버튼을 누른다.

| 정답 | ④

26 다음 중 그림 A~C에 대한 설명으로 옳지 않은 것은?

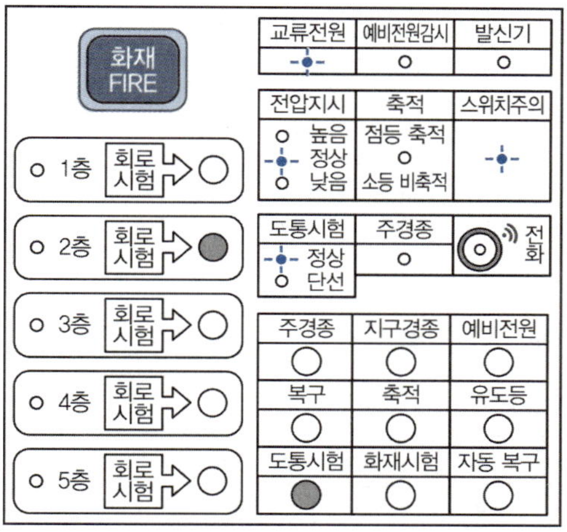

그림 A

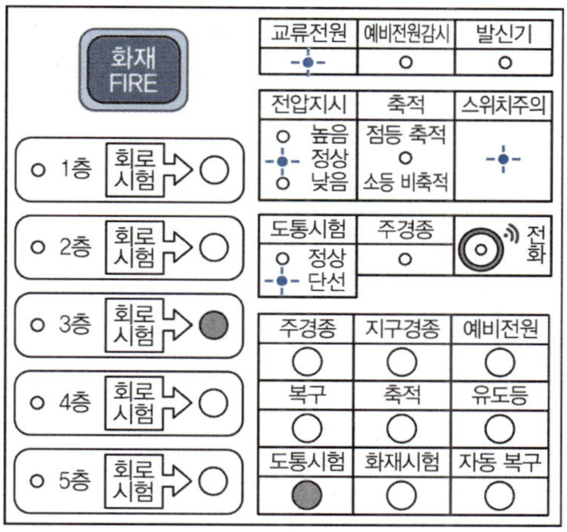

그림 B

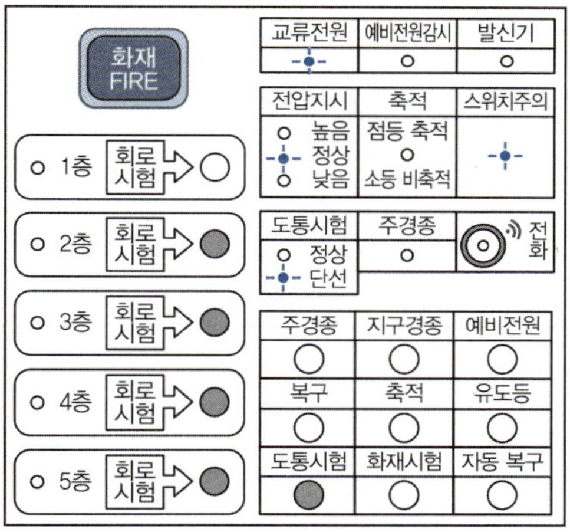

그림 C

① 그림 A를 봤을 때 스위치주의표시등이 점등된 것은 정상이다.
② 그림 A를 봤을 때 2층의 도통시험 결과가 정상임을 알 수 있다.
③ 그림 B를 봤을 때 3층의 도통시험 결과가 단선임을 알 수 있다.
④ 그림 C를 봤을 때 모든 경계구역은 단선이다.

해설
그림 C에서 1층 회로시험 버튼이 눌러져 있지 않아 회로의 단선 유무를 알 수 없다.

| 정답 | ④

27 다음 그림은 가스계 소화설비 점검 내용이다. 다음 물음에 올바른 답을 고른 것은?

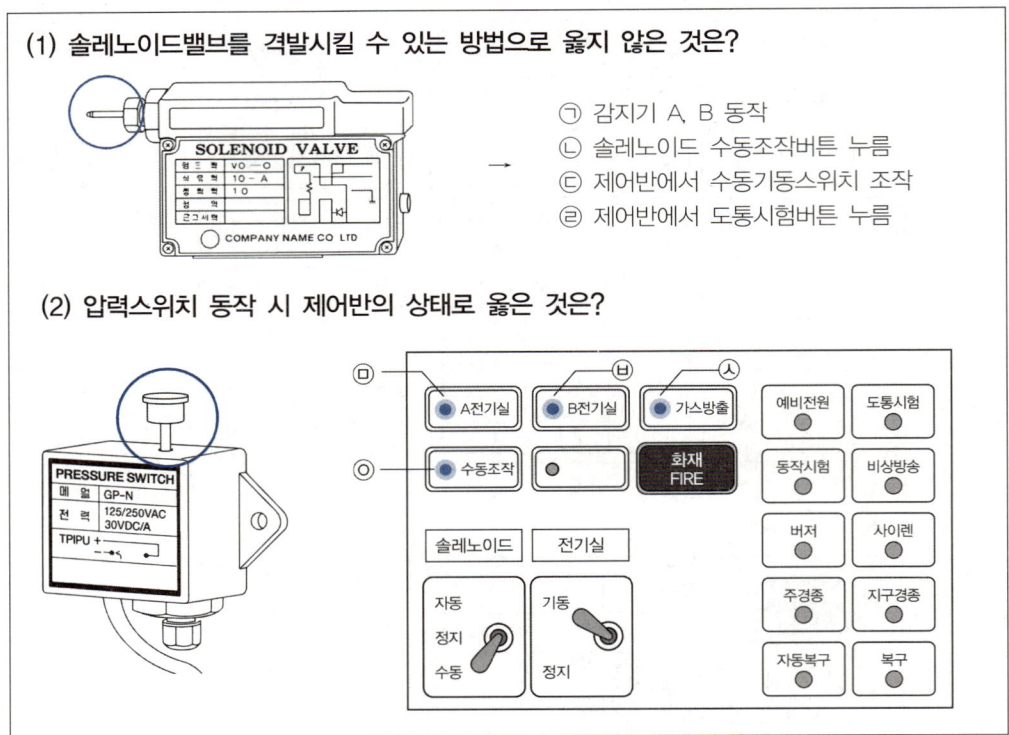

(1) 솔레노이드밸브를 격발시킬 수 있는 방법으로 옳지 않은 것은?

㉠ 감지기 A, B 동작
㉡ 솔레노이드 수동조작버튼 누름
㉢ 제어반에서 수동기동스위치 조작
㉣ 제어반에서 도통시험버튼 누름

(2) 압력스위치 동작 시 제어반의 상태로 옳은 것은?

① ㉣, ㉤, ㉥, ㉧
② ㉠, ㉢, ㉦, ㉧
③ ㉡, ㉣, ㉦, ㉧
④ ㉢, ㉣, ㉤, ㉥

해설
- 도통시험버튼과 격발시험은 관계가 없다.
- 감지기 동작은 교차회로감지기 동작 시 점등되며, 수동조작은 외부 출입구 부근 수동조작함 버튼을 눌러야 점등된다.
- 압력스위치 동작에 따라 제어반의 가스방출등이 점등된다.

| 정답 | ①

28 옥내소화전 방수압력 측정에 필요한 장비로 옳은 것은?

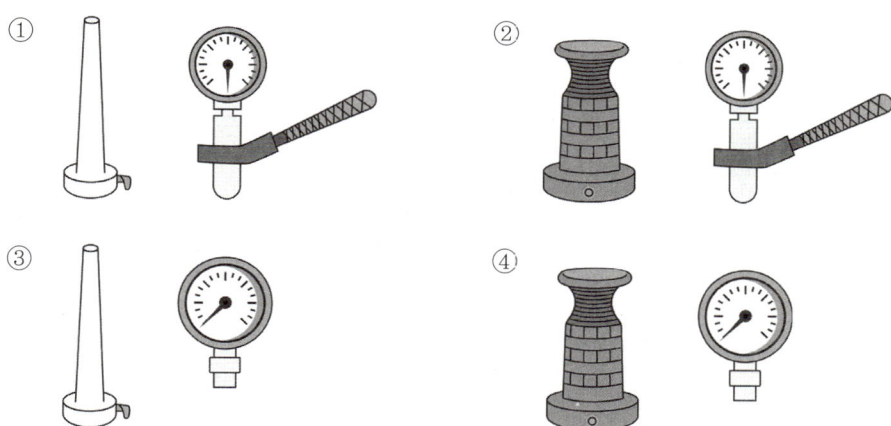

해설

옥내소화전 방수압력 측정 시 직사형 관창과 방수압력 측정계(피토게이지)가 필요하다.

꼼꼼 문제분석

옥내소화전설비의 방수압력 측정

방수구에 호스를 결속한 상태로 노즐의 선단에 방수압력 측정계(피토게이지)를 근접(D/2)시켜서 측정하여 방수압력 측정계(피토게이지)의 압력계상의 눈금을 확인한다.

| 정답 | ①

29 다음 중 펌프의 성능시험에 대한 설명으로 옳지 않은 것은?

① 시험 전 감시제어반의 선택스위치는 정지에, 동력제어반의 선택스위치는 수동으로 설정한다.
② 토출 측 개폐밸브를 완전히 개방한 후 시험해야 정확하게 측정할 수 있다.
③ 시험의 목적은 과부하운전, 정격부하운전, 체절운전에서 펌프 성능이 정상인지 확인하는 것이다.
④ 성능시험 중 수격현상이 발생할 수 있기 때문에 개폐밸브는 천천히 열고 닫는다.

해설

성능시험배관
- 펌프의 토출량 및 토출압력을 확인하기 위하여 설치하는 배관을 말한다.
- 펌프의 토출 측에 설치된 개폐밸브 이전에서 분기하여 설치하고, 유량계를 기준으로 전단 직관부에 개폐밸브를, 후단 직관부에는 유량조절밸브를 설치하여야 한다.

| 정답 | ②

30 다음 중 장애유형별 피난보조방법으로 옳지 않은 것은?

① 휠체어 사용자의 경우 평지보다 계단에서 주의가 필요하며, 다수보다 한 명이 보조할수록 쉬운 대피가 가능하다.
② 지적장애인의 경우 공황 상태에 빠질 수 있으므로 차분하고 느린 어조로 도움을 주러 왔음을 밝힌다.
③ 청각장애인은 시각적인 전달을 위해 표정이나 제스처를 사용한다.
④ 여러 명의 시각장애인이 동시에 대피하는 경우 서로 손을 잡고 피난하도록 한다.

해설
휠체어 사용자는 평지보다 계단에서 주의가 필요하며, 많은 사람들이 보조할수록 상대적으로 쉬운 대피가 가능하다.

| 정답 | ①

31 다음 그림에서 펌프토출 측의 개폐표시형 개폐밸브를 잠그고 성능시험배관의 유량조절밸브를 잠근 상태로 펌프를 기동하여 압력을 확인하며, 정격토출압력의 140% 이하인지를 확인하는 시험을 무엇이라 하는가?

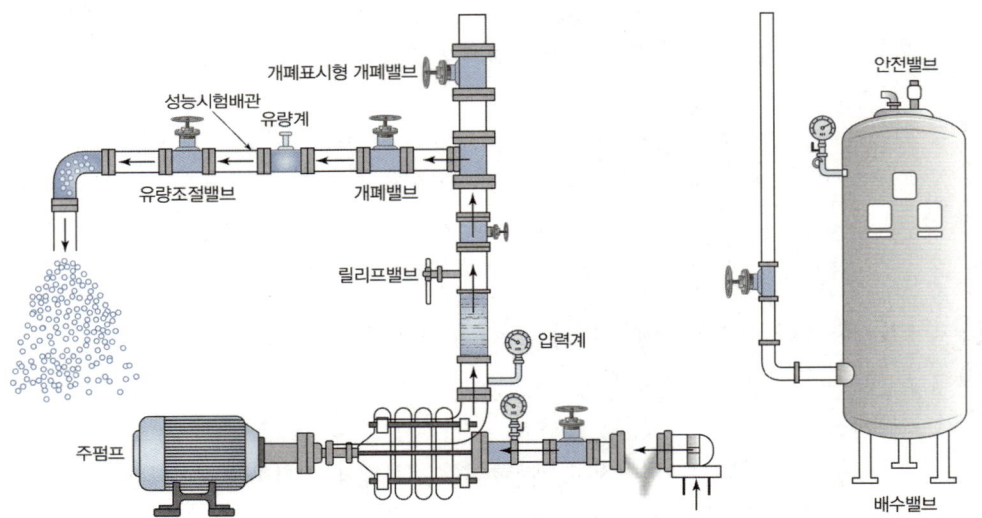

① 정격부하운전
② 체절운전
③ 최대운전
④ 피크부하운전

해설
체절운전
펌프토출 측 밸브와 성능시험배관의 유량조절밸브를 잠근 상태(펌프의 토출량을 "0"인 상태)로 하여 펌프를 기동하여 체절압력을 확인하여 정격토출압력의 140% 이하인지와 체절운전 시 체절압력 미만에서 릴리프밸브가 작동하는지를 확인하는 시험이다.

| 정답 | ②

32. 비화재보 시 조치방법 순서로 옳은 것은?

(가) 음향장치 복구
(나) 수신기 확인
(다) 수신기 복구
(라) 스위치주의등 확인
(마) 비화재보 원인 제거
(바) 실제 화재 여부 확인
(사) 음향장치 정지

① (나) - (바) - (사) - (마) - (다) - (가) - (라)
② (다) - (라) - (나) - (바) - (사) - (마) - (가)
③ (바) - (나) - (사) - (가) - (마) - (라) - (다)
④ (사) - (나) - (마) - (라) - (다) - (바) - (가)

해설

비화재보 시 대처방법

1단계	2단계
수신기 확인	실제 화재 여부 확인
3단계	4단계
음향장치 정지 	비화재보 원인 제거
5단계	6단계
복구스위치를 눌러 수신기를 정상으로 복구 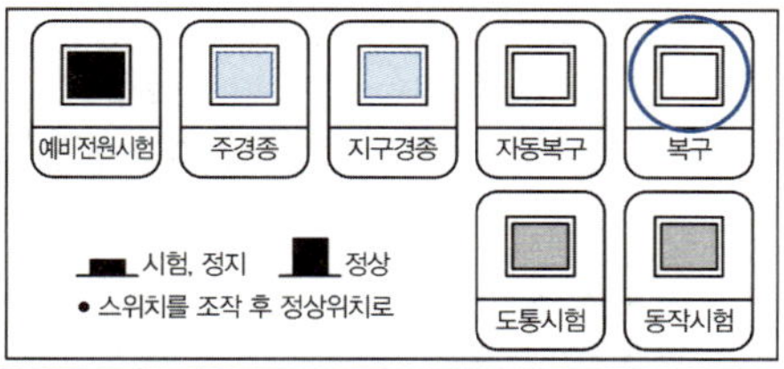	음향장치 복구 (음향장치를 정상 또는 연동으로 전환) 
7단계	
스위치주의 소등 확인 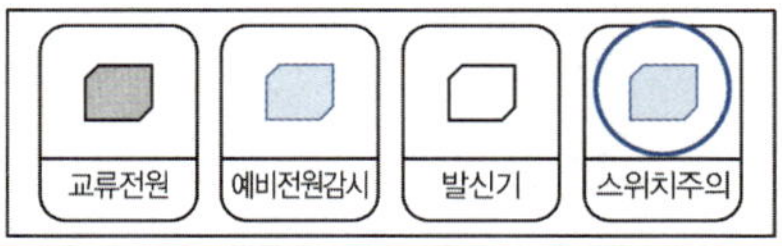	

| 정답 | ①

33 다음 그림은 축압식 분말소화기의 지시압력계이다. 이에 대한 설명으로 옳은 것은?

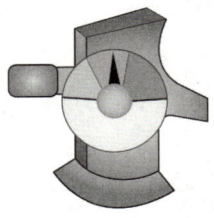

① 압력이 부족한 상태이다.
② 압력이 0.7MPa을 가리키게 되면 소화기를 교체하여야 한다.
③ 지시압력이 0.7 ~ 0.98MPa에 위치하고 있으므로 정상이다.
④ 소화약제를 정상적으로 방출하기 어려울 것으로 보인다.

해설
축압식 분말소화기의 지시압력계

노란색(황색)	녹색	적색
압력 부족	압력 정상	압력 높음

→ 지시압력계에 사용가능한 범위 표시는 녹색이고, 압력 범위는 0.7 ~ 0.98MPa이다.

| 정답 | ③

34 다음 그림에서 자동심장충격기(AED) 사용 시 패드의 부착 위치로 옳게 짝지어진 것은?

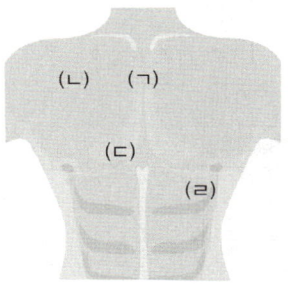

① (ㄱ), (ㄴ) ② (ㄴ), (ㄷ)
③ (ㄴ), (ㄹ) ④ (ㄷ), (ㄹ)

해설
자동심장충격기(AED) 사용 시 패드의 부착 위치
• 패드 1 : 오른쪽 빗장뼈 아래
• 패드 2 : 왼쪽 젖꼭지 아래의 중간겨드랑선

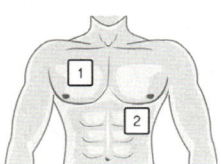

| 정답 | ③

35 피난구유도등의 설치장소로 옳은 것은?

① 공연장 또는 극장 등의 벽면에 설치
② 출입구 하부에 설치
③ 일반 계단의 하부에 설치
④ 직통계단, 직통계단의 계단실 및 그 부속실의 출입구

해설
피난구유도등의 설치장소
피난구 또는 피난경로로 사용되는 출입구를 표시하여 피난을 유도하는 등으로 피난구의 바닥으로부터 높이 1.5m 이상으로서 출입구에 인접하도록 다음의 장소에 설치
- 옥내로부터 직접 지상으로 통하는 출입구 및 그 부속실의 출입구
- 직통계단, 직통계단의 계단실 및 그 부속실의 출입구
- 위에 따른 출입구에 이르는 복도 또는 통로로 통하는 출입구
- 안전구획된 거실로 통하는 출입구

| 정답 | ④

36 종합점검 중 주펌프 성능시험을 위하여 주펌프만 수동으로 기동하려고 한다. 감시제어반의 스위치 상태로 옳은 것은?

①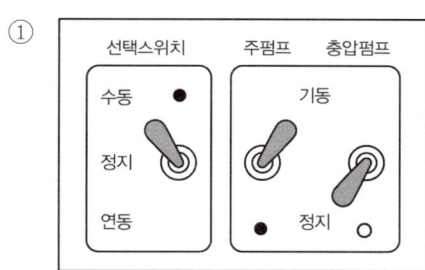
②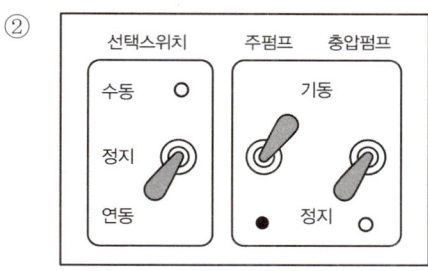
③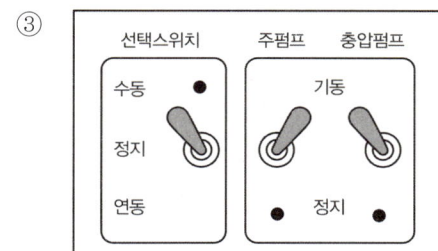
④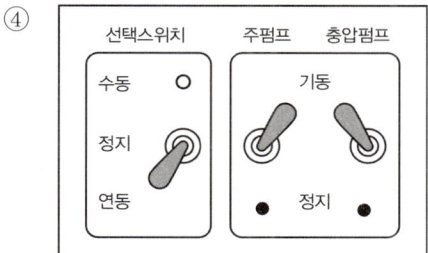

해설
주펌프만 수동으로 기동하는 방법 : 선택스위치 - 수동, 주펌프 - 기동, 충압펌프 - 정지

| 정답 | ①

37 그림 A의 밸브를 화살표 방향으로 내렸을 때 그림 B와 같이 감시제어반에 표시되었다. 감시제어반 상태에 대한 설명으로 옳은 것은? (단, 설비는 정상상태이며 제시된 조건을 제외한 나머지 조건은 무시한다)

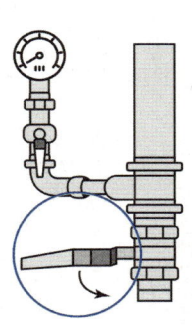

그림 A

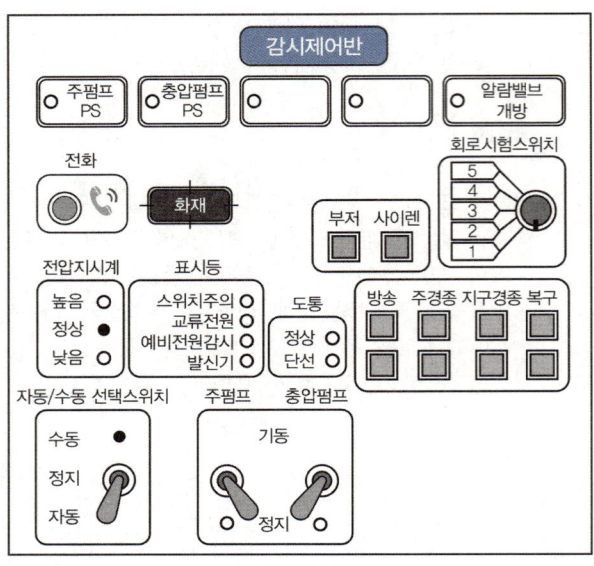

그림 B

① 자동/수동 선택스위치는 현재 수동에 위치하고 있다.
② 화재표시등이 꺼져 있다.
③ 알람밸브는 개방되어 있지 않다.
④ 주펌프 및 충압펌프는 정상적으로 동작하고 있다.

해설
- 자동/수동 선택스위치는 현재 자동에 위치하고 있다.
- 화재표시등은 점멸하고 있다.
- 알람밸브 개방 표시등이 꺼져 있으므로 개방되어 있지 않다.
- 주펌프스위치와 충압펌프스위치가 정지로 되어 있으므로 동작하고 있지 않다.

|정답| ③

38 펌프성능시험을 위해 다음 그림과 같이 펌프를 작동하였다. 그림에 대한 설명으로 옳지 않은 것은? (단, 설비는 정상상태이며 제시된 조건을 제외한 나머지 조건은 무시한다)

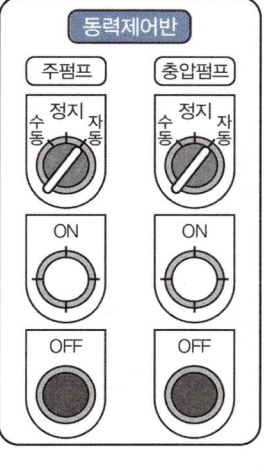
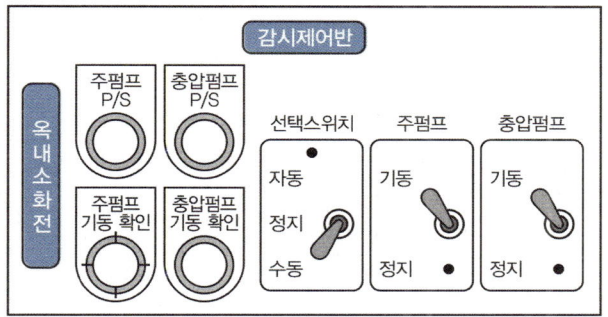

① 기동용 수압개폐장치(압력챔버) 주펌프 압력스위치는 미작동 상태이다.
② 감시제어반의 주펌프스위치를 정지 위치로 내리면 주펌프는 정지한다.
③ 현재 주펌프는 자동으로, 충압펌프는 수동으로 작동하고 있다.
④ 감시제어반의 충압펌프 기동 확인등이 소등되어 있으므로 불량이다.

[해설]
감시제어반의 선택스위치가 수동, 주펌프스위치와 충압펌프스위치는 기동으로 되어 있으므로 주펌프와 충압펌프는 모두 수동으로 작동하고 있다.

|정답| ③

39 다음의 (　) 안에 들어갈 말로 옳은 것은?

> 소방시설의 종류에는 소화설비, 경보설비, 피난구조설비, 소화용수설비, (　)설비가 있다.

① 소화활동　　　　　　　② 제연
③ 비상콘센트　　　　　　④ 연결살수

[해설]
소방시설의 종류에는 소화설비, 경보설비, 피난구조설비, 소화용수설비, 소화활동설비가 있다.

|정답| ①

40 준비작동식 스프링클러설비 밸브개방시험 전 유수검지장치실에서 안전조치를 하려고 한다. 다음 중 안전조치 사항으로 옳은 것은?

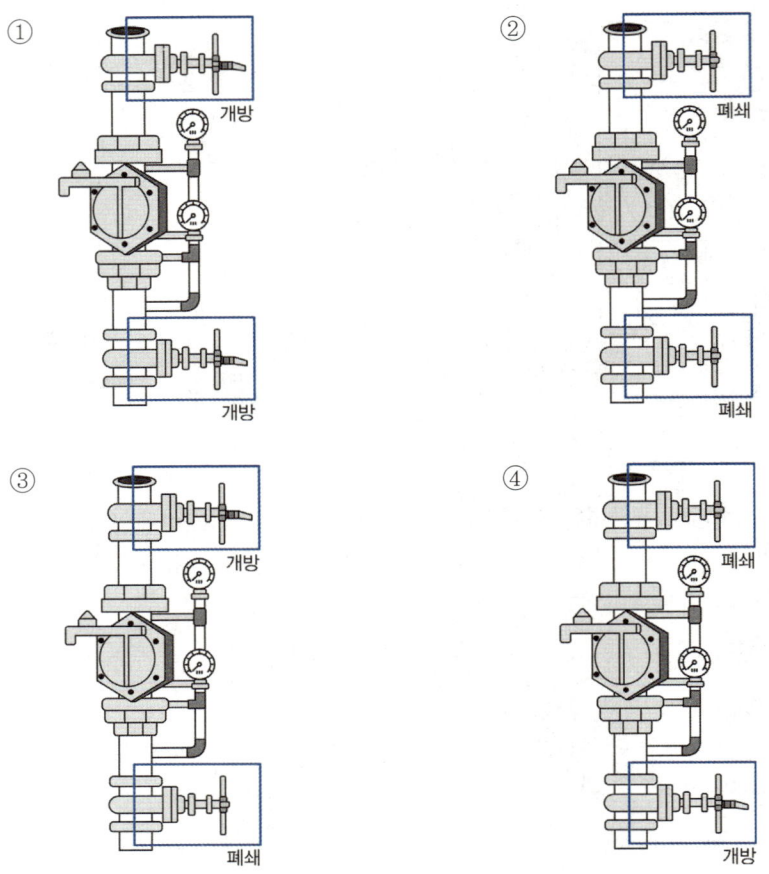

해설
준비작동식 스프링클러설비 밸브개방시험 전에 1차 측은 개방, 2차 측은 폐쇄되어 있어야 물이 방사되지 않아 안전하다.

|정답| ④

41 화재발생 시 옥내소화전을 사용하여 충압펌프가 작동하였다. 다음 그림을 보고 표시등 중 점등되는 것을 모두 고른 것은? (단, 설비는 정상상태이며 제시된 조건을 제외하고 나머지 조건은 무시한다)

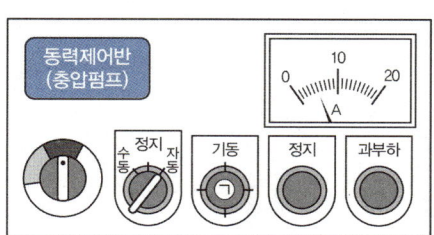
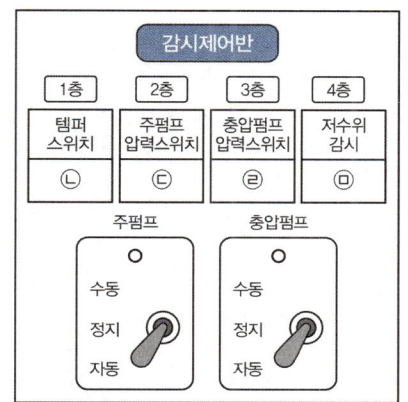

① ㉠, ㉡, ㉢
② ㉠, ㉢, ㉣
③ ㉠, ㉣
④ ㉠, ㉣, ㉤

해설
충압펌프가 작동하였으므로 동력제어반에서 기동램프(㉠)가 점등되고, 감시제어반에서 충압펌프 압력스위치(㉣)가 점등된다.

| 정답 | ③

42 다음 중 준비작동식 스프링클러설비의 점검 시 A 감지기 또는 B 감지기 하나만 작동 시 확인해야 할 사항으로 옳은 것은?

① 펌프의 자동기동 여부 확인
② 감시제어반 밸브개방표시등 점등 여부 확인
③ 솔레노이드밸브 개방 여부 확인
④ 경종 또는 사이렌 경보, 화재표시등 점등 여부 확인

해설
준비작동식 스프링클러설비 점검 시 확인사항

A or B 감지기 작동	A and B 감지기 작동
• 화재표시등, A 감지기 or B 감지기 지구표시등 점등 • 경종 또는 사이렌 경보	• 화재표시등, A 감지기, B 감지기 지구표시등 점등 여부 확인 • 솔레노이드밸브 개방 여부 확인 • 화재수신반 밸브개방표시등의 점등 여부 확인 • 사이렌 또는 경종의 발령 상태 확인 • 펌프의 자동기동 여부 확인

| 정답 | ④

43 다음의 응급처치요령 중 빈칸에 알맞은 내용으로 옳은 것은?

- 가슴압박
  - 위치 : 환자의 가슴뼈(흉골)의 아래쪽 절반 부위
  - 자세 : 양팔을 쭉 편 상태로 체중을 실어서 환자의 몸과 수직이 되도록 가슴을 압박하고, 압박된 가슴은 완전히 이완되도록 한다.
  - 속도 및 깊이 : 소아를 기준으로 속도는 (㉠)회/분, 깊이는 약 (㉡)cm
- 자동심장충격기(AED) 사용
  - 자동심장충격기의 전원을 켜고 환자의 상체에 패드를 부착한다.
  - 부착 위치 : (㉢) 아래, (㉣) 젖꼭지 아래의 중간겨드랑선
  - "분석 중…"이라는 음성지시가 나오면, 심폐소생술을 멈추고 환자에게서 손을 뗀다.
  (이하 생략)

① ㉠ 80~100, ㉡ 5~6, ㉢ 왼쪽 빗장뼈, ㉣ 오른쪽
② ㉠ 100~120, ㉡ 4~5, ㉢ 오른쪽 빗장뼈, ㉣ 왼쪽
③ ㉠ 90~100, ㉡ 1~2, ㉢ 오른쪽 빗장뼈, ㉣ 왼쪽
④ ㉠ 100~120, ㉡ 4~5, ㉢ 왼쪽 빗장뼈, ㉣ 오른쪽

해설
- 가슴압박은 성인에서 분당 100~120회의 속도와 약 5cm 깊이(소아 4~5cm)로 강하고 빠르게 시행한다.
- 자동심장충격기는 두 개의 패드를 부착하는데, 패드 1은 오른쪽 빗장뼈 아래, 패드 2는 왼쪽 젖꼭지 아래의 중간겨드랑선에 부착한다.

| 정답 | ②

44 추운 곳에 설치하기 곤란한 스프링클러설비는?

① 습식　　　　　　　② 건식
③ 준비작동식　　　　④ 일제살수식

해설
습식 스프링클러설비는 추운 환경에서는 파이프 내의 물이 얼어붙을 위험이 있으므로, 이러한 조건에서는 사용하기에 적합하지 않다.

| 정답 | ①

45 다음 그림은 P형 수신기의 도통시험을 위해 도통시험버튼 및 회로 3번 시험버튼을 누른 모습이다. 다음 점검표에 작성할 내용으로 옳은 것은? (단, 회로 1, 2, 4, 5번의 점검결과는 회로 3번과 같다)

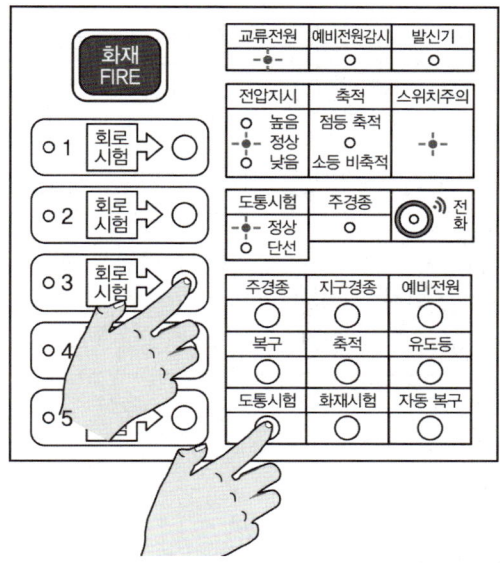

점검항목	점검내용	점검결과	
		결과	불량내용
수신기 도통시험	회로 단선 여부	㉠	㉡

① ㉠ ×, ㉡ 회로 1, 2번의 단선 여부를 확인할 수 없음
② ㉠ ○, ㉡ 이상 없음
③ ㉠ ×, ㉡ 회로 1번 단선
④ ㉠ ○, ㉡ 회로 3번은 정상이고 나머지 회선은 단선

해설
도통시험램프가 정상으로 점등되어 있으므로 회로 단선 여부를 알 수 있고(○), 불량내용은 이상 없다.

|정답| ②

46 다음 그림은 옥내소화전 감시제어반 중 펌프제어를 위한 스위치의 예시를 나타낸 것이다. 평상시 및 펌프점검 시 스위치 위치에 대한 설명으로 옳은 것을 모두 고른 것은?

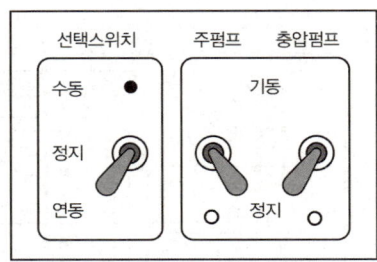

㉠ 평상시 펌프 선택스위치는 '수동' 위치에 있어야 한다.
㉡ 평상시 주펌프스위치는 '기동' 위치에 있어야 한다.
㉢ 펌프 수동기동 시 펌프 선택스위치는 '수동'에 있어야 한다.

① ㉠
② ㉢
③ ㉠, ㉡
④ ㉠, ㉡, ㉢

해설
감시제어반의 스위치와 표시등
- 평상시에 펌프는 정지상태로 '자동(연동)'에 있어야 한다.
- 시험점검을 위한 수동 조작 시에는 자동/수동 절환스위치를 '수동' 위치에, 주펌프 또는 충압펌프는 '기동' 버튼을 눌러야 한다.
→ ㉠ : 연동, ㉡ : 정지

|정답| ②

47 다음 중 소방안전관리자 현황표에 포함되지 않아도 되는 사항은?

① 소방안전관리자의 이름
② 소방안전관리대상물 등급
③ 소방안전관리자 수료일자
④ 소방안전관리자 현황표의 대상명

해설
소방안전관리자 현황표 기입사항
- 소방안전관리자 현황표의 대상명
- 소방안전관리자의 이름, 선임일자
- 소방안전관리대상물 등급
- 소방안전관리자 근무 위치 (화재 수신기 위치)
- 소방안전관리자 연락처

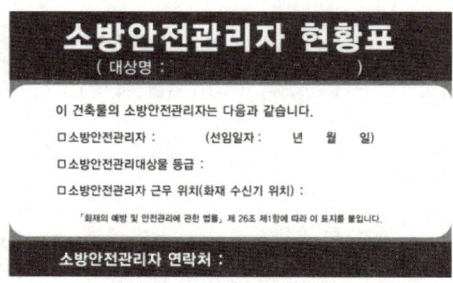

|정답| ③

48 급기댐퍼 수동기동장치를 작동시켰을 때 감시제어반에서 확인되는 사항으로 옳지 않은 것을 모두 고른 것은? (단, 모든 설비는 정상상태이다)

구분	감시제어반 표시등	작동상태
㉠	감지기	점등
㉡	댐퍼 확인	소등
㉢	댐퍼 수동기동	점등
㉣	송풍기 확인	소등

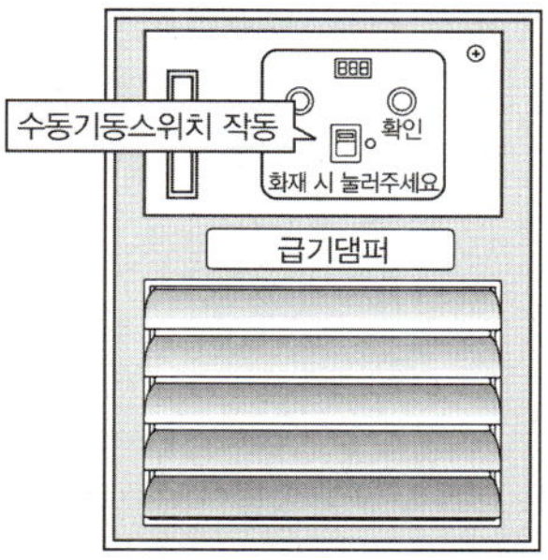

① ㉠, ㉡
② ㉡, ㉢
③ ㉠, ㉡, ㉣
④ ㉢, ㉣

해설

급기댐퍼 수동기동장치 작동 시

구분	감시제어반 표시등	작동상태
㉠	감지기	소등
㉡	댐퍼 확인	점등
㉢	댐퍼 수동기동	점등
㉣	송풍기 확인	점등

| 정답 | ③

49 다음 중 스프링클러설비에 대한 설명으로 옳은 것은?

① 스프링클러설비의 방수량은 80m³/min이다.
② 스프링클러설비의 방수압력은 0.17MPa 이상 0.7MPa 이하이다.
③ 헤드의 부착 높이가 8m 미만인 경우 스프링클러헤드의 기준개수는 10개이다.
④ 스프링클러헤드의 방수구에서 유출되는 물을 세분시키는 작용을 하는 부품을 프레임이라 한다.

해설
- 스프링클러설비의 방수량은 80L/min이다.
- 스프링클러설비의 방수압력은 0.1MPa 이상 1.2MPa 이하이다.
- 스프링클러헤드의 방수구에서 유출되는 물을 세분시키는 작용을 하는 부품은 디플렉터(반사판)이다.
- 스프링클러설비헤드의 기준개수

헤드의 부착 높이가 8m 이상인 것	20개
헤드의 부착 높이가 8m 미만인 것	10개

| 정답 | ③

50 가스계 소화설비의 점검을 위해 기동용기와 솔레노이드밸브를 분리하였다. 다음 그림과 같이 감지기를 동작시킨 경우 확인되는 사항으로 옳지 않은 것은? (단, 교차회로감지기 2개를 작동시켰다)

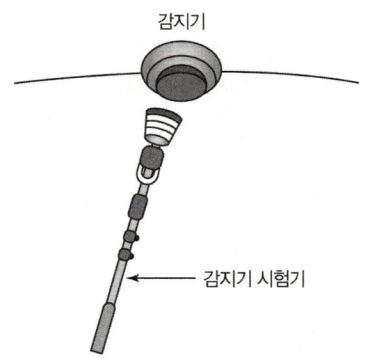

① 제어반 화재표시
② 솔레노이드밸브 파괴침 동작
③ 사이렌 또는 경종 동작
④ 방출표시등 점등

해설
- 기동용기와 솔레노이드밸브를 분리한 다음 감지기를 동작시켰으므로 방출표시등은 점등되지 않는다.
- 방출표시등은 압력스위치 동작에 의해 점등된다.

| 정답 | ④

Chapter 05 2021년 기출복원문제

01 「소방기본법」상 용어의 정의 중 소방대상물에 해당하지 않는 것은?

① 인공 구조물
② 운항 중인 선박
③ 산림
④ 차량

해설
「소방기본법」상 소방대상물
건축물, 차량, 선박(항구에 매어둔 선박만 해당), 선박 건조 구조물, 산림 그 밖의 인공 구조물 또는 물건

| 정답 | ②

02 다음 중 1급 소방안전관리자로 선임될 수 없는 사람은? (단, 해당 소방안전관리자가 자격증을 받은 경우이다)

① 소방설비기사
② 소방설비산업기사
③ 소방시설관리사
④ 위험물안전관리자로 선임된 위험물기능장

해설
- 1급 소방안전관리대상물

선임자격	• 소방설비기사 또는 소방설비산업기사의 자격이 있는 사람 • 소방공무원으로 7년 이상 근무한 경력이 있는 사람 • 소방청장이 실시하는 1급 소방안전관리대상물의 소방안전관리에 관한 시험에 합격한 사람

- 2급 소방안전관리대상물

선임자격	• 위험물기능장·위험물산업기사 또는 위험물기능사 자격이 있는 사람 • 소방공무원으로 3년 이상 근무한 경력이 있는 사람 • 소방청장이 실시하는 2급 소방안전관리대상물의 소방안전관리에 관한 시험에 합격한 사람 • 소방안전관리자로 선임된 사람(소방안전관리자로 선임된 기간으로 한정)

| 정답 | ④

03 다음 중 피난기구에 대한 설명으로 옳은 것은?

① 화재 시 발생하는 열과 연기로부터 인명의 안전한 피난을 위한 기구이다.
② 간이완강기는 사용자가 연속적으로 사용할 수 있는 피난기구이다.
③ 완강기는 사용자가 연속적으로 사용할 수 없는 피난기구이다.
④ 미끄럼대는 다중이용업소로서 영업장의 위치가 4층 이하에 적합한 피난기구이다.

해설
- 피난기구란 화재 발생 시 소방대상물에 거주하는 사람들을 안전한 장소로 피난시킬 수 있는 기구를 말한다.
- 간이완강기는 사용자가 교대하여 연속적으로 사용할 수 없는 피난기구이다.
- 완강기는 사용자가 교대하여 연속적으로 사용할 수 있는 피난기구이다.

꼼꼼 문제분석

설치장소별 피난기구의 적응성

장소 \ 층별	1층	2층	3층	4층 이상 10층 이하
노유자 시설	• 미끄럼대 • 구조대 • 피난교 • 다수인 피난장비 • 승강식 피난기	• 미끄럼대 • 구조대 • 피난교 • 다수인 피난장비 • 승강식 피난기	• 미끄럼대 • 구조대 • 피난교 • 다수인 피난장비 • 승강식 피난기	• 구조대 • 피난교 • 다수인 피난장비 • 승강식 피난기
의료시설, 근린생활시설 중 입원실이 있는 의원·접골원·조산원	–	–	• 미끄럼대 • 구조대 • 피난교 • 피난용 트랩 • 다수인 피난장비 • 승강식 피난기	• 구조대 • 피난교 • 피난용 트랩 • 다수인 피난장비 • 승강식 피난기
다중이용업소로서 영업장의 위치가 4층 이하	–	• 미끄럼대 • 피난사다리 • 구조대 • 완강기 • 다수인 피난장비 • 승강식 피난기	• 미끄럼대 • 피난사다리 • 구조대 • 완강기 • 다수인 피난장비 • 승강식 피난기	• 미끄럼대 • 피난사다리 • 구조대 • 완강기 • 다수인 피난장비 • 승강식 피난기
그 밖의 것	–	–	• 미끄럼대 • 피난사다리 • 구조대 • 완강기 • 피난교 • 피난용 트랩 • 간이완강기 • 공기안전매트 • 다수인 피난장비 • 승강식 피난기	• 피난사다리 • 구조대 • 완강기 • 피난교 • 간이완강기 • 공기안전매트 • 다수인 피난장비 • 승강식 피난기

| 정답 | ④

04 다음 ( ) 안에 들어갈 말로 옳은 것은?

> ( )는 화재 초기에 발생되는 열, 연기 또는 불꽃 등을 감지기에 의해 감지하여 자동적으로 경보를 발함으로써 화재를 조기에 발견하여, 조기통보, 초기소화, 조기피난을 가능하게 하기 위한 설비이다.

① 수신기
② 중계기
③ 발신기
④ 자동화재탐지설비

해설
자동화재탐지설비는 화재 초기에 발생되는 열, 연기 또는 불꽃 등을 감지기에 의해 감지하여 자동적으로 경보를 발함으로써 화재를 조기에 발견하여, 조기통보, 초기소화, 조기피난을 가능하게 하기 위한 설비이다.

|정답| ④

05 다음 중 제5류 위험물 화재 시 소화방법으로 옳은 것은?

① 포, 분말 등 소화약제에 의한 질식소화
② 물에 의한 냉각소화
③ 마른모래 등에 의한 질식소화
④ 화재 초기에만 대량의 물에 의한 냉각소화이고, 그 이후엔 자연진화되도록 기다려야 함

해설
제5류 위험물은 주로 주소소화를 하고 질식소화에는 거의 효과가 없다.

|정답| ④

06 다음 중 건축관계법령에서 정하는 용어에 대한 설명으로 옳지 않은 것은?

① 연면적 : 하나의 건축물 각 층의 바닥면적의 합계
② 용적률 : 대지면적에 대한 연면적의 비율
③ 바닥면적 : 건축물의 각 층 또는 일부로서 벽, 기둥, 기타 이와 유사한 구획의 중심선으로 둘러싸인 부분의 수평투영면적
④ 건폐율 : 대지면적에 대한 바닥면적의 비율

해설
건폐율 : 대지면적에 대한 건축면적(대지에 2 이상의 건축물이 있는 경우에는 이들 건축면적의 합계로 한다)의 비율

|정답| ④

07 화재발생 우려가 크거나 화재가 발생할 경우 피해가 클 것으로 예상되는 지역이 아닌 것은?

① 석유화학제품을 보관하는 공장이 있는 지역
② 위험물의 저장 및 처리시설이 밀집한 지역
③ 공장·창고가 밀집한 지역
④ 시장지역

해설

화재예방강화지구의 지정지역
- 시장지역
- 공장·창고, 목조건물, 노후·불량건축물이 밀집한 지역
- 위험물의 저장 및 처리시설이 밀집한 지역
- 석유화학제품을 생산하는 공장이 있는 지역
- 「산업입지 및 개발에 관한 법률」에 따른 산업단지
- 소방시설·소방용수시설 또는 소방출동로가 없는 지역
- 「물류시설의 개발 및 운영에 관한 법률」에 따른 물류단지
- 소방청장, 소방본부장 또는 소방서장이 화재예방강화지구로 지정할 필요가 있다고 인정하는 지역

| 정답 | ①

08 다음 중 소방안전관리자의 법적 업무로 옳지 않은 것은?

① 피난시설, 방화구획 및 방화시설의 관리
② 자위소방대 및 초기대응체계의 구성, 운영 및 교육
③ 화기취급의 감독
④ 화재예방강화지구의 지정

해설

화재예방강화지구는 시·도지사가 지정한다.

꼼꼼 문제분석

소방안전관리자의 업무
- 피난계획에 관한 사항과 대통령령으로 정하는 사항이 포함된 소방계획서의 작성 및 시행
- 자위소방대 및 초기대응체계의 구성, 운영 및 교육
- 피난시설, 방화구획 및 방화시설의 관리
- 소방시설이나 그 밖의 소방 관련 시설의 관리
- 소방훈련 및 교육
- 화기취급의 감독
- 소방안전관리에 관한 업무수행에 관한 기록·유지
- 화재 발생 시 초기대응
- 그 밖에 소방안전관리에 필요한 업무

| 정답 | ④

09 다음 그림은 침대가 있는 숙박시설의 평면도이다. 〈조건〉을 참고하여 산정한 숙박시설의 수용인원으로 옳은 것은?

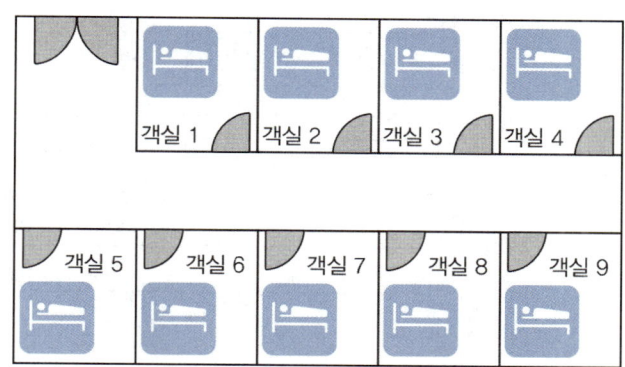

―――――[조건]―――――
- 종사자 수 : 1인
- 2인용 침대 1개가 있는 객실 수 : 9실

① 17명　　　　　　　　② 18명
③ 19명　　　　　　　　④ 20명

해설

숙박시설이 있는 특정소방대상물의 수용인원 산정방법

침대가 있는 경우	종사자 수 + 침대 수(2인용 침대는 2개로 산정)
침대가 없는 경우	종사자 수 + $\dfrac{\text{바닥면적 합계}}{3\text{m}^2}$

∴ 종사자 수 + 침대 수 = 1 + (2인용 × 9개) = 19명

| 정답 | ③

10 객석통로의 직선 부분 길이가 24m일 때, 객석유도등의 최소 설치개수는?

① 2개　　　　　　　　② 5개
③ 7개　　　　　　　　④ 9개

해설

객석유도등 설치개수 = $\dfrac{\text{객석통로의 직선 부분 길이(m)}}{4} - 1$

= $\dfrac{24\text{m}}{4} - 1 = 5$개

| 정답 | ②

11 어느 건축물의 바닥면적이 각각 1층에 700m², 2층에 600m², 3층에 300m², 4층에 200m² 이다. 이 건축물의 최소 경계구역수는?

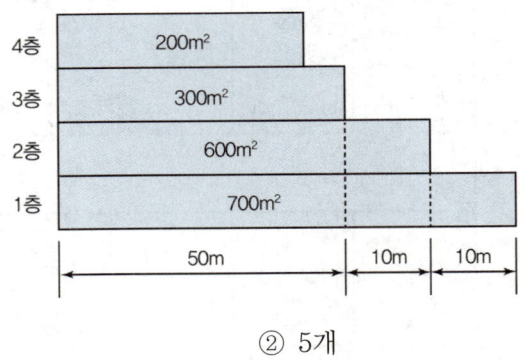

① 4개 ② 5개
③ 6개 ④ 7개

해설

- 1층 : 하나의 경계구역의 면적은 600m² 이하이므로 $\dfrac{700m^2}{600m^2} = 1.1 = 2$개(소수점 올림)
- 2층 : 하나의 경계구역의 면적은 600m² 이하이지만, 한 변의 길이가 50m를 초과하므로 경계구역은 2개
- 3층, 4층 : 500m² 이하의 범위 안에서는 2개의 층을 하나의 경계구역으로 할 수 있으므로

$$\dfrac{(300 + 200)m^2}{500m^2} = 1개$$

∴ 2 + 2 + 1 = 5개

꼼꼼 문제분석

자동화재탐지설비의 경계구역 설정기준
자동화재탐지설비의 1회선이 화재의 발생을 유효하고 효율적으로 감지할 수 있도록 적당한 범위를 정한 구역을 말한다.
- 하나의 경계구역이 2 이상의 건축물에 미치지 않도록 할 것
- 하나의 경계구역이 2 이상의 층에 미치지 않도록 할 것(다만, 500m² 이하의 범위 안에서는 2개의 층을 하나의 경계구역으로 할 수 있음)
- 하나의 경계구역의 면적은 600m² 이하로 하고 한 변의 길이는 50m 이하로 할 것(다만, 해당 특정소방대상물의 주된 출입구에서 그 내부 전체가 보이는 것에 있어서는 한 변의 길이가 50m 범위 내에서 1,000m² 이하로 할 수 있음)

|정답| ②

12 다음 중 소방안전관리업무 대행에 관한 설명으로 옳은 것은?

① 피난시설, 방화구획 및 방화시설의 관리 업무는 행정안전부령으로 정하는 업무이다.
② 소방안전관리업무를 대행하는 자를 감독하는 자는 소방안전관리자로 선임할 수 있다.
③ 대통령령으로 정하는 소방안전관리대상물은 1급 소방안전관리대상물 중 바닥면적 15,000㎡ 이상을 말한다.
④ 대통령령으로 정하는 소방안전관리대상물은 특급 소방안전관리대상물이다.

해설

소방안전관리업무의 대행
소방안전관리대상물 중 연면적 등이 일정 규모 미만인 대통령령으로 정하는 소방안전관리대상물의 관계인은 관리업자로 하여금 소방안전관리업무 등 대통령령으로 정하는 업무를 대행하게 할 수 있다. 이 경우 선임된 소방안전관리자는 관리업자의 대행업무수행을 감독하고 대행업무 외의 소방안전관리업무는 직접 수행하여야 한다.

- 대통령령으로 정하는 소방안전관리대상물
  - 지상층의 층수가 11층 이상인 1급 소방안전관리대상물(연면적 15,000㎡ 이상인 특정소방대상물과 아파트는 제외)
  - 2급 및 3급 소방안전관리대상물
- 대통령령으로 정하는 업무
  - 피난시설, 방화구획 및 방화시설의 관리
  - 소방시설이나 그 밖의 소방 관련 시설의 관리

| 정답 | ②

13 다음 중 벌금이 가장 많은 사람으로 옳은 것은?

① 갑 : 소방자동차의 출동에 지장을 주었어.
② 을 : 정당한 사유 없이 소방용수시설을 사용하였어.
③ 병 : 화재 시 피난명령을 위반하였어.
④ 정 : 불이 번질 우려가 있는 소방대상물의 강제처분을 방해하였어.

해설

- 소방자동차의 출동에 지장을 준 자 : 200만원 이하의 과태료
- 정당한 사유 없이 소방용수시설 또는 비상소화장치를 사용하거나 소방용수시설 또는 비상소화장치의 효용을 해치거나 그 정당한 사용을 방해한 사람 : 5년 이하의 징역 또는 5천만원 이하의 벌금
- 화재 시 피난명령을 위반한 자 : 100만원 이하의 벌금
- 화재가 발생하거나 불이 번질 우려가 있는 소방대상물 및 토지를 일시적으로 사용하거나 그 사용의 제한 또는 소방활동에 필요한 처분을 방해한 자 또는 정당한 사유 없이 그 처분에 따르지 아니한 자 : 3년 이하의 징역 또는 3천만원 이하의 벌금

| 정답 | ②

14 「초고층재난관리법」상 총괄재난관리자의 업무로 옳지 않은 것은?

① 종합방재실의 설치·운영 ② 협의회의 구성·운영
③ 초기대응대의 구성·운영 ④ 재난사태의 선포

해설

총괄재난안전관리자의 업무
- 재난예방 및 피해경감계획의 수립·시행
- 교육 및 훈련
- 종합재난관리체제의 구축·운영
- 유해·위험물질의 관리 등
- 대피 및 피난유도
- 협의회의 구성·운영
- 종합방재실의 설치·운영
- 피난안전구역의 설치·운영
- 초기대응대의 구성·운영
- 그 밖에 재난 및 안전관리에 관한 업무로서 행정안전부령으로 정하는 사항
  - 초고층 건축물 등의 유지·관리 및 점검, 보수 등에 관한 사항
  - 통합안전점검 실시에 관한 사항
  - 홍보계획의 수립·시행에 관한 사항
  - 방범, 보안, 테러 대비·대응 계획의 수립 및 시행에 관한 사항

| 정답 | ④

15 어느 특정소방대상물에 소방안전관리자를 선임하던 중 2021년 7월 1일에 해임하였다. 해임한 날부터 며칠 이내에 선임해야 하고, 선임한 날부터 며칠 이내에 관할 소방서장에게 신고해야 하는가?

① 선임일 : 2021년 8월 1일, 선임신고일 : 2021년 8월 31일
② 선임일 : 2021년 8월 1일, 선임신고일 : 2021년 8월 11일
③ 선임일 : 2021년 7월 30일, 선임신고일 : 2021년 8월 31일
④ 선임일 : 2021년 7월 15일, 선임신고일 : 2021년 7월 25일

해설

소방안전관리자의 선임과 선임신고
- 선임 : 소방안전관리대상물의 관계인은 소방안전관리(보조)자를 30일 이내에 선임해야 한다.
  → 2021년 7월 31일 이내에 선임해야 한다.
- 선임신고 등 : 소방안전관리자 또는 소방안전관리보조자를 선임한 경우에는 행정안전부령으로 정하는 바에 따라 선임한 날부터 14일 이내에 소방본부장 또는 소방서장에게 신고하여야 한다.
  → ③ 선임일은 2021년 7월 31일 이내이므로 옳으나, 신고일이 선임일로부터 14일 이상이므로 옳지 않다.
    ④ 선임일은 2021년 7월 31일 이내이므로 옳고, 신고일도 선임일로부터 14일 이내이므로 옳다.

| 정답 | ④

16 다음 중 비상조명등을 설치하지 않아도 되는 곳으로 옳은 것은?

① 숙박시설
② 450m² 이상의 지하층 또는 무창층
③ 지하층을 포함하는 층수가 5층 이상의 연면적 3,000m² 이상의 건축물
④ 길이 500m 이상의 터널

해설
숙박시설 또는 다중이용업소에는 객실 또는 영업장 안의 구획된 실마다 잘 보이는 곳에 1개 이상의 휴대용 비상조명등을 설치한다.

| 정답 | ①

17 소방활동구역을 출입할 수 있는 사람이 아닌 것은?

① 소방활동구역 안에 있는 소방대상물의 소유자
② 보험회사 직원
③ 보도업무 종사자
④ 구조・구급업무 종사자

해설
소방활동구역의 출입자
- 소방활동구역 안에 있는 소방대상물의 소유자・관리자 또는 점유자
- 전기・가스・수도・통신・교통의 업무에 종사하는 사람으로서 원활한 소방활동을 위하여 필요한 사람
- 의사・간호사 그 밖의 구조・구급업무에 종사하는 사람
- 취재인력 등 보도업무에 종사하는 사람
- 수사업무에 종사하는 사람
- 그 밖에 소방대장이 소방활동을 위하여 출입을 허가한 사람

| 정답 | ②

18 다음 중 위험물과 지정수량의 연결이 잘못된 것은?

① 휘발유 - 200L
② 황 - 100kg
③ 알코올류 - 400L
④ 중유 - 1,000L

해설
중유의 지정수량은 2,000L이다.

| 정답 | ④

19 다음 중 종합점검 실시 대상으로 알맞은 것은?

① 스프링클러설비가 설치된 특정소방대상물
② 1급 소방안전관리대상물
③ 2급 소방안전관리대상물
④ 3급 소방안전관리대상물

해설

소방시설 등의 자체점검 중 종합점검

정의	소방시설 등의 작동점검을 포함하여 소방시설 등의 설비별 주요 구성 부품의 구조기준이 화재안전기준과 「건축법」 등 관련 법령에서 정하는 기준에 적합한지 여부를 소방시설 등 종합점검표에 따라 점검하는 것	
	최초점검	해당 특정소방대상물의 소방시설 등이 신설된 건축물을 사용할 수 있게 된 날부터 60일 이내에 하는 점검
	그 밖의 종합점검	최초점검을 제외한 종합점검
점검 대상	• 소방시설 등이 신설된 특정소방대상물 • 스프링클러설비가 설치된 특정소방대상물 • 물분무등소화설비(호스릴 방식의 물분무등소화설비만을 설치한 경우 제외)가 설치된 연면적 5,000㎡ 이상인 특정소방대상물(위험물제조소등 제외) • 단란주점영업, 유흥주점영업, 영화상영관, 비디오물감상실업, 복합영상물제공업, 노래연습장업, 산후조리업, 고시원업, 안마시술소의 다중이용업의 영업장이 설치된 특정소방대상물로서 연면적이 2,000㎡ 이상인 것 • 제연설비가 설치된 터널 • 공공기관 중 연면적(터널·지하구의 경우 그 길이와 평균폭을 곱하여 계산된 값을 말함)이 1,000㎡ 이상인 것으로서 옥내소화전설비 또는 자동화재탐지설비가 설치된 것	
점검 기술인력	• 관리업에 등록된 소방시설관리사 • 소방안전관리자로 선임된 소방시설관리사 및 소방기술사	
점검 횟수 및 점검 시기	연 1회 이상(특급 소방안전관리대상물은 반기에 1회 이상) 실시하며, 점검시기는 다음과 같음 • 소방시설 등이 신설된 특정소방대상물은 건축물을 사용할 수 있게 된 날부터 60일 이내 실시 • 위의 내용을 제외한 특정소방대상물은 건축물의 사용승인일이 속하는 달에 실시(단, 학교의 경우에는 해당 건축물의 사용승인일이 1월에서 6월 사이에 있는 경우에는 6월 30일까지 실시할 수 있음) • 건축물 사용승인일 이후 다중이용업소에 따라 종합점검 대상에 해당하게 된 때에는 그 다음해부터 실시 • 하나의 대지경계선 안에 2개 이상의 자체점검 대상 건축물 등이 있는 경우에는 그 건축물 중 사용승인일이 가장 빠른 연도의 건축물의 사용승인일을 기준으로 점검할 수 있음	

| 정답 | ①

20 다음 중 화재 또는 구조·구급이 필요한 상황을 거짓으로 알린 사람에게 부과되는 벌칙으로 옳은 것은?

① 300만원 이하의 벌금
② 300만원 이하의 과태료
③ 500만원 이하의 과태료
④ 5년 이하의 징역 또는 5천만원 이하의 벌금

해설
화재 또는 구조·구급이 필요한 상황을 거짓으로 알린 사람 : 500만원 이하의 과태료

| 정답 | ③

21 다음 11층 이상인 건물의 경보상황을 보고 유추할 수 있는 사항으로 옳은 것은?

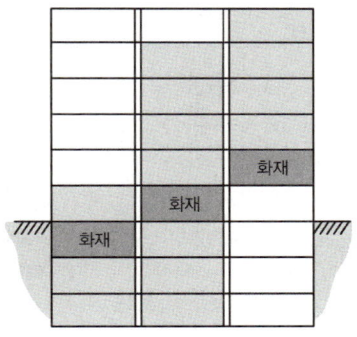

① 구분경보
② 직하발화 우선경보
③ 일제경보
④ 발화층 및 직상 4개 층 경보

해설
층수가 11층(공동주택의 경우 16층) 이상의 특정소방대상물은 다음의 기준의 따라 경보를 발할 수 있어야 한다.

2층 이상의 층에서 발화	발화층 및 그 직상 4개 층에 경보
1층에서 발화	발화층·그 직상 4개 층 및 지하층에 경보를 발할 것
지하층에서 발화	발화층·그 직상층 및 기타의 지하층에 경보를 발할 것

| 정답 | ④

22 다음 중 위험물제조소등에 해당하지 않는 것은?

① 제조소 ② 판매소
③ 저장소 ④ 취급소

해설
위험물제조소등의 구분

위험물제조소등		
제조소	저장소	취급소
—	옥외 · 내저장소 옥외 · 내탱크저장소 이동탱크저장소 간이탱크저장소 지하탱크저장소 암반탱크저장소	일반취급소 주유취급소 판매취급소 이송취급소

| 정답 | ②

23 다음 그림의 설비에 대한 설명으로 옳지 않은 것은?

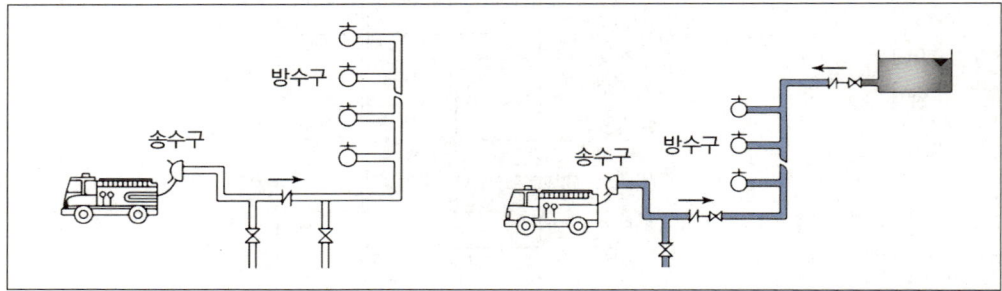

① 지상 11층 미만의 특정소방대상물에는 건식으로 설치한다.
② 구성요소에는 송수구, 배관, 살수헤드 등이 있다.
③ 7층 이상의 모든 층에 설치한다.
④ 5층 이상으로 연면적 6,000m² 이상 모든 층에 설치한다.

해설
- 그림은 연결송수관설비로, 연결송수관설비는 넓은 면적의 고층 또는 지하 건축물에 설치한다.
- 연결송수관설비의 구성요소는 송수구, 방수구, 방수기구함, 배관이다.

| 정답 | ②

24 가스계 소화설비의 기동용기 솔레노이드밸브 격발시험(제어반 수동기동 시험)을 실시하려고 한다. [보기]의 점검 순서 중 ( ) 안에 들어갈 용어로 옳은 것은?

─────[보기]─────
- 기동용기에서 선택밸브에 연결된 (㉠) 분리
- 기동용기에서 저장용기에 연결된 (㉡) 분리
- 제어반의 솔레노이드밸브 연동 (㉢) 전환
- 솔레노이드밸브 (㉣) 체결 후 분리, (㉣) 제거 후 격발 준비
- 기동스위치 누름

① ㉠ : 조작동관, ㉡ : 개방용 동관, ㉢ : 기동, ㉣ : 안전클립
② ㉠ : 조작동관, ㉡ : 개방용 동관, ㉢ : 정지, ㉣ : 안전핀
③ ㉠ : 연결동관, ㉡ : 조작 동관, ㉢ : 기동, ㉣ : 안전클립
④ ㉠ : 연결동관, ㉡ : 개방용 동관, ㉢ : 정지, ㉣ : 안전핀

해설
가스계 소화설비의 점검 전 안전조치
- 기동용기에서 선택밸브에 연결된 조작동관(㉠) 분리
- 기동용기에서 저장용기에 연결된 개방용 동관(㉡) 분리
- 제어반의 솔레노이드밸브 연동 '정지(㉢)' 상태에 두기

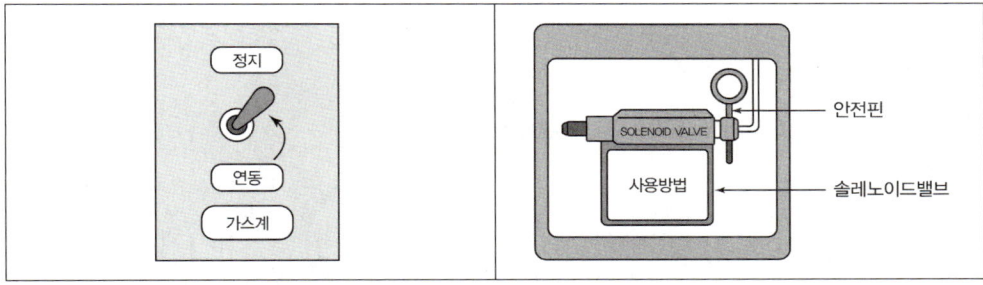

- 솔레노이드밸브에 연결된 안전핀(㉣) 체결 → 솔레노이드 분리 → 안전핀(㉣) 제거

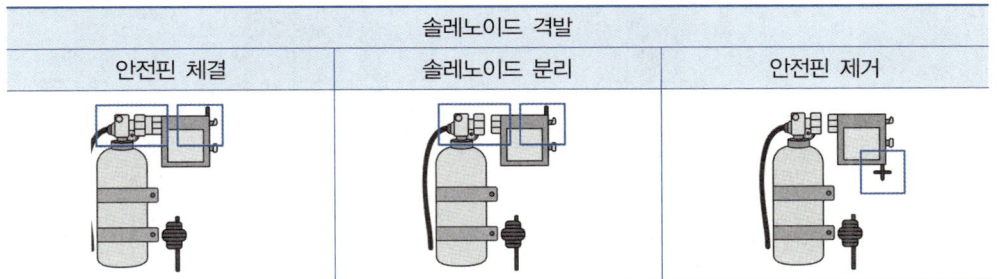

|정답| ②

25 다음 그림과 같이 옥내소화전설비의 방수압력 측정방법에 대한 설명으로 옳지 않은 것은?

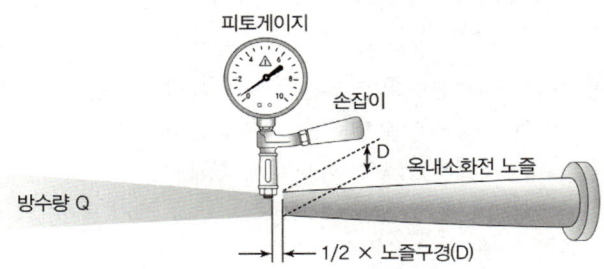

① 방사형 관창을 호스에서 분리하고 직사형 관창을 체결한다.
② 방수구에 호스를 결속한 상태로 소화수를 방출한다.
③ 노즐 선단에 피토게이지를 노즐구경의 D/2의 지점에 근접한다.
④ 방수압력 측정계는 봉상주수 상태에서 수평으로 측정한다.

해설
방수압력 측정계(피토게이지)는 봉상주수 상태에서 직각으로 측정한다.

| 정답 | ④

26 자동심장충격기 패드의 부착 위치로 옳은 것은?

① 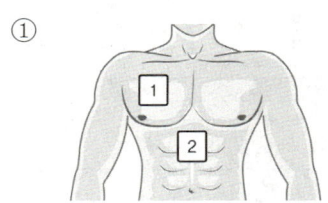 ②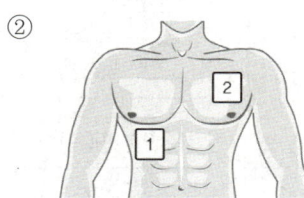

③ 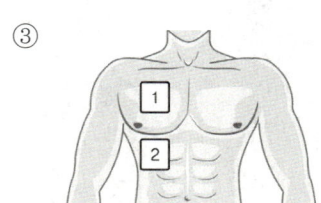 ④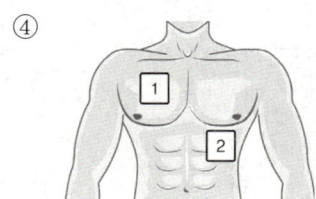

해설
자동심장충격기 패드의 부착 위치
• 패드 1 : 오른쪽 빗장뼈 아래
• 패드 2 : 왼쪽 젖꼭지 아래의 중간겨드랑선

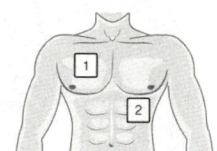

| 정답 | ④

27 다음 그림 1은 건물 내 화재 시 감지기 동작확인등이 점등된 모습을 나타낸 것이다. 그림 2의 감시제어반에서 점등되어야 할 표시등을 모두 고른 것은? (단, 제시된 조건을 제외한 나머지 조건은 무시한다)

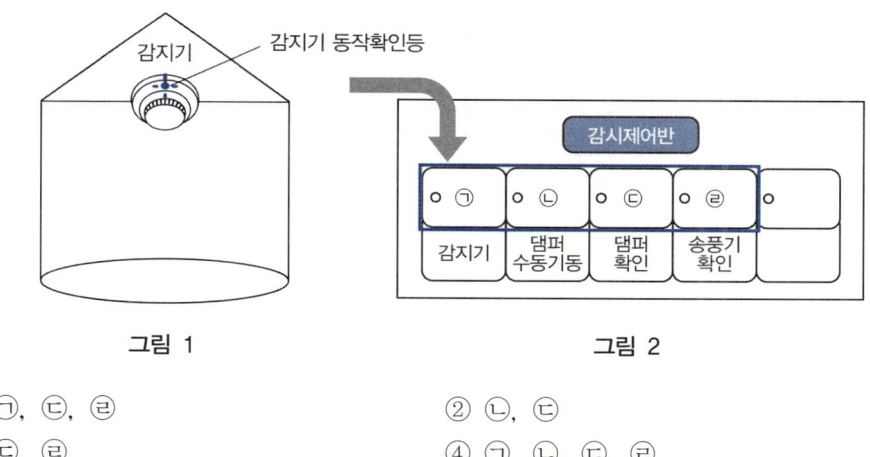

그림 1   그림 2

① ㉠, ㉢, ㉣
② ㉡, ㉢
③ ㉢, ㉣
④ ㉠, ㉡, ㉢, ㉣

해설
- 감지기가 작동되어 동작확인등이 점등되면 감시제어반에서는 감지기램프(㉠), 댐퍼 확인램프(㉢), 송풍기 확인램프(㉣)가 점등된다.
- 댐퍼 수동기동확인램프(㉡)는 수동조작함에서 기동스위치를 눌렀을 때 점등된다.

|정답| ①

28 심폐소생술을 시행할 때 성인의 경우 가슴압박은 분당 몇 회의 속도로 실시해야 하는가?

① 분당 60~80회의 속도
② 분당 80~100회의 속도
③ 분당 100~120회의 속도
④ 분당 120~140회의 속도

해설
일반인 심폐소생술 시행방법
반응의 확인 → 119 신고 → 호흡 확인 → 가슴압박 30회 시행(성인의 경우 분당 100~120회) → 인공호흡 2회 시행 → 가슴압박과 인공호흡의 반복 → 회복자세

|정답| ③

29 다음 펌프의 성능곡선에 대해 ( ) 안에 들어갈 말로 옳은 것은?

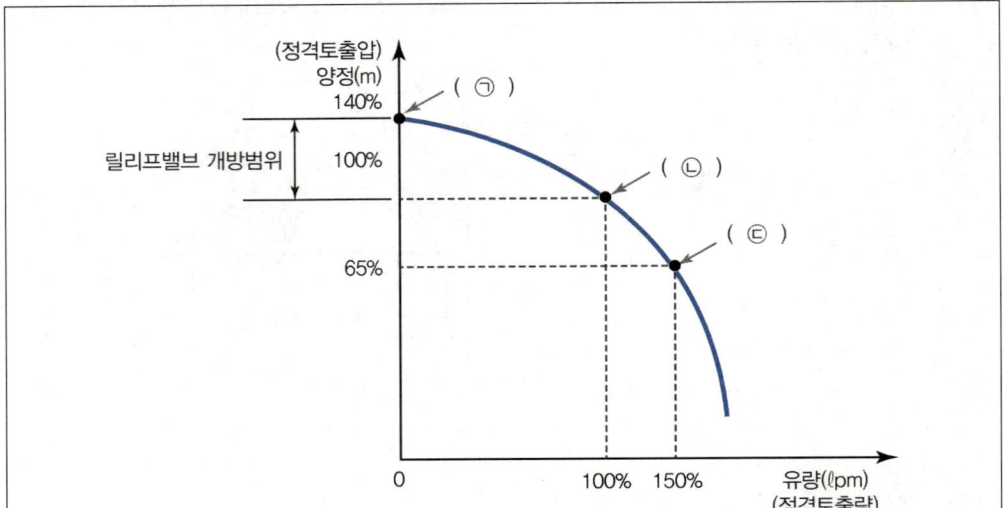

① ㉠ 체절운전점, ㉡ 최대운전점, ㉢ 정격부하운전점
② ㉠ 체절운전점, ㉡ 정격부하운전점, ㉢ 최대운전점
③ ㉠ 최대운전점, ㉡ 정격부하운전점, ㉢ 체절운전점
④ ㉠ 정격부하운전점, ㉡ 체절운전점, ㉢ 최대운전점

[해설]
펌프의 성능곡선

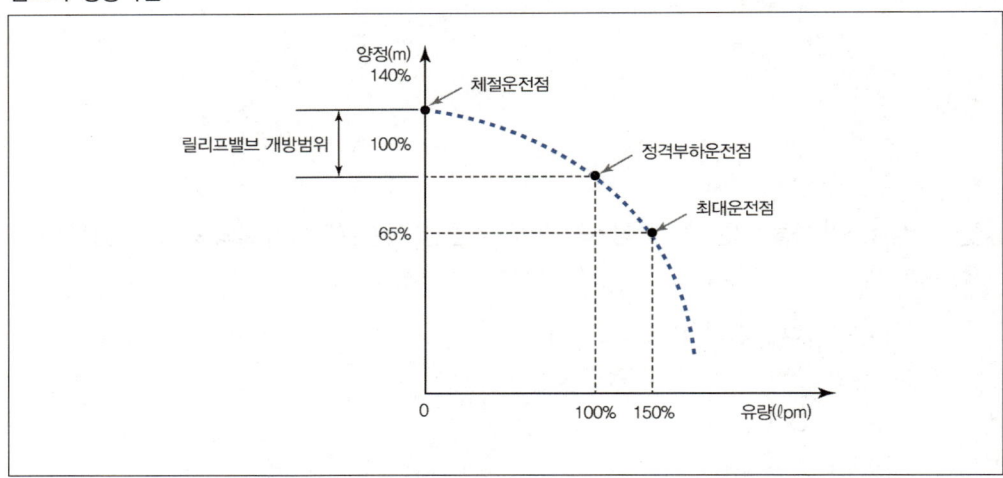

| 정답 | ②

30 다음은 평상시 습식 스프링클러설비의 MCC모습이다. 다음 중 소등되어야 할 표시등을 모두 고른 것은?

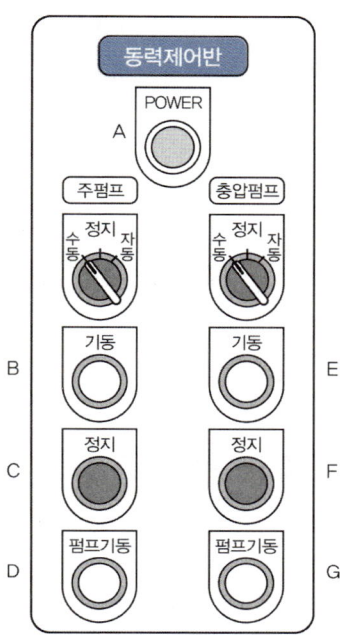

주펌프	충압펌프
B : 주펌프 기동표시등 C : 주펌프 정지표시등 D : 주펌프 펌프기동표시등	E : 충압펌프 기동표시등 F : 충압펌프 정지표시등 G : 충압펌프 펌프기동표시등

① B, D, E, G
② B, C, F, G
③ A, C, F, G
④ A, E, F, G

해설
주펌프와 충압펌프는 평상시 정지된 상태이므로 정지표시등이 점등되어 있다.

| 정답 | ①

31 다음은 감지기 시험장비를 활용한 경보설비 점검 그림이다. 그림의 내용 중 옳지 않은 것은?

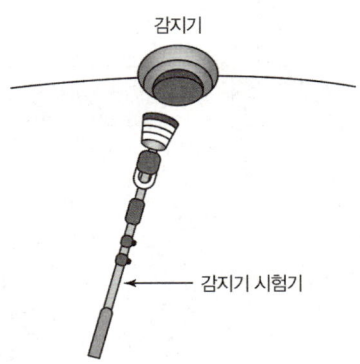

① 감지기 작동상태 확인이 가능하다.
② 감지기 작동 확인은 수신기에서 불가능하다.
③ 수신기에서 해당 경계구역 확인이 가능하다.
④ 감지기 동작 시 지구경종 확인이 가능하다.

해설
감지기 작동 확인은 수신기에서 반드시 확인이 가능해야 한다.

| 정답 | ②

32 다음 감지기에 대한 설명으로 옳지 않은 것은?

① 리크구멍은 사진 속 감지기의 구성요소 중 하나이다.
② 거실, 사무실 등에 설치한다.
③ 작동원리는 '화재 시 온도 상승 → 감열실 내 공기가 팽창 → 바이메탈을 압박 → 접점이 붙어 화재신호를 수신기에 보냄'이다.
④ 주위 온도가 일정 상승률 이상이 되는 경우에 작동한다.

해설
차동식 스포트형 감지기의 작동원리
화재 시 온도 상승 → 감열실 내 공기가 팽창 → 다이아프램을 압박 → 접점이 붙어 화재신호를 수신기에 보냄

| 정답 | ③

33 건물 내 화재발생 시 재실자가 안전하게 피난할 수 있도록 연기를 제어해야 한다. 제연설비의 원활한 제어를 위해 평상시 동력제어반의 유지관리 모습으로 옳은 것은?

①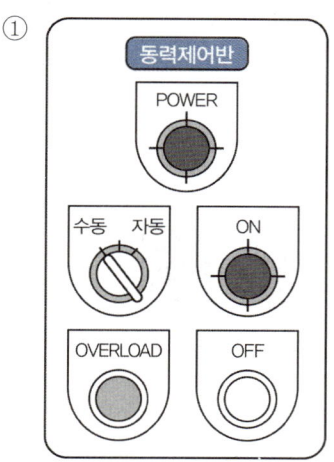
②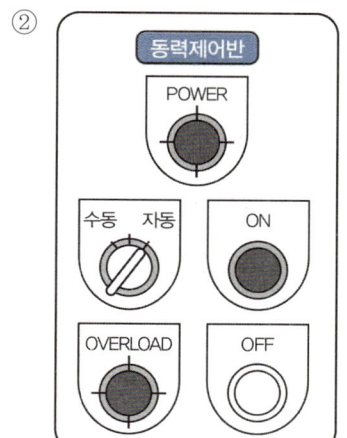
③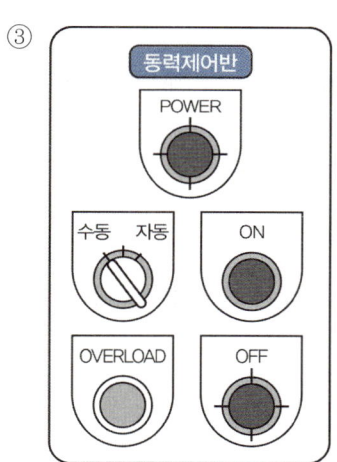
④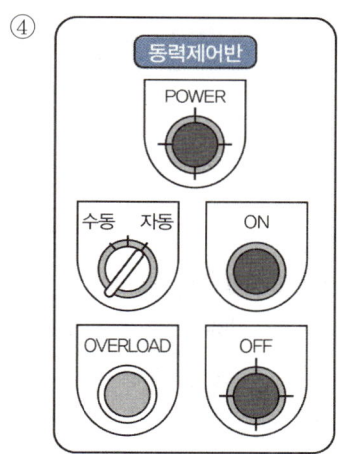

해설
평상시 동력제어반의 유지관리 모습 : POWER - 점등, 선택스위치 - 자동, OFF - 점등

| 정답 | ④

34 준비작동식 스프링클러설비의 수동조작함(SVP) 스위치를 누를 경우 다음 감시제어반의 표시등이 점등되어야 할 것으로 옳은 것은? (단, 주어지지 않은 조건은 무시한다)

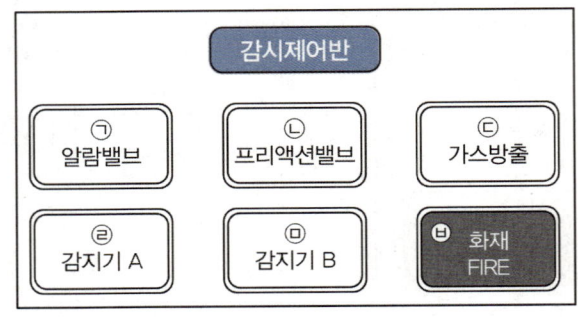

① ㉡, ㉥
② ㉤, ㉥
③ ㉠, ㉣
④ ㉡, ㉢

해설

준비작동식 스프링클러설비의 수동조작함 스위치를 누른 경우
- 펌프 작동
- 음향장치 작동
- 감시제어반 밸브개방표시등 점등
- 화재표시등 점등

| 정답 | ①

35 부속실 제연설비를 점검할 때, 계단실과 부속실의 방연풍속을 측정하게 된다. 다음 중 장소별 방연풍속 기준 값에 대한 설명으로 옳지 않은 것은?

① 부속실만 단독으로 제연할 때, 부속실이 면하는 옥내가 복도로서 그 구조가 방화구조인 경우 방연풍속은 0.5m/s 이상이어야 한다.
② 부속실만 단독으로 제연할 때, 부속실이 면하는 옥내가 거실인 경우 방연풍속은 0.7m/s 이상이어야 한다.
③ 계단실 및 그 부속실을 동시에 제연할 때, 방연풍속은 0.5m/s 이상이어야 한다.
④ 계단실만 단독으로 제연할 때, 방연풍속은 0.7m/s 이상이어야 한다.

해설

방연풍속 : 옥내로부터 제연구역 내로 연기의 유입을 유효하게 방지할 수 있는 풍속

제연구역		방연풍속
계단실 및 그 부속실을 동시에 제연하는 것 또는 계단실만 단독으로 제연하는 것		0.5m/s 이상
부속실만 단독으로 제연하는 것	부속실이 면하는 옥내가 거실인 경우	0.7m/s 이상
	부속실이 면하는 옥내가 복도로서 그 구조가 방화구조(내화시간이 30분 이상인 구조를 포함)인 것	0.5m/s 이상

| 정답 | ④

36. 장애유형별 피난보조 예시에 관한 내용 중 옳은 것을 모두 고른 것은?

㉠ 노약자 : 지병을 표시하고, 1인의 유도자를 지정하여 줄서서 피난
㉡ 시각장애인 : 피난유도 시 여기, 저기 등 애매한 표현보다는 좌측 1m, 왼쪽 2m와 같이 명확하고 확실하게 표현
㉢ 청각장애인 : 시각적인 전달을 위해 표정이나 제스처를 사용
㉣ 지체장애인 : 2인 이상이 1조가 되어 피난을 보조

① ㉠, ㉡, ㉢
② ㉠, ㉢, ㉣
③ ㉡, ㉢, ㉣
④ ㉠, ㉡, ㉢, ㉣

해설
장애유형별 피난보조 예시

노약자	• 노인은 지병이 있는 경우가 많으므로 구조대가 알기 쉽게 지병을 표시함 • 인솔자나 보호자 외 어린이의 경우 성장이 빠른 1인, 기타는 장애 정도가 적은 1인의 유도자를 지정하여 줄서서 피난하는 것이 바람직함
시각장애인	• 평상시와 같이 지팡이를 이용하여 피난토록 함 • 피난보조자는 팔과 어깨에 살며시 기대도록 하여 안내하며 계단, 장애물 등을 미리 알려줌 • 피난유도 시 애매한 표현보다는 명확하게 표현하고, 여러 명의 시각장애인이 동시 대피하는 경우 서로 손을 잡고 질서 있게 피난토록 함
청각장애인	시각적인 전달을 위해 표정이나 제스처를 사용하고 조명(손전등 및 전등)을 적극 활용하며 메모를 이용한 대화도 효과적임
지체장애인	• 불가피한 경우를 제외하고는 2인 이상이 1조가 되어 피난을 보조 • 장애 정도에 따라 보조기구를 적극 활용하여 계단 및 경사로에서의 균형에 주의를 요함

| 정답 | ④

37. 다음 중 출혈 시 증상이 아닌 것은?

① 호흡과 맥박이 느리고 약하고 불규칙하다.
② 체온이 떨어지고 호흡곤란도 나타난다.
③ 탈수현상이 나타나며 갈증이 심해진다.
④ 구토가 발생한다.

해설
호흡과 맥박이 빠르고 약하고 불규칙하며, 체온이 떨어지고 호흡곤란도 나타난다.

| 정답 | ①

38. 다음 〈조건〉을 보고 점검결과표를 작성한 것으로 옳은 것은? (단, 압력스위치의 단자는 고정되어 있으며, 옥상수조는 없다)

[조건]
- 조건 1 : 펌프양정 80m
- 조건 2 : 가장 높이 설치된 헤드로부터 펌프 중심점까지의 낙차를 압력으로 환산한 값 = 0.3MPa

점검항목	점검내용	점검결과	
		결과	불량내용
기동용 수압 개폐장치	• 작동압력치의 적정 여부 • 주펌프 : 기동 (㉠)MPa 정지 (㉡)MPa	(㉢)	(㉣)

① ㉠ 0.3, ㉡ 0.8, ㉢ ○, ㉣ 기동 압력 미달
② ㉠ 1.1, ㉡ 0.3, ㉢ ×, ㉣ 기동 압력 미달
③ ㉠ 0.45, ㉡ 0.8, ㉢ ○, ㉣ 없음
④ ㉠ 1.1, ㉡ 0.8, ㉢ ×, ㉣ 없음

해설

Range	펌프의 정지압력	Diff	정지압력(Range) − 기동점

- 정지점(Range) : 80m = 0.8MPa(주펌프의 정지점은 펌프의 양정이다)
- 기동점 = 0.3 + 0.15 = 0.45MPa

※ 주펌프의 기동점

옥내소화전	자연낙차압 + 0.2MPa	스프링클러설비	자연낙차압 + 0.15MPa

- Diff = 정지압력(Range) − 기동점 = 0.8 − 0.45 = 0.35MPa
- 스프링클러설비의 방수압력과 방수량

방수압력	0.1MPa 이상 1.2MPa 이하	방수량	80L/min 이상

→ 기동점이 0.45MPa, 정지점이 0.8MPa로 스프링클러설비의 방수압력 범위(0.1MPa ~ 1.2MPa) 안에 있으므로 점검결과는 이상 없고 불량내용도 없다.

| 정답 | ③

39 다음은 방염에 관한 내용이다. ( ) 안에 들어갈 말로 옳은 것은?

방염성능기준 이상의 실내장식물 등을 설치하여야 할 장소는 (㉠)이며, 방염대상물품은 (㉡)에 설치하는 스크린이다.

① ㉠ : 운동시설, ㉡ : 가상체험 체육시설업
② ㉠ : 노유자 시설, ㉡ : 야구연습장
③ ㉠ : 아파트, ㉡ : 농구연습장
④ ㉠ : 방송국, ㉡ : 탁구연습장

해설

- 방염성능기준 이상의 실내장식물 등을 설치해야 하는 특정소방대상물
  - 근린생활시설 중 의원, 치과의원, 한의원, 조산원, 산후조리원, 체력단련장, 공연장 및 종교집회장
  - 건축물의 옥내에 있는 시설 중 문화 및 집회시설, 종교시설, 운동시설(수영장 제외)
  - 의료시설, 교육연구시설 중 합숙소
  - 노유자 시설, 숙박이 가능한 수련시설, 숙박시설
  - 방송통신시설 중 방송국 및 촬영소
  - 다중이용업소
  - 위의 시설에 해당하지 않는 것으로서 11층 이상의 것(아파트등은 제외)
- 방염대상물품

제조 또는 가공공정에서 방염처리를 한 물품	건축물 내부의 천장이나 벽에 설치하는 물품
• 창문에 설치하는 커튼류(블라인드 포함) • 카펫 • 벽지류(두께 2mm 미만인 종이 벽지 제외) • 전시용 및 무대용 합판·목재·섬유판 • 암막·무대막(영화상영관·가상체험 체육시설업에 설치하는 스크린 포함) • 섬유류 또는 합성수지류로 제작된 소파·의자(단란주점영업·유흥주점영업·노래연습장업에 한정)	• 종이류(두께 2mm 이상), 합성수지류 또는 섬유류를 주원료로 한 물품 • 합판이나 목재 • 공간을 구획하기 위하여 설치하는 간이칸막이 • 흡음·방음을 위하여 설치하는 흡음재(흡음용 커튼 포함) 또는 방음재(방음용 커튼 포함)

| 정답 | ①

40 다음 그림은 소방펌프 주변의 계통도이다. 순환에 대한 설명으로 옳지 않은 것은?

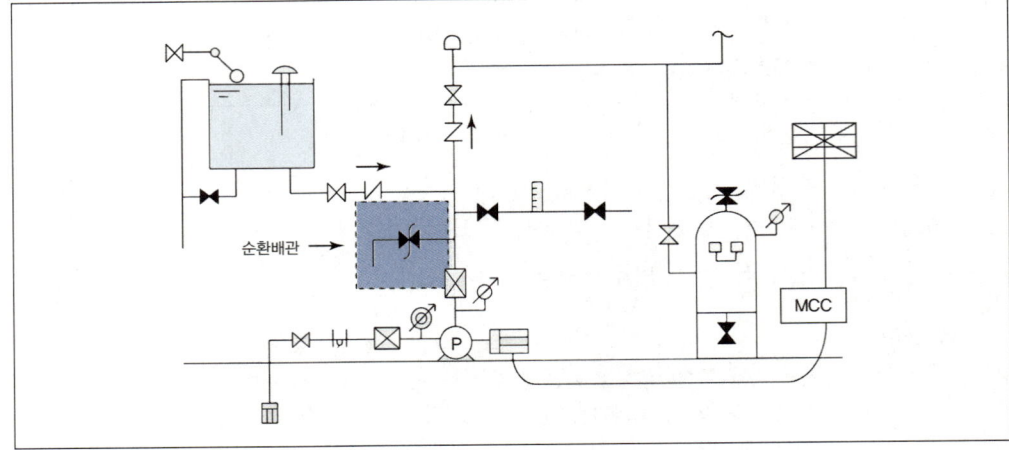

① 순환배관에 설치하는 밸브는 릴리프밸브이다.
② 순환배관은 펌프 흡입 측에서 분기하여 설치한다.
③ 순환배관의 구경은 20mm 이상으로 한다.
④ 순환배관은 체절운전 시 과압을 배출하기 위한 배관이다.

해설

순환배관	릴리프밸브
• 펌프의 체절운전 시 수온이 상승하여 펌프에 무리가 발생하므로 순환배관상의 릴리프밸브를 통해 수온상승 방지 • 펌프의 토출 측 체크밸브 이전에서 분기시켜 20mm 이상의 배관으로 설치	과압 방출

| 정답 | ②

41 연소의 3요소 중 산소공급원이 될 수 없는 것은?

① 제1류 위험물   ② 제2류 위험물
③ 제5류 위험물   ④ 제6류 위험물

해설
• 제2류 위험물은 가연성 고체로 가연물이다.
• 제1류 위험물은 산화성 고체, 제6류 위험물은 산화성 액체로 산소공급원의 역할을 한다.
• 제5류 위험물은 자기반응성 물질로 산소를 함유하고 있어 산소공급원의 역할을 한다.

| 정답 | ②

42 다음 중 방화구획의 설치대상 및 설치기준에 대한 설명으로 옳지 않은 것은?

① 각 층마다 구획한다. 다만, 지하 1층에서 지상으로 직접 연결하는 경사로 부위는 제외한다.
② 10층 이하의 층은 바닥면적 $1,000m^2$ 이내마다 구획한다.
③ 주요구조부가 내화구조 또는 불연재료로 된 건축물로서 연면적이 $900m^2$를 넘는 것은 내화구조로 된 바닥·벽 및 60+방화문·60분 방화문 또는 자동방화셔터로 구획한다.
④ 11층 이상의 층은 바닥면적 $200m^2$ 이내마다 구획한다.

[해설]
주요구조부가 내화구조 또는 불연재료로 된 건축물로서 연면적이 $1,000m^2$를 넘는 것은 내화구조로 된 바닥·벽 및 60+방화문·60분 방화문 또는 자동방화셔터로 구획한다.

| 정답 | ③

43 감지기 사이의 배선 방식에 대한 설명 중 ( ) 안에 들어갈 말로 옳은 것은?

(㉠)의 감지기 배선은 감지기 1극에 2개씩 총 4개의 단자를 이용하여 배선을 하며, 감지기 회로 말단에 있는 발신기 내에 종단저항을 설치하여 (㉡)시험이 용이하도록 한다.

① ㉠ : 송배선식, ㉡ : 도통
② ㉠ : 송배선식, ㉡ : 동작
③ ㉠ : 교차회로방식, ㉡ : 도통
④ ㉠ : 교차회로방식, ㉡ : 동작

[해설]
감지기 사이의 회로 배선은 송배선식으로 한다. 송배선식이란 도통시험을 원활히 하기 위한 배선 방식이다.

| 정답 | ①

44 다음 그림은 구조자의 기본소생술 흐름도이다. 빈칸 ㉠의 절차에 대한 설명으로 옳지 않은 것은?

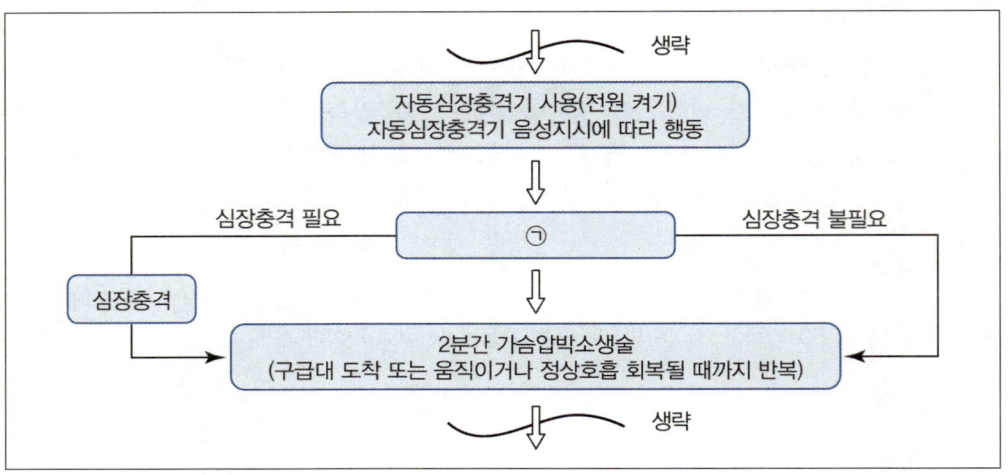

① 필요한 장비는 자동심장충격기이다.
② 장비는 2분마다 환자의 심전도를 자동으로 분석한다.
③ 장비는 심장리듬 분석 후 심장충격이 필요한 경우에만 심장충격 버튼이 깜박인다.
④ 반드시 여러 사람이 함께 사용하여야 한다.

> **해설**
> • ㉠에 들어갈 절차는 '자동심장충격기 심장리듬 분석'으로 필요한 장비는 자동심장충격기이다.
> • 심장충격기는 2분마다 심장리듬을 반복해서 분석한다.
> • 심장충격(제세동)이 필요한 경우에만 심장충격 버튼이 깜박이며, 깜박이는 버튼을 눌러 심장충격을 시행한다.
> • 심장충격 버튼을 누르기 전에 반드시 다른 사람이 환자에게서 떨어져 있는지 확인하여야 한다.
> • 심장충격기는 반드시 한 사람이 사용하여야 한다.

|정답| ④

45 다음 그림과 같이 가로 50m, 세로 40m인 업무시설에 설치해야 하는 소화기의 능력단위로 옳은 것은? (단, 주요구조부가 내화구조이고, 벽 및 반자의 실내에 면하는 부분은 불연재료이다)

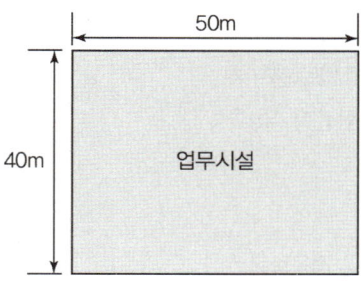

① 10단위
② 20단위
③ 30단위
④ 40단위

해설

- 특정소방대상물별 소화기구의 능력단위 기준

근린생활시설·판매시설·운수시설·숙박시설·노유자 시설·전시장·공동주택·업무시설·방송통신시설·공장·창고시설·항공기 및 자동차 관련 시설 및 관광휴게시설	해당 용도의 바닥면적 $100m^2$마다 능력단위 1단위 이상

※ 건축물의 주요구조부가 내화구조이고, 벽 및 반자의 실내에 면하는 부분이 불연재료·준불연재료 또는 난연재료로 된 특정소방대상물은 위 표의 기준면적의 2배로 함

- 업무시설은 바닥면적 $100m^2$마다 능력단위 1단위 이상이고, 내화구조·불연재료라 하였으므로 2배를 적용하면 다음과 같이 구할 수 있다.

$$\text{소화기의 능력단위} = \frac{50m \times 40m}{100m^2 \times 2배} = 10단위$$

|정답| ①

46 다음 분말소화기에 대한 설명으로 옳은 것은?

① 질식, 냉각효과가 있다.
② 주성분은 제1인산암모늄이다.
③ 주성분은 탄산수소나트륨이다.
④ 유류화재에는 적응성이 없다.

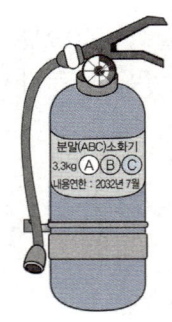

해설
분말소화기의 소화약제 및 적응화재

소화약제	명칭	주성분	적응화재	소화효과
제1종	탄산수소나트륨	$NaHCO_3$	BC	질식효과·억제(부촉매)효과
제2종	탄산수소칼륨	$KHCO_3$	BC	
제3종	인산암모늄	$NH_4H_2PO_4$	ABC	
제4종	탄산수소칼륨 + 요소	$KHCO_3 + (NH_2)_2CO$	BC	

| 정답 | ②

---

47 다음 중 화재 발생 시 피난행동으로 옳지 않은 것은?

① 이동 시 한 손으로 벽을 짚고 유도등 및 유도표지를 따라 대피한다.
② 연기 발생 시 최대한 낮은 자세로 이동한다.
③ 연기 발생 시 코와 입을 젖은 수건 등으로 막아 연기를 마시지 않도록 한다.
④ 빠른 탈출을 위해 엘리베이터를 이용하여 옥외로 대피한다.

해설
화재 시 일반적 피난행동
- 엘리베이터는 절대 이용하지 않도록 하며 계단을 이용해 옥외로 대피한다.
- 아래층으로 대피할 수 없을 때에는 옥상으로 대피한다.
- 아파트의 경우 세대 밖으로 나가기 어려울 경우 세대 사이에 설치된 경량칸막이를 통해 옆 세대로 대피하거나 세대 내 대피공간으로 대피한다.
- 유도등, 유도표지를 따라 대피한다.
- 연기 발생 시 최대한 낮은 자세로 이동하고 코와 입을 젖은 수건 등으로 막아 연기를 마시지 않도록 한다.
- 옷에 불이 붙었을 때에는 눈과 입을 가리고 바닥에서 뒹군다.
- 출입문을 열기 전 문 손잡이가 뜨거우면 문을 열지 말고 다른 길을 찾는다.
- 탈출한 경우에는 절대로 다시 화재 건물로 들어가지 않는다.

| 정답 | ④

48 옥내소화전 감시제어반의 스위치 상태가 다음과 같을 때 동력제어반 ㉠~㉣에서 점등되는 표시등을 모두 고른 것은? (단, 설비는 정상상태이며 제시된 조건을 제외하고 나머지 조건은 무시한다)

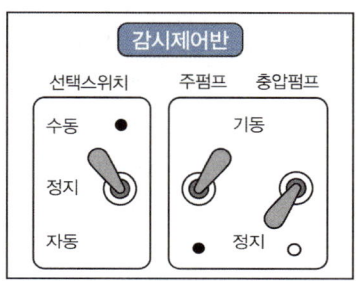
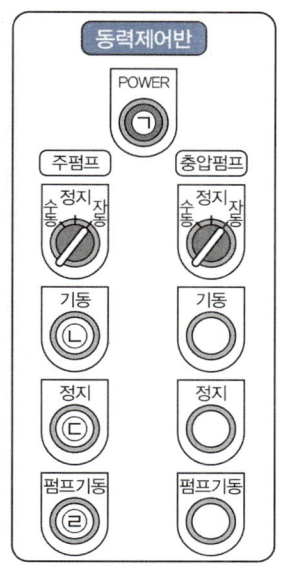

① ㉠, ㉡, ㉢
② ㉠, ㉡, ㉣
③ ㉠, ㉣
④ ㉡, ㉣

해설

- 선택스위치 : 수동, 주펌프 : 기동
  - POWER전원 점등
  - 주펌프 기동램프 점등
  - 주펌프 펌프기동램프 점등

- 선택스위치 : 수동, 충압펌프 : 기동
  - POWER전원 점등
  - 충압펌프 기동램프 점등
  - 충압펌프 펌프기동램프 점등

|정답| ②

---

49 소요수량이 60m³인 경우 채수구의 최소 설치개수로 옳은 것은?

① 2개 ② 4개
③ 6개 ④ 8개

해설

채수구 설치 수

소요수량	20m³ 이상 40m³ 미만	40m³ 이상 100m³ 미만	100m³ 이상
채수구의 수	1개	2개	3개

|정답| ①

50 다음 그림은 수신기의 일부분이다. 그림과 관련된 설명 중 옳은 것은?

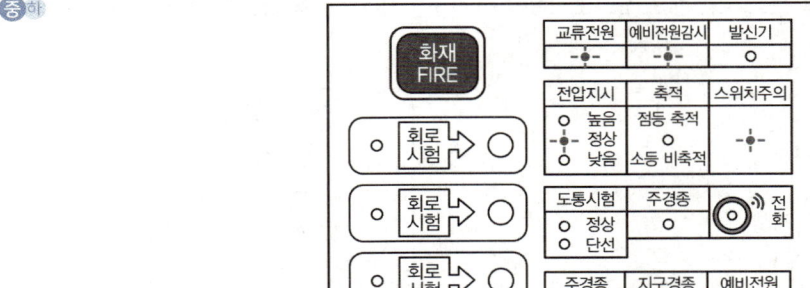

① 수신기 스위치 상태는 정상이다.
② 예비전원을 확인하여 교체한다.
③ 수신기 교류전원에 문제가 발생했다.
④ 예비전원이 정상상태임을 표시한다.

해설
- 예비전원감시램프가 점등되어 있으므로 예비전원은 비정상상태이다. 따라서 예비전원을 확인하여 교체한다.
- 스위치주의등이 점멸하고 있는 이유는 지구경종스위치가 눌렸기 때문이고, 점멸하고 있으므로 상태는 비정상이다.
- 교류전원램프가 점등되어 있으나 전압지시는 정상이므로 수신기 교류전원에는 문제가 없다.

| 정답 | ②

Chapter 06 2020년 기출복원문제

01 무창층에 대한 설명으로 옳지 않은 것은?

① 내부 또는 외부에서 쉽게 부수거나 열 수 있을 것
② 도로 또는 차량이 진입할 수 있는 빈터를 향할 것
③ 해당 층의 바닥면으로부터 개구부 밑부분까지의 높이가 1.0m 이내일 것
④ 크기는 지름 50cm 이상의 원이 통과할 수 있을 것

[해설]
해당 층의 바닥면으로부터 개구부 밑부분까지의 높이가 1.2m 이내일 것

| 정답 | ③

02 연면적이 45,000m²인 어느 특정소방대상물이 있다. 소방안전관리보조자의 최소 선임기준으로 옳은 것은?

① 1명
② 2명
③ 3명
④ 4명

[해설]
소방안전관리보조자 선임대상물

선임대상물 및 선임인원	• 아파트 중 300세대 이상인 아파트 → 1명(초과되는 300세대마다 1명 추가 선임) • 연면적이 15,000m² 이상인 특정소방대상물(아파트 및 연립주택은 제외) → 1명(초과되는 연면적 15,000m²마다 1명 추가 선임) • 위의 특정소방대상물을 제외한 특정소방대상물 중 다음의 어느 하나에 해당하는 특정소방대상물 → 1명 – 공동주택 중 특정소방대상물 – 의료시설 – 노유자 시설 – 수련시설 – 숙박시설(숙박시설로 사용되는 바닥면적의 합계가 1,500m² 미만이고 관계인이 24시간 상시 근무하고 있는 숙박시설은 제외)

∴ $\dfrac{45,000m^2}{15,000m^2}$ = 3명

| 정답 | ③

03 다음 중 관계인에 해당하지 않는 사람은?

① 소유자 ② 소방안전관리자
③ 관리자 ④ 점유자

해설
관계인 : 소방대상물의 소유자, 관리자 또는 점유자

| 정답 | ②

04 다음은 소방안전관리자 선임신고를 한 내용이다. 이에 대한 설명으로 옳은 것은? (단, 강습교육 수료일은 2020년 4월 5일이다)

- 소방안전관리자 선임일자 : 2020년 5월 10일
- 기타 : 실무교육 미수료 상태

① 40만원의 과태료를 부담하는 경우 업무가 정지되지 않는다.
② 강습을 수료한 날을 기준으로 하여 2021년 4월 5일 이전에 실무교육을 수료해야 한다.
③ 2020년 11월 10일 이전에 실무교육을 받아야 한다.
④ 실무교육을 받지 않으면 1차 자격정지가 된다.

해설
실무교육주기는 선임된 날부터 6개월 이내, 그 이후 2년마다 1회이다. 선임한 날부터라는 뜻은 선임한 날 다음 날부터 계산하는 것이므로, 선임한 날부터 6개월 이내인 2020년 11월 10일까지 실무교육을 받아야 한다.

| 정답 | ③

05 다음 중 소방시설 등의 점검결과를 보고하지 아니하거나 거짓으로 보고한 관계인의 과태료 부과기준으로 옳은 것은?

① 점검결과를 축소·삭제하는 등 거짓으로 보고한 경우 : 300만원
② 지연 보고 기간이 1개월 이상이거나 보고하지 않은 경우 : 100만원
③ 지연 보고 기간이 10일 이상 1개월 미만인 경우 : 50만원
④ 지연 보고 기간이 10일 미만인 경우 : 30만원

해설
- 점검 결과를 축소·삭제하는 등 거짓으로 보고한 경우 : 300만원
- 지연 보고 기간이 1개월 이상이거나 보고하지 않은 경우 : 200만원
- 지연 보고 기간이 10일 이상 1개월 미만인 경우 : 100만원
- 지연 보고 기간이 10일 미만인 경우 : 50만원

| 정답 | ①

06 다음 중 주방에 설치하는 감지기로 옳은 것은?

① 광전식 스포트형 감지기
② 정온식 스포트형 감지기
③ 이온화식 스포트형 감지기
④ 차동식 스포트형 감지기

해설
정온식 스포트형 감지기는 주위 온도가 일정 온도 이상이 되었을 때 작동하는 것으로, 주방, 보일러실 등에 설치한다.

꼼꼼 문제분석
감지기의 종류

열감지기	차동식	• 주위 온도가 일정 상승률 이상이 되었을 때 작동 • 거실, 사무실 등에 설치
	정온식	• 주위 온도가 일정 온도 이상이 되었을 때 작동 • 주방, 보일러실 등에 설치
연기감지기	광전식 (스포트형)	• 연기 속 미립자가 산란반사를 일으킬 때 작동 • 계단실, 복도 등에 설치

| 정답 | ②

07 다음 중 화재안전조사를 실시하는 경우에 해당하지 않는 것은?

① 화재예방강화지구 등 법령에서 화재안전조사를 하도록 규정되어 있는 경우
② 화재가 자주 발생하였거나 발생할 우려가 뚜렷한 곳에 대한 조사가 필요한 경우
③ 화재예방안전진단이 불성실하거나 불완전하다고 인정되는 경우
④ 소방대상물의 관계인이 요청하는 경우

해설
화재안전조사를 실시할 수 있는 경우
• 소방시설 등의 자체점검이 불성실하거나 불완전하다고 인정되는 경우
• 화재예방강화지구 등 법령에서 화재안전조사를 하도록 규정되어 있는 경우
• 화재예방안전진단이 불성실하거나 불완전하다고 인정되는 경우
• 국가적 행사 등 주요 행사가 개최되는 장소 및 그 주변의 관계 지역에 대하여 소방안전관리 실태를 조사할 필요가 있는 경우
• 화재가 자주 발생하였거나 발생할 우려가 뚜렷한 곳에 대한 조사가 필요한 경우
• 재난예측정보, 기상예보 등을 분석한 결과 소방대상물에 화재 발생 위험이 크다고 판단되는 경우
• 위에서 규정한 경우 외에 화재, 그 밖의 긴급한 상황이 발생할 경우 인명 또는 재산 피해의 우려가 현저하다고 판단되는 경우

| 정답 | ④

08 방염성능기준 이상의 실내장식물 등을 설치해야 하는 장소로 옳지 않은 것은?

① 다중이용업소의 영업소
② 층수가 11층 이상인 아파트
③ 의료시설
④ 노유자 시설

> **해설**
> 방염성능기준 이상의 실내장식물 등을 설치해야 하는 특정소방대상물
> - 근린생활시설 중 의원, 치과의원, 한의원, 조산원, 산후조리원, 체력단련장, 공연장 및 종교집회장
> - 건축물의 옥내에 있는 시설 중 문화 및 집회시설, 종교시설, 운동시설(수영장 제외)
> - 의료시설, 교육연구시설 중 합숙소
> - 노유자 시설, 숙박이 가능한 수련시설, 숙박시설
> - 방송통신시설 중 방송국 및 촬영소
> - 다중이용업소
> - 위의 시설에 해당하지 않는 것으로서 11층 이상의 것(아파트등은 제외)

| 정답 | ②

09 다음 중 시·도지사가 지정하는 화재예방강화지구에 해당하지 않는 것은?

① 콘크리트 건물이 밀집한 지역
② 목조건물이 밀집한 지역
③ 공장·창고 등이 밀집한 지역
④ 시장지역

> **해설**
> 화재예방강화지구의 지정
>
> | 지정권자 | 시·도지사 |
> |---|---|
> | 지정지역 | • 시장지역
• 공장·창고, 목조건물, 노후·불량건축물이 밀집한 지역
• 위험물의 저장 및 처리시설이 밀집한 지역
• 석유화학제품을 생산하는 공장이 있는 지역
• 「산업입지 및 개발에 관한 법률」에 따른 산업단지
• 소방시설·소방용수시설 또는 소방출동로가 없는 지역
• 「물류시설의 개발 및 운영에 관한 법률」에 따른 물류단지
• 소방청장, 소방본부장 또는 소방서장이 화재예방강화지구로 지정할 필요가 있다고 인정하는 지역 |

| 정답 | ①

10. 다음 중 자위소방활동에 대한 구분과 그 업무특성에 대한 설명으로 옳지 않은 것은?

① 피난유도 : 재실자, 방문자의 피난유도 및 피난약자에 대한 피난보조 활동
② 응급구조 : 응급상황 발생 시 응급조치 및 응급의료소 설치・지원
③ 비상연락 : 화재 시 상황전파, 화재신고(119) 및 통보연락 업무
④ 초기소화 : 초기소화설비를 이용한 조기 화재진압 및 비상반출

해설
자위소방활동과 업무특성

비상연락	화재 시 상황전파, 화재신고(119) 및 통보연락 업무
초기소화	초기소화설비를 이용한 조기 화재집압
피난유도	재실자, 방문자의 피난유도 및 피난약자에 대한 피난보조 활동
응급구조	응급상황 발생 시 응급조치 및 응급의료소 설치・지원
방호안전	화재확산방지, 위험물시설에 대한 제어 및 비상반출

| 정답 | ④

11. 다음 중 피난안전구역에 대한 설명으로 옳지 않은 것은?

① 피난안전구역의 기능과 성능에 지장을 초래하는 폐쇄・차단 등의 행위를 하여서는 안 된다.
② 초고층 건축물에는 15개 층마다 1개소 이상 설치한다.
③ 피난안전구역의 설치・운영 기준 및 규모는 대통령령으로 정한다.
④ 30층 이상 49층 이하의 지하연계 복합건축물에는 전체 층수의 1/2에 해당하는 층으로부터 상하 5개 층 이내에 1개소 이상 설치한다.

해설
피난안전구역 설치
초고층 건축물 : 피난층 또는 지상으로 통하는 직통계단과 직접 연결되는 피난안전구역을 지상층으로부터 최대 30개 층마다 1개소 이상 설치할 것

| 정답 | ②

12. 다음 중 전기화재의 주요 원인으로 옳지 않은 것은?

① 접촉부의 과열에 의한 발화
② 합선에 의한 발화
③ 과전류에 의한 발화
④ 누전차단기의 고장

해설
누전차단기가 고장나면 화재 시 차단이 지연되어 피해 확대 요인이 될 수는 있지만, 전기 자체에서 불이 발생하는 원인으로 보기는 어렵다.

| 정답 | ④

13 다음 건축에 관한 용어 설명 중 ( ) 안에 들어갈 말로 옳은 것은?

- (㉠) : 기존 건축물의 전부 또는 일부를 해체하고 그 대지에 종전과 같은 규모의 범위에서 건축물을 다시 축조하는 것
- (㉡) : 건축물이 천재지변이나 그 밖의 재해에 의하여 멸실된 경우에 그 대지 안에 요건을 갖추어 다시 축조하는 것

① ㉠ : 재축, ㉡ : 증축
② ㉠ : 증축, ㉡ : 개축
③ ㉠ : 이전, ㉡ : 재축
④ ㉠ : 개축, ㉡ : 재축

해설
- 개축 : 기존 건축물의 전부 또는 일부를 해체하고 그 대지에 종전과 같은 규모의 범위에서 건축물을 다시 축조하는 것
- 재축 : 건축물이 천재지변이나 그 밖의 재해로 멸실된 경우에 그 대지 안에 요건을 갖추어 다시 축조하는 것

| 정답 | ④

14 다음 소방안전관리대상물의 등급 분류로 옳은 것은?

- 용도 : 공동주택(아파트)
- 층수 : 지하 3층, 지상 49층, 5개동
- 연면적 : 150,000m²
- 세대 수 : 1,000세대
- 소방시설 설치현황 : 자동화재탐지설비, 옥내소화전설비, 스프링클러설비
- ※ 상기 조건을 제외하고 나머지 조건은 무시한다.

① 특급
② 1급
③ 2급
④ 3급

해설
1급 소방안전관리대상물

선임대상물	• 30층 이상(지하층 제외)이거나 지상으로부터 높이가 120m 이상인 아파트 • 연면적 15,000m² 이상인 특정소방대상물(아파트 및 연립주택은 제외) • 지상층의 층수가 11층 이상인 특정소방대상물(아파트는 제외) • 가연성 가스를 1,000톤 이상 저장·취급하는 시설
선임자격	• 소방설비기사 또는 소방설비산업기사의 자격이 있는 사람 • 소방공무원으로 7년 이상 근무한 경력이 있는 사람 • 소방청장이 실시하는 1급 소방안전관리대상물의 소방안전관리에 관한 시험에 합격한 사람
선임인원	1명 이상

| 정답 | ②

15 특정소방대상물별로 적용되는 소화기구의 능력단위 기준에 대한 설명으로 옳은 것은?

① 장례식장에는 해당 용도의 바닥면적 75m²마다 능력단위 1 이상의 소화기구를 설치한다.
② 건축물의 주요구조부가 방화구조이고, 벽 및 반자의 실내에 면하는 부분이 불연재료·준불연재료 또는 난연재료로 된 특정소방대상물에 있어서는 기본적으로 적용되는 바닥면적의 2배를 해당 특정소방대상물의 기준면적으로 한다.
③ 근린생활시설에는 해당 용도의 바닥면적 100m²마다 능력단위 1 이상의 소화기구를 설치한다.
④ 위락시설에는 해당 용도의 바닥면적 50m²마다 능력단위 1 이상의 소화기구를 설치한다.

해설
특정소방대상물별 소화기구의 능력단위 기준

특정소방대상물	소화기구의 능력단위
위락시설	해당 용도의 바닥면적 30m²마다 능력단위 1단위 이상
공연장·집회장·관람장·문화재·장례식장 및 의료시설	해당 용도의 바닥면적 50m²마다 능력단위 1단위 이상
근린생활시설·판매시설·운수시설·숙박시설·노유자 시설·전시장·공동주택·업무시설·방송통신시설·공장·창고시설·항공기 및 자동차 관련 시설 및 관광휴게시설	해당 용도의 바닥면적 100m²마다 능력단위 1단위 이상
그 밖의 것	해당 용도의 바닥면적 200m²마다 능력단위 1단위 이상

※ 건축물의 주요구조부가 내화구조이고, 벽 및 반자의 실내에 면하는 부분이 불연재료·준불연재료 또는 난연재료로 된 특정소방대상물은 위 표의 기준면적의 2배로 함

| 정답 | ③

16 다음의 건물에 해당하는 작동점검 시기와 종합점검 시기로 옳은 것은?

- 설치된 소화시설 : 옥내소화전설비, 열감지기, 연기감지기, 스프링클러설비, 소화기
- 완공일 : 2020년 4월 16일
- 사용승인일 : 2020년 6월 20일

① 작동점검 : 4월, 종합점검 : 6월
② 작동점검 : 12월, 종합점검 : 6월
③ 작동점검 : 6월, 종합점검 : 9월
④ 작동점검 : 7월, 종합점검 : 9월

해설
소방시설 등의 자체점검

종합점검	작동점검
사용승인 달에 실시	종합점검 받은 달부터 6개월이 되는 달에 실시

| 정답 | ②

17 다음 중 종합방재실의 설치위치에 대한 설명으로 옳지 않은 것은?

① 화재 및 침수 등으로 인하여 피해를 입을 우려가 적은 곳
② 초고층 건축물에 특별피난계단이 설치되어 있고, 특별피난계단 출입구로부터 5m 이내에 종합방재실을 설치하려는 경우에는 지하 1층 또는 지하 2층에 설치할 수 있다.
③ 1층 또는 피난층
④ 공동주택의 경우에는 관리사무소 내에 설치할 수 있다.

[해설]
종합방재실의 설치장소
- 설치위치

원칙	1층 또는 피난층
다른 위치에 설치할 수 있는 경우	• 2층 또는 지하 1층 : 초고층 건축물 등에 특별피난계단이 설치되어 있고, 특별피난계단 출입구로부터 5m 이내에 종합방재실을 설치하려는 경우 • 관리사무소 내 : 공동주택의 경우

- 비상용 승강장, 피난 전용 승강장 및 특별피난계단으로 이동하기 쉬운 곳
- 재난정보 수집 및 제공, 방재 활동의 거점 역할을 할 수 있는 곳
- 소방대가 쉽게 도달할 수 있는 곳
- 화재 및 침수 등으로 인하여 피해를 입을 우려가 적은 곳

| 정답 | ②

18 어떤 특정소방대상물에 소방안전관리자를 선임하던 중 2020년 4월 15일 소방안전관리자를 해임하였다. 해임한 날부터 며칠 이내에 선임하여야 하고, 소방안전관리자를 선임한 날부터 며칠 이내에 관할 소방서장에게 신고해야 하는가?

① 선임일 : 2020년 4월 30일, 선임신고일 : 2020년 5월 14일
② 선임일 : 2020년 5월 10일, 선임신고일 : 2020년 5월 29일
③ 선임일 : 2020년 5월 15일, 선임신고일 : 2020년 5월 30일
④ 선임일 : 2020년 5월 20일, 선임신고일 : 2020년 5월 30일

[해설]
소방안전관리자의 선임과 선임신고
- 선임 : 소방안전관리대상물의 관계인은 소방안전관리(보조)자를 30일 이내에 선임해야 한다.
  → 2020년 5월 15일 이내에 선임해야 한다.
- 선임신고 등 : 소방안전관리자 또는 소방안전관리보조자를 선임한 경우에는 행정안전부령으로 정하는 바에 따라 선임한 날부터 14일 이내에 소방본부장 또는 소방서장에게 신고하여야 한다.
  → ① 선임일은 2020년 5월 15일 이내이므로 옳고, 신고일도 선임일로부터 14일 이내이므로 옳다.
     ② 선임일은 2020년 5월 15일 이내이므로 옳으나, 신고일이 선임일로부터 14일 이상이므로 옳지 않다.
     ③ 선임일은 2020년 5월 15일 이내이므로 옳으나, 신고일이 선임일로부터 14일 이상이므로 옳지 않다.

| 정답 | ①

19 다음 그림의 건축물은 높이가 40m이고, 옥상에 설치된 승강기탑의 높이가 15m이다. 건축면적이 1,000m²이고 승강기탑의 수평투영면적이 100m²인 경우 건축물의 높이는 얼마인가?

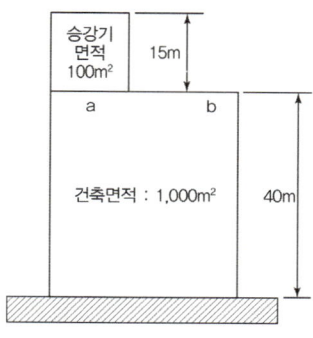

① 43m
② 33m
③ 52m
④ 64m

해설

건축물의 높이 산정
- 원칙 : 지표면으로부터 해당 건축물 상단까지의 높이를 건축물의 높이로 한다.
- 옥상 부분(건축물의 옥상에 설치되는 승강기탑, 계단탑, 망루, 옥탑, 장식탑 등)으로서 그 수평투영면적의 합계가 해당 건축물의 건축면적의 1/8 이하인 경우로서 그 부분의 높이가 12m를 넘는 부분만 높이에 산입하고 옥상 부분 면적이 1/8을 넘으면 그 높이의 전부를 건축물의 높이에 산입한다.
- 건축물의 건축면적 1/8의 면적 : $1{,}000m^2 \times \dfrac{1}{8} = 125m^2$
  → 승강기탑 면적이 건축면적의 1/8보다 작으므로 건축물의 높이는 40 + (15 − 12) = 43m이다.

| 정답 | ①

20 다음 중 휴대용 비상조명등에 대한 설명으로 옳지 않은 것은?

① 충전식 배터리를 사용하는 경우 상시 충전되는 구조로 하고, 용량은 20분 이상 유효하게 사용할 수 있어야 한다.
② 수용인원이 100명 이상인 영화상영관에는 보행거리 25m마다 3개 이상 설치해야 한다.
③ 숙박시설에는 객실 안의 구획된 실마다 잘 보이는 곳에 1개 이상 설치해야 한다.
④ 설치위치는 출입문 손잡이로부터 1m 이내이고, 바닥으로부터 0.8m 이상 1.5m 이하의 높이에 설치한다.

해설

영화상영관에는 보행거리 50m 이내마다 3개 이상 설치해야 한다.

| 정답 | ②

21 다음 중 화재 분류에 대한 연결로 옳지 않은 것은?

① 식용유 - 주방화재
② 목재 - 일반화재
③ 마그네슘 - 금속화재
④ 알루미늄 - 유류화재

해설
화재의 분류

급수	명칭(화재)	물질	소화방법
A	일반	목재, 섬유 등	냉각소화
B	유류	유류, 가스 등	질식·냉각소화
C	전기	낙뢰, 합선 등	이산화탄소, 분말소화약제
D	금속	알루미늄, 나트륨, 칼륨, 마그네슘 등	금속화재용 분말소화약제, 마른모래(건조사)
K	주방	동·식물유 취급하는 조리기구	비누화작용 및 냉각작용 동시에 필요

| 정답 | ④

22 다음 중 위험물제조소등의 정기점검 대상으로 옳은 것은?

① 지정수량의 10배 이상의 위험물을 저장하는 옥내저장소
② 지정수량의 10배 이상의 위험물을 저장하는 옥외저장소
③ 지정수량의 10배 이상의 위험물을 저장하는 옥외탱크저장소
④ 지정수량의 10배 이상의 위험물을 저장하는 제조소

해설
정기점검 대상 제조소등
- 지정수량의 10배 이상의 위험물을 취급하는 제조소
- 지정수량의 100배 이상의 위험물을 저장하는 옥외저장소
- 지정수량의 150배 이상의 위험물을 저장하는 옥내저장소
- 지정수량의 200배 이상의 위험물을 저장하는 옥외탱크저장소
- 암반탱크저장소
- 이송취급소
- 지정수량의 10배 이상의 위험물을 취급하는 일반취급소
- 지하탱크저장소
- 이동탱크저장소
- 위험물을 취급하는 탱크로서 지하에 매설된 탱크가 있는 제조소·주유취급소 또는 일반취급소

| 정답 | ④

23 다음 중 점화에너지에 대한 설명으로 옳은 것은?

① 자연발화 : 물질이 외부로부터 에너지를 공급받는 가운데 자체적으로 온도가 상승하여 발화하는 현상이다.
② 화염 : 최저온도가 있고 그 온도는 탄화수소 등에서는 약 1,200℃ 정도이다.
③ 열면 : 가연물이 고온의 기체 표면에 접촉하면 조건에 따라 발화한다.
④ 전기불꽃 : 장시간에 집중적으로 에너지를 대상물에 부여하므로 에너지 밀도가 높은 발화원이다.

해설
- 자연발화 : 물질이 외부로부터 에너지를 공급받지 않는 가운데 자체적으로 온도가 상승하여 발화하는 현상이다.
- 열면 : 가연물이 고온의 고체 표면에 접촉하면 조건에 따라 발화한다.
- 전기불꽃 : 단시간에 집중적으로 에너지를 대상물에 부여하므로 에너지 밀도가 높은 발화원이다.

| 정답 | ②

24 다음 중 실내 화재의 양상에 대한 설명으로 옳은 것은?

① 감쇠기에 다량의 공기 유입 시 플래시오버 현상이 일어난다.
② 최성기는 실내 연기의 양이 적어지고 화염이 확대되어 개구부 밖으로 분출된다.
③ 초기는 발화 단계로 흑색 연기가 나온다.
④ 성장기는 화재의 상황 변화가 격렬하고 다양하게 변화하는 시기로 백드래프트 현상이 발생한다.

해설
실내 화재의 양상

초기	• 외관 : 창 등의 개구부에서 하얀 연기 발생 • 연소상황 : 실내가구 등의 일부가 독립적으로 연소
성장기	• 외관 : 개구부에서 세력이 강한 검은 연기를 분출 • 연소상황 : 가구 등에서 천장면까지 화재 확대, 실내 전체에 화염이 확산되는 최성기의 전초단계 • 연소위험 : 근접한 동으로 연소가 확산될 수 있음
최성기	• 외관 : 연기의 양은 적어지고 화염의 분출이 강해져 유리가 파손됨 • 연소상황 : 실내 전체에 화염이 충만하여 연소가 최고조에 달함 • 연소위험 : 강렬한 복사열로 인해 인접 건물로 연소가 확산됨 • 활동위험 : 구조물의 낙하
감쇠기 (감퇴기)	• 외관 : 지붕이나 벽체가 타서 떨어지고, 대들보나 기둥이 무너져 떨어지며, 연기는 흑색에서 백색으로 변함 • 연소상황 : 화세의 쇠퇴 • 연소위험 : 연소확산 위험 없음 • 활동위험 : 바닥이 무너지거나 벽체 낙하 등의 위험 존재

| 정답 | ②

25 다음 ABC급 대형소화기에 대한 설명 중 옳지 않은 것은?

① 소화효과는 질식효과, 부촉매(억제)효과이다.
② 능력단위가 A급화재 10단위 이상인 것을 말한다.
③ 능력단위가 B급화재 30단위 이상, C급화재는 적응성이 있는 것을 말한다.
④ 주성분은 제1인산암모늄이다.

해설
대형소화기
화재 시 사람이 운반할 수 있도록 운반대와 바퀴가 설치되어 있고 능력단위가 A급 10단위 이상, B급 20단위 이상인 소화기를 말한다.

| 정답 | ③

26 최상층의 옥내소화전설비 방수압력을 시험하고 있다. 다음 그림을 보고 옥내소화전설비의 동력제어반 상태, 점검결과, 불량내용 순서대로 옳은 것은? (단, 동력제어반 정상위치 여부만 판단한다)

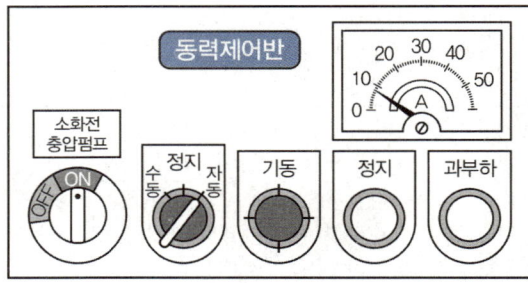

① 펌프수동기동, ×, 펌프자동기동 불가
② 펌프수동기동, ○, 이상 없음
③ 펌프자동기동, ○, 이상 없음
④ 펌프자동기동, ×, 알 수 없음

해설
• 동력제어반 선택스위치가 자동이고, 기동램프가 점등되어 있으므로 동력제어반 상태는 자동기동이다.
• 점검결과 불량내용이 이상 없으므로 점검결과는 ○이고, 불량내용은 이상 없음이다.

| 정답 | ③

27 재난관리책임기관의 장은 재난을 효율적으로 관리하기 위해 재난 유형에 따라 위기관리 매뉴얼을 작성·운영하고 이를 준수하도록 노력해야 한다. 이러한 재난분야 위기관리 매뉴얼에 해당하지 않는 것은?

① 위기계획 작성매뉴얼
② 위기대응 실무매뉴얼
③ 위기관리 표준매뉴얼
④ 현장조치 행동매뉴얼

해설
재난분야 위기관리 매뉴얼
- 위기관리 표준매뉴얼
- 위기대응 실무매뉴얼
- 현장조치 행동매뉴얼

| 정답 | ①

28 다음 중 일반인 심폐소생술의 시행 순서로 옳은 것은?

㉠ 호흡 확인	㉡ 환자의 의식 확인
㉢ 인공호흡 2회 시행	㉣ 가슴압박 30회 시행
㉤ 가슴압박과 인공호흡의 반복	㉥ 주변 사람에게 119 신고 요청
㉦ 회복자세로 눕혀 기도를 확보	

① ㉣ – ㉡ – ㉠ – ㉢ – ㉤ – ㉥ – ㉦
② ㉠ – ㉢ – ㉡ – ㉣ – ㉤ – ㉥ – ㉦
③ ㉡ – ㉥ – ㉠ – ㉣ – ㉢ – ㉤ – ㉦
④ ㉢ – ㉣ – ㉡ – ㉠ – ㉥ – ㉤ – ㉦

해설
일반인 심폐소생술 시행방법
반응의 확인 → 119 신고 → 호흡 확인 → 가슴압박 30회 시행(성인의 경우 분당 100~120회) → 인공호흡 2회 시행 → 가슴압박과 인공호흡의 반복 → 회복자세

| 정답 | ③

29 자동화재탐지설비의 회로도통시험 적부 판정방법으로 옳지 않은 것은?

① 전압계가 있는 경우 정상은 24[V]를 가리킨다.
② 전압계가 있는 경우 단선은 0[V]를 가리킨다.
③ 도통시험 확인등이 있는 경우 정상은 정상 확인등이 녹색으로 점등된다.
④ 도통시험 확인등이 있는 경우 단선은 단선 확인등이 적색으로 점등된다.

[해설]
자동화재탐지설비 회로도통시험의 적부 판정방법

구분	회로시험스위치			비고
	로터리 방식		버튼 방식	
적부 판정방법	전압계가 있는 경우	• 정상 : 4~8[V] • 단선 : 0[V]	• 정상 : 각 경계구역별 도통시험 단선 확인등(녹색) 점등 • 단선 : 각 경계구역별 도통시험 단선 확인등(적색) 점등	단선인 경우 (적색등 점등)
	도통시험 확인등이 있는 경우	• 정상 : 정상 확인등 점등(녹색) • 단선 : 단선 확인등 점등(적색)		

| 정답 | ①

---

30 소방계획의 주요원리 중 ( ) 안에 들어갈 내용으로 옳은 것은?

주요원리	주요내용
( )	• 모든 형태의 위험을 포괄 • 재난의 전주기적(예방 · 대비 → 대응 → 복구) 단계의 위험성 평가

① 종합적 안전관리 ② 통합적 안전관리
③ 융합적 안전관리 ④ 지속적 발전모델

[해설]
소방계획의 주요원리

주요원리	주요내용
종합적 안전관리	• 모든 형태의 위험을 포괄 • 재난의 전주기적(예방 · 대비 → 대응 → 복구) 단계의 위험성평가
통합적 안전관리	• 외부 : 거버넌스(정부 - 대상처 - 전문기관) 및 안전관리 네트워크 구축 • 내부 : 협력 및 파트너십 구축, 전원 참여
지속적 발전모델	PDCA Cycle(계획 : Plan, 이행 · 운영 : Do, 모니터링 : Check, 개선 : Act)

| 정답 | ①

31 다음 그림은 가스계 소화설비 점검 후 각 구성요소의 상태를 나타낸 것이다. 다음 상태를 정상복구하는 방법으로 알맞은 것은?

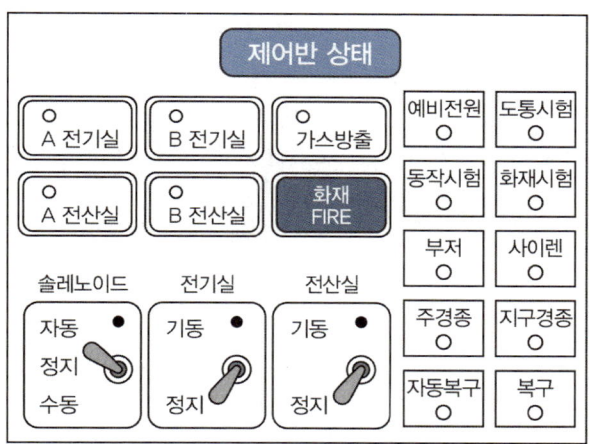
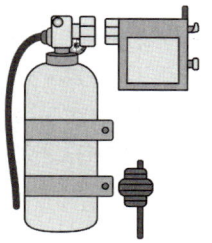

솔레노이드 및
조작동관 분리상태

- ㉠ 제어반 복구 → 제어반의 솔레노이드밸브 연동 정지
- ㉡ 솔레노이드밸브 복구
- ㉢ 솔레노이드밸브에 안전핀을 체결한 후 기동용기에 결합
- ㉣ 제어반 스위치의 연동상태 확인 후 솔레노이드밸브에서 안전핀 분리
- ㉤ 점검 전 분리했던 조작동관을 결합

① ㉠ - ㉡ - ㉢ - ㉣ - ㉤
② ㉡ - ㉢ - ㉤ - ㉣ - ㉠
③ ㉠ - ㉣ - ㉢ - ㉤ - ㉡
④ ㉡ - ㉠ - ㉤ - ㉢ - ㉣

해설

가스계 소화설비의 점검 후 복구방법

1단계	2단계
제어반의 복구스위치 복구	제어반의 솔레노이드밸브 연동 정지
3단계	4단계
격발된 솔레노이드밸브 복구	솔레노이드밸브에 안전핀을 체결 후 기동용기에 결합
5단계	6단계
제어반의 스위치를 연동 상태 확인 후 솔레노이드밸브에서 안전핀 분리	점검 전 분리했던 조작동관 결합

| 정답 | ①

32 자동소화장치의 종류에 해당하지 않는 것은?

① 캐비닛형 자동소화장치
② 고체에어로졸자동소화장치
③ 분말자동소화장치
④ 공업용 주방자동소화장치

해설
자동소화장치의 종류
- 주거용 주방자동소화장치
- 캐비닛형 자동소화장치
- 분말자동소화장치
- 상업용 주방자동소화장치
- 가스자동소화장치
- 고체에어로졸자동소화장치

| 정답 | ④

33 다음 그림과 같이 준비작동식 스프링클러설비의 수동조작함을 작동시켰을 때, 확인해야 할 사항으로 옳지 않은 것은?

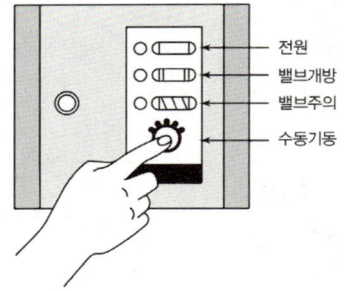

① 사이렌 또는 경종 동작
② 펌프 동작
③ 감지기 A 작동
④ 감시제어반 밸브개방표시등 점등

해설
준비작동식 스프링클러설비의 수동조작함 스위치를 누른 경우
- 펌프 작동
- 감시제어반 밸브개방표시등 점등
- 음향장치 작동
- 화재표시등 점등

| 정답 | ③

34 다음 옥내소화전함을 보고 동력제어반의 모습으로 옳은 것을 올바르게 나타낸 것은?
(단, 주펌프는 기동상태, 충압펌프는 정지상태이다)

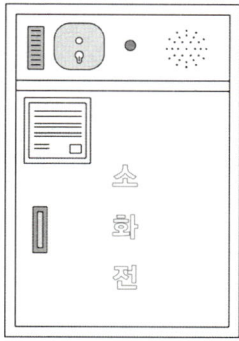

동력제어반	주펌프		
	기동표시등	정지표시등	펌프기동표시등
㉠	점등	소등	점등
㉡	소등	소등	점등
㉢	점등	점등	점등
㉣	점등	소등	소등

동력제어반	충압펌프		
	기동표시등	정지표시등	펌프기동표시등
㉤	소등	점등	점등
㉥	소등	소등	소등
㉦	점등	소등	점등
㉧	소등	점등	소등

① ㉠, ㉧
② ㉣, ㉤
③ ㉥, ㉦
④ ㉡, ㉢

해설

주펌프가 기동상태일 경우	• 기동표시등 : 점등 • 정지표시등 : 소등 • 펌프기동표시등 : 점등
충압펌프가 정지상태일 경우	• 기동표시등 : 소등 • 정지표시등 : 점등 • 펌프기동표시등 : 소등

|정답| ①

35 다음 중 유도등의 점검 내용으로 옳지 않은 것은?

① 3선식 유도등 절환스위치를 수동으로 전환하고 유도등의 점등을 확인한다. 또한, 수신기에서 수동으로 점등스위치를 OFF하고 건물 내의 점등이 되는 유도등을 확인한다.
② 3선식 유도등 절환스위치를 자동으로 전환하고 감지기, 발신기 동작 후 유도등 점등을 확인한다.
③ 2선식 유도등은 평상시 점등되어 있는지 확인한다.
④ 예비전원은 상시 충전되어 있어야 한다.

해설
3선식 유도등 점검
• 수신기에서 수동으로 점등스위치를 ON하고 건물 내의 점등이 안 되는 유도등을 확인한다.
• 감지기, 발신기, 중계기, 스프링클러설비 등을 현장에서 작동과 동시에 유도등이 점등되는지를 확인한다.

| 정답 | ①

36 소방계획의 수립절차 중 소방계획의 목표와 전략을 수립하고 세부실행계획을 수립하는 절차에 해당하는 것은?

① 시행 및 유지관리
② 위험환경 분석
③ 설계 및 개발
④ 사전기획

해설
소방계획의 수립절차 및 내용

사전기획	소방계획 수립을 위한 임시조직을 구성하거나 위원회 등을 개최하여 법적 요구사항은 물론 이해관계자의 의견을 수렴하고 세부작성계획 수립
위험환경 분석	대상물 내 물리적 및 인적 위험요인 등에 대한 위험요인을 식별하고, 이에 대한 분석 및 평가를 정성적·정량적으로 실시한 후 이에 대한 대책 수립
설계 및 개발	대상물의 환경 등을 바탕으로 소방계획 수립의 목표와 전략을 수립하고 세부실행계획 수립
시행 및 유지관리	구체적인 소방계획을 수립하고 이해관계자의 검토를 거쳐 최종 승인을 받은 후 소방계획을 이행하고 지속적인 개선 실시

| 정답 | ③

37 다음 그림은 R형 수신기의 화면이다. 다음의 운영기록 내용으로 옳지 않은 것은?

```
ABCD빌딩                          20/09/13  10 : 48 : 21
수신기 : 1  중계기 : 001    화재발생      1층 지구경종
                                         시험기 1F 자탐 감지기

화재대표 가스대표 감시대표 이상대표 발신기 전화    주음향 ▮▮▮▮▮▮  고장음향 ▮▮▮▮▮▮
                                                  기기음향 ▮▮▮▮▮▮  전화음향 ▬▬▬

예비전원  자동복구  축적화재  수신기   주음향   기타음향  지구벨   사이렌   비상방송
시험     설정     설정     복구     정지     정지     정지     정지     정지
```

보기	일시	수신기	회선정보	회선설명	동작구분	메시지
①	20/9/13 10 : 48 : 21	1	001	1층 지구경종	중력	중계기 출력
②	20/9/13 10 : 48 : 21	1	–	–	수신기	주음향 출력
③	20/9/13 10 : 48 : 21	1	001	시험기 1F 자탐 감지기	화재	화재발생
④	20/9/13 10 : 48 : 21	1	–	–	시스템고장	예비전원 고장발생

[해설]
예비전원고장이라는 램프가 없어 예비전원고장에 관한 메시지를 받을 수 없다.

| 정답 | ④

38 다음 중 가스계 소화설비의 주요 구성요소에 대한 설명으로 옳지 않은 것은?

① 선택밸브 : 소화약제 방출 시 방출구역을 선택해 주는 밸브이다.
② 방출헤드 : 소화약제 방출 시 방출표시등을 점등시키는 역할을 한다.
③ 수동조작함 : 화재 시 수동조작에 의해 소화약제를 방출하는 역할을 한다.
④ 방출표시등 : 압력스위치 작동에 의해 점등되며 방호구역 내로 사람이 진입하는 것을 방지하는 역할을 한다.

[해설]
• 방출헤드 : 전역방출방식의 경우 넓은 지역에 균일하게 확산, 방사하는 천장형과 국소지점만 방사하는 나팔형, 측벽형 등이 있다.
• 압력스위치 : 소화약제 방출 시 방출표시등을 점등시키는 역할을 한다.

| 정답 | ②

39 다음은 스프링클러설비의 압력챔버에서 주펌프 압력스위치를 나타낸 것이다. 그림에 대한 설명으로 옳지 않은 것은? (단, 옥상수조는 설치되어 있지 않다)

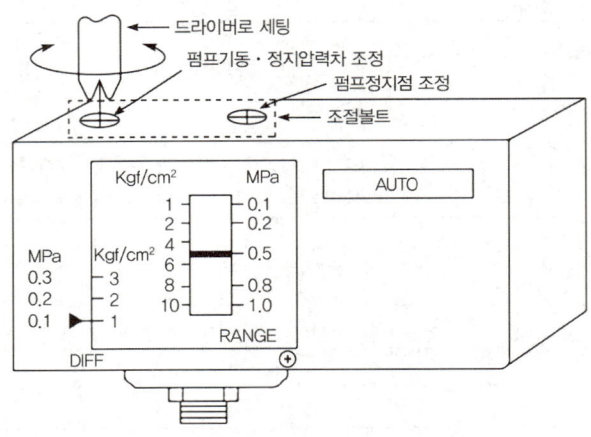

주펌프 압력스위치

PUMP			
구경	50mm	소요동력	5.5kW
토출량	0.2L/min	전양정	50m
베어링 앞	6306	극수	4극
베어링 뒤	6305	제조번호	1251226

① 주펌프의 기동점은 충압펌프의 기동점보다 0.05MPa 낮게 설정해야 한다.
② 주펌프의 기동점은 0.4MPa이다.
③ 주펌프의 정지점은 0.5MPa이다.
④ 가장 높이 설치된 헤드로부터 펌프 중심점까지의 낙차는 35m이다.

해설

Range	펌프의 정지압력	Diff	정지압력(Range) − 기동점

- 정지점(Range) : 0.5MPa(주펌프의 정지점은 펌프의 양정이다)
- Diff = 0.1MPa
- 기동점 = 정지압력(Range) −Diff = 0.5 − 0.1 = 0.4MPa
- 주펌프의 기동점

옥내소화전	자연낙차압 + 0.2MPa	스프링클러설비	자연낙차압 + 0.15MPa

→ 자연낙차압 = 주펌프의 기동점 − 0.15 = 0.4 − 0.15 = 0.25MPa
- 충압펌프의 기동점 = 주펌프 기동점 + 0.05MPa
  → 주펌프 기동점은 충압펌프 기동점보다 0.05MPa 낮게 설정해야 한다.

|정답| ④

40 가스안전관리에 있어서 연료가스에 대한 설명으로 옳은 것은?

① LNG는 도시가스용으로 사용하고 비중이 0.6이며, 가스누설경보기는 연소기로부터 수평거리 4m 이내의 위치에 설치한다.
② LNG는 프로판과 부탄이 주성분이며, 가스누설경보기 탐지기의 상단은 바닥면의 상방 30cm 이내의 위치에 설치한다.
③ LPG는 가정용으로 사용하고 비중은 1.5 ~ 2이며, 가스누설경보기는 연소기 또는 관통부로부터 수평거리 4m 이내의 위치에 설치한다.
④ LPG는 메탄이 주성분이며, 가스누설경보기 탐지기의 하단은 천장면의 하방 30cm 이내의 위치에 설치한다.

해설

연료가스의 종류와 특성

구분	액화석유가스(LPG)	액화천연가스(LNG)
주성분	프로판(C_3H_8), 부탄(C_4H_{10})	메탄(CH_4)
용도	가정용, 공업용, 자동차 연료용	도시가스
비중	1.5 ~ 2(누출 시 낮은 곳에 체류)	0.6(누출 시 천장 쪽에 체류)
폭발범위	• 프로판 : 2.1 ~ 9.5% • 부탄 : 1.8 ~ 8.4%	5 ~ 15%

꼼꼼 문제분석

가스누설경보기의 설치위치

증기비중이 1보다 작은 가스의 경우	• 가스연소기로부터 수평거리 8m 이내의 위치에 설치 • 탐지기의 하단은 천장면의 하방 30cm 이내의 위치에 설치
증기비중이 1보다 큰 가스의 경우	• 가스연소기 또는 관통부로부터 수평거리 4m 이내의 위치에 설치 • 탐지기의 상단은 바닥면의 상방 30cm 이내의 위치에 설치

| 정답 | ③

41 다음 중 소방교육 및 훈련의 실시원칙에 해당하지 않는 것은?

① 목적의 원칙　　② 교육자 중심의 원칙
③ 현실성의 원칙　④ 관련성의 원칙

해설

교육자 중심이 아니라 학습자 중심의 원칙이다.

| 정답 | ②

42 다음 중 방수압력시험 장비를 사용하여 방수압력시험 시 장비의 측정 모습으로 옳은 것은?

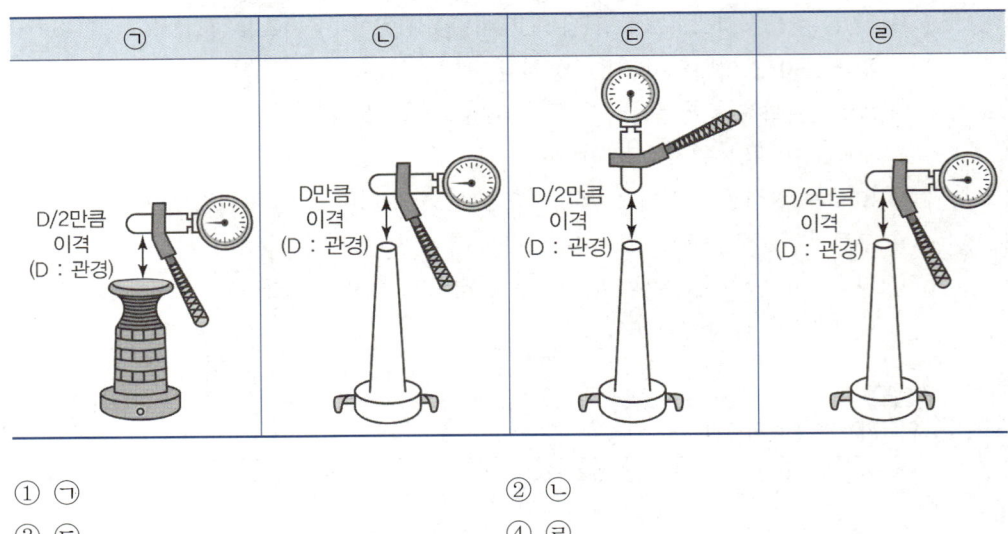

① ㉠
② ㉡
③ ㉢
④ ㉣

해설

옥내소화전설비의 방수압력 측정
- 방수구에 호스를 결속한 상태로 노즐의 선단에 방수압력 측정계(피토게이지)를 근접(D/2)시켜서 측정하여 방수압력 측정계(피토게이지)의 압력계상의 눈금을 확인한다.
- 방수압력 측정계는 봉상주수 상태에서 직각으로 측정한다.

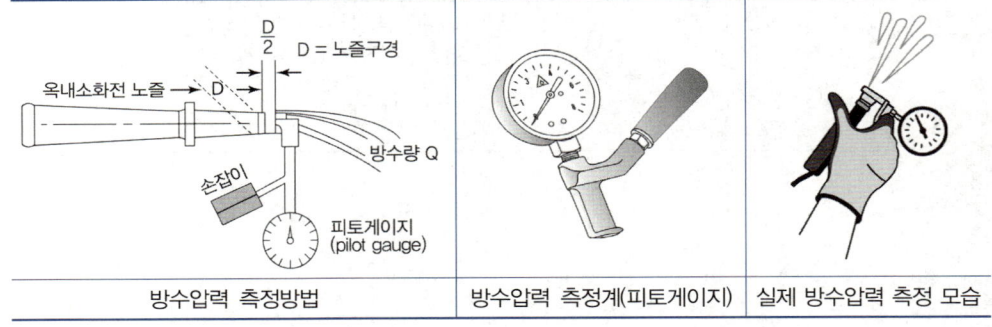

| 정답 | ④

43 다음은 어느 업무시설의 1단위 소화기 비치현황을 표시한 평면도이다. 소화기 설치에 대한 설명으로 옳은 것은? (단, 주요구조부는 내화구조이고 벽 및 반자의 실내에 면하는 부분은 불연재료이다)

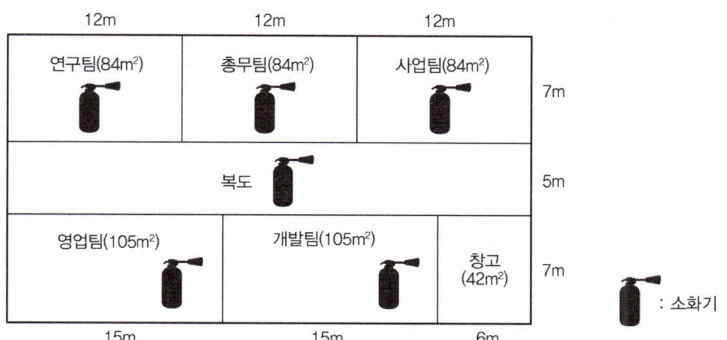

① 영업팀과 개발팀에는 소화기 2개를 설치해야 한다.
② 구획된 창고실의 경우 소화기 1개를 설치해야 한다.
③ 복도의 경우 소화기를 설치하지 않아도 된다.
④ 복도는 하나의 경계구역이므로 소화기 1개만 설치한다.

> **해설**
> - 소화기 설치 기준 : 특정소방대상물의 각 층이 2 이상의 거실로 구획된 경우에는 각 층마다 설치하는 것 외에 바닥면적이 33m² 이상으로 구획된 각 거실에도 배치한다.
> - 복도는 하나의 경계구역으로 구분되며, 소형 소화기의 경우 1개당 보행거리 20m 이내에 설치해야 하므로, 총 보행거리가 약 36m인 복도에는 최소 2개의 소화기를 비치해야 한다.
> - 영업팀과 개발팀은 보행거리 20m 이내이므로 소화기 1개를 설치해야 한다.

> **꼼꼼 문제분석**
> 특정소방대상물의 소화기구 능력단위
>
> | 근린생활시설 · 판매시설 · 운수시설 · 숙박시설 · 노유자 시설 · 전시장 · 공동주택 · 업무시설 · 방송통신시설 · 공장 · 창고시설 · 항공기 및 자동차 관련 시설 및 관광휴게시설 | 해당 용도의 바닥면적 100m²마다 능력단위 1단위 이상 |
> |---|---|
>
> ※ 건축물의 주요구조부가 내화구조이고, 벽 및 반자의 실내에 면하는 부분이 불연재료·준불연재료 또는 난연재료인 경우 : 위 표의 기준면적의 2배

| 정답 | ②

44 자동심장충격기 패드의 부착 위치로 옳은 것은?

① 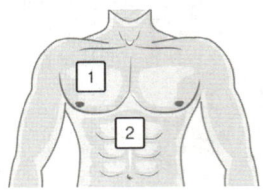 ②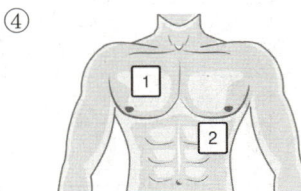

③ 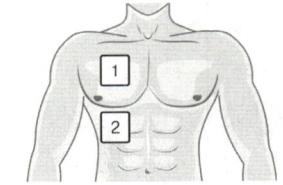 ④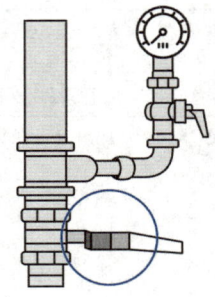

> [해설]
> 자동심장충격기 패드의 부착 위치
> • 패드 1 : 오른쪽 빗장뼈 아래
> • 패드 2 : 왼쪽 젖꼭지 아래의 중간겨드랑선

|정답| ④

45 다음 그림의 밸브를 작동시켰을 때 확인해야 할 사항으로 옳지 않은 것은?

① 펌프작동상태　　② 감시제어반 밸브개방표시등
③ 음향장치 작동　　④ 방출표시등 점등

> [해설]
> 방출표시등은 스프링클러설비와 관련이 없으며, 압력스위치 동작에 의해 점등된다.

|정답| ④

46 다음 그림을 보고 수신기에 대한 설명으로 옳은 것은?

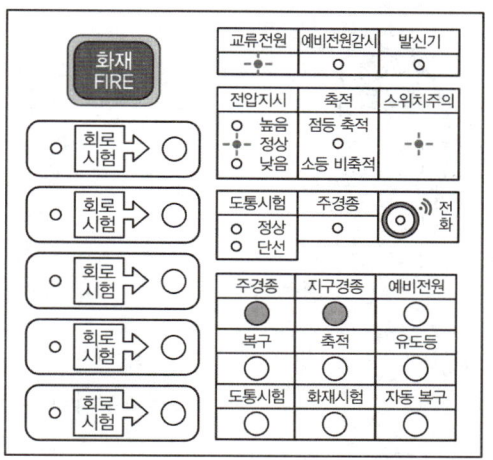

① 스위치주의 표시등이 점등되어 있으므로 119에 신속히 신고한다.
② 스위치주의 표시등이 점등되어 있으므로 화재 위치를 확인하여 조치한다.
③ 스위치주의 표시등이 점등되어 있으므로 스위치 상태를 확인하여 정상위치에 놓는다.
④ 스위치주의 표시등이 점등되어 있으므로 예비전원 상태를 확인한다.

[해설]
스위치주의 표시등이 점등되어 있는 이유는 주경종, 지구경종 스위치가 눌렸기 때문이므로 상태를 확인하여 정상위치에 놓는다.

|정답| ③

47 다음 그림의 소화기를 점검하고자 할 때 옳지 않은 것은? (현재는 2020년이라 가정한다)

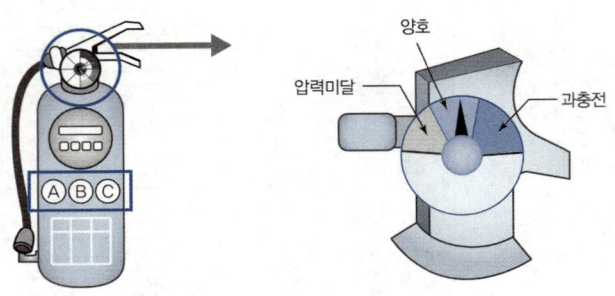

- 총중량 : 3.3kg
- 능력단위 : A3B5C
- 제조연월 : 2008.11
- 주성분 : $NH_4N_2PO_4$
- 충전압력 : 0.9MPa(20℃)

① 금속화재에 적응성이 있다.
② 축압식 분말소화기를 점검하고 있다.
③ 내용연수 초과로 소화기를 교체해야 한다.
④ 0.7~0.98MPa의 압력을 유지하고 있다.

해설
화재의 분류

A급	B급	C급	D급	K급
일반	유류	전기	금속	주방

→ 능력단위에 표시 D가 없으므로 금속화재에는 적응성이 없다.

|정답| ①

48 다음은 습식 스프링클러설비의 작동순서이다. ( ) 안에 들어갈 내용으로 옳은 것은?

> (1) 화재 발생
> (2) 폐쇄형 헤드 개방 및 방수
> (3) 2차 측 배관 압력 저하
> (4) 1차 측 압력에 의해 습식 유수검지장치의 (㉠) 개방
> (5) 습식 유수검지장치의 (㉡) 작동 → 사이렌 경보, 감시제어반의 화재표시등, 밸브개방 표시등 점등
> (6) 배관 내 압력 저하로 기동용 수압개폐장치의 압력스위치 작동 → 펌프 기동

① ㉠ 밸브, ㉡ 압력스위치
② ㉠ 클래퍼, ㉡ 압력스위치
③ ㉠ 밸브, ㉡ 솔레노이드밸브
④ ㉠ 클래퍼, ㉡ 솔레노이드밸브

해설

습식 스프링클러설비의 작동순서
- 화재 발생
- 폐쇄형 헤드 개방 및 방수
- 2차 측 배관 압력 저하
- 1차 측 압력에 의해 습식 유수검지장치의 클래퍼 개방
- 습식 유수검지장치의 압력스위치 작동 → 사이렌 경보, 감시제어반 화재표시등, 밸브개방표시등 점등
- 배관 내 압력 저하로 기동용 수압개폐장치의 압력스위치 작동 → 펌프 기동

|정답| ②

49 다음 그림과 같이 분말소화기를 점검하였다. 점검 결과로 옳은 것은?

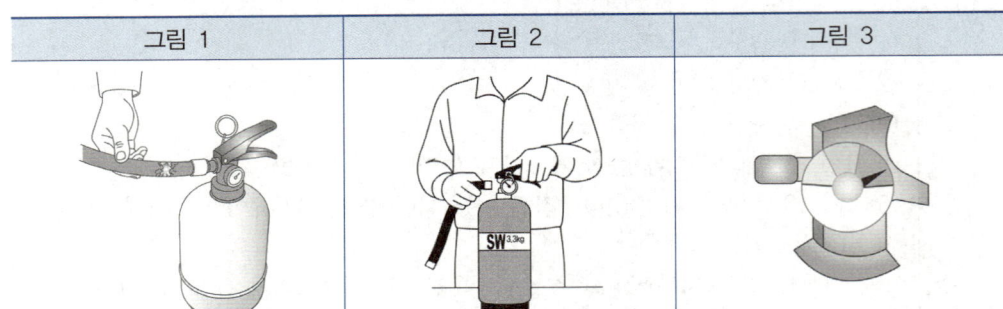

① 그림 1, 2는 외관상 문제가 없다.
② 그림 1은 안전핀 체결상태가 불량이다.
③ 그림 1은 호스가 손상되었고, 그림 2는 호스가 탈락되었다.
④ 그림 3은 지시압력계의 압력이 부족하다.

해설
- 그림 1은 호스가 파손되었다.
- 그림 2는 호스가 탈락되었다.
- 그림 3은 지시압력계가 적색을 가리키므로 압력이 높다.

|정답| ③

50 다음 중 자위소방대의 조직 편성기준에 대한 설명으로 옳지 않은 것은?

① 초기대응체계는 특정소방대상물의 이용시간 동안 운영한다.
② 초기대응팀은 수신반, 방재실 등을 거점으로 화재 상황의 모니터링, 지휘통제 임무를 수행한다.
③ 현장대응팀은 화재 등 재난현장에서 비상연락, 초기소화, 피난유도 등의 임무를 수행한다.
④ 대원편성은 상시 근무 또는 거주 인원 중 자위소방활동이 가능한 인력을 기준으로 조직 구성한다.

해설
지휘통제팀에 대한 내용이다. 초기대응팀의 임무는 화재 초기 비상연락, 초기 소화, 피난유도 등 초동대응이다.

|정답| ②

07 2019년 기출복원문제

01 건축허가 등의 동의 절차에 관한 사항으로 옳지 않은 것은?

① 허가청에서 건축허가 등의 취소 시 7일 이내 취소 통보
② 보완이 필요시 7일 이내 기간을 정하여 보완 요구 가능
③ 5일(특급 대상물은 10일) 이내 동의 여부 회신
④ 동의요구자는 건축허가 등의 권한이 있는 행정기관

해설
보완이 필요한 경우에는 4일 이내 기간을 정하여 보완 요구 가능

| 정답 | ②

02 다음 중 종합방재실의 설치장소와 구조 및 면적에 대한 설명으로 옳지 않은 것은?

① 설치면적은 30m² 이상으로 한다.
② 다른 부분과 방화구획으로 설치한다.
③ 초고층 건축물 등에 특별피난계단이 설치되어 있고, 특별피난계단 출입구로부터 5m 이내에 종합방재실을 설치하려는 경우 2층 또는 지하 1층에 종합방재실을 설치할 수 있다.
④ 인력의 대기 및 휴식 등을 위한 종합방재실과 방화구획된 부속실을 설치한다.

해설
설치면적은 20m² 이상으로 한다.

| 정답 | ①

03 다음 ( ) 안에 들어갈 말로 옳은 것은?

> ( )는 화재 초기에 발생되는 열, 연기 또는 불꽃 등을 감지기에 의해 감지하여 자동적으로 경보를 발함으로써 화재를 조기에 발견하여 조기통보, 초기소화, 조기피난을 가능하게 하기 위한 설비이다.

① 수신기　　　　　　　　　② 중계기
③ 발신기　　　　　　　　　④ 자동화재탐지설비

해설
자동화재탐지설비는 화재 초기에 발생되는 열, 연기 또는 불꽃 등을 감지기에 의해 감지하여 자동적으로 경보를 발함으로써 화재를 조기에 발견하여, 조기통보, 초기소화, 조기피난을 가능하게 하기 위한 설비이다.

| 정답 | ④

04 다음 중 벌칙이 다른 하나로 옳은 것은?

① 소방안전관리자에게 불이익한 처우를 한 관계인
② 소방자동차의 출동을 방해한 사람
③ 출동한 소방대원에게 폭행 또는 협박을 행사하여 화재진압·인명구조 또는 구급활동을 방해하는 행위
④ 위력을 사용하여 출동한 소방대의 화재진압·인명구조 또는 구급활동을 방해하는 행위

> **해설**
> • 300만원 이하의 벌금 : 소방안전관리자에게 불이익한 처우를 한 관계인
> • 5년 이하의 징역 또는 5천만원 이하의 벌금
>   - 소방자동차의 출동을 방해한 사람
>   - 출동한 소방대원에게 폭행 또는 협박을 행사하여 화재진압·인명구조 또는 구급활동을 방해하는 행위
>   - 위력을 사용하여 출동한 소방대의 화재진압·인명구조 또는 구급활동을 방해하는 행위
>
> |정답| ①

05 다음 소방용어에 대한 설명으로 옳은 것은?

① 소방대상물의 소유자, 관리자, 점유자를 관계인이라 한다.
② 항해 중인 선박과 비행 중인 항공기는 소방대상물에 해당한다.
③ 소방본부장, 소방서장, 시·도지사는 재난상황에서 소방대를 지휘하는 소방대장이다.
④ 제연설비는 소방시설 중 소화용수설비에 해당한다.

> **해설**
> • 소방대상물 : 건축물, 차량, 선박(항구에 매어둔 선박만 해당), 선박 건조 구조물, 산림 그 밖의 인공 구조물 또는 물건
> • 소방대장 : 소방본부장 또는 소방서장 등 화재, 재난·재해 그 밖의 위급한 상황이 발생한 현장에서 소방대를 지휘하는 사람
> • 제연설비 : 소방시설 중 소화활동설비에 해당
>
> |정답| ①

06 다음 중 화재예방강화지구에서의 금지행위로 옳지 않은 것은?

① 그 밖의 행정안전부령으로 정하는 화재발생 위험이 있는 행위
② 풍등 등 소형열기구 날리기
③ 모닥불, 흡연 등 화기의 취급
④ 용접·용단 등 불꽃을 발생시키는 행위

해설
화재예방강화지구에서의 금지행위
- 모닥불, 흡연 등 화기의 취급
- 풍등 등 소형열기구 날리기
- 용접·용단 등 불꽃을 발생시키는 행위
- 그 밖의 대통령령으로 정하는 화재발생 위험이 있는 행위(위험물을 방치하는 행위)

| 정답 | ①

07 소방안전관리자의 업무대행이 가능하지 않은 경우는?

① 높이 120m 이상의 특정소방대상물(아파트 제외)
② 자동화재탐지설비가 설치된 특정소방대상물
③ 스프링클러설비가 설치된 특정소방대상물
④ 연면적 15,000m² 미만이고 지상층의 층수가 11층 이상인 1급 소방안전관리대상물(아파트 제외)

해설
대통령령으로 정하는 업무대행 가능 소방안전관리대상물
- 지상층의 층수가 11층 이상인 1급 소방안전관리대상물(연면적 15,000m² 이상인 특정소방대상물과 아파트 제외)
- 2급 및 3급 소방안전관리대상물

꼼꼼 문제분석
- 2급 소방안전관리대상물

선임대상물	• 옥내소화전설비, 스프링클러설비, 물분무등소화설비(호스릴 방식 제외)를 설치해야 하는 특정소방대상물 • 가스 제조설비를 갖추고 도시가스사업의 허가를 받아야 하는 시설 또는 가연성 가스를 100톤 이상 1,000톤 미만 저장·취급하는 시설 • 지하구 • 공동주택(옥내소화전설비 또는 스프링클러설비가 설치된 공동주택으로 한정) • 보물 또는 국보로 지정된 목조건축물

- 3급 소방안전관리대상물

선임대상물	특급, 1급, 2급 소방안전관리대상물을 제외한 특정소방대상물 중 간이스프링클러설비(주택전용 간이스프링클러설비 제외) 또는 자동화재탐지설비를 설치해야 하는 특정소방대상물

| 정답 | ①

[08 ~ 09] 다음 〈조건〉을 보고 다음 물음에 옳은 답을 하시오.

---[조건]---
- 지상 26층, 지하 3층
- 연면적 40,000m²

---

08 위의 〈조건〉은 어떤 소방안전관리대상물에 해당하는가?

① 특급 소방안전관리대상물
② 1급 소방안전관리대상물
③ 2급 소방안전관리대상물
④ 3급 소방안전관리대상물

해설
1급 소방안전관리대상물

선임대상물	• 30층 이상(지하층 제외)이거나 지상으로부터 높이가 120m 이상인 아파트 • 연면적 15,000m² 이상인 특정소방대상물(아파트 및 연립주택은 제외) • 지상층의 층수가 11층 이상인 특정소방대상물(아파트는 제외) • 가연성 가스를 1,000톤 이상 저장·취급하는 시설

| 정답 | ②

---

09 위의 〈조건〉에 따른 대상물에 소방안전관리보조자는 몇 명이 필요한가?

① 3명 ② 4명
③ 1명 ④ 2명

해설
소방안전관리보조자는 연면적 15,000m²마다 1명 추가이므로 $\frac{4,000\text{m}^2}{15,000\text{m}^2}$ = 2.6명(내림) = 2명이 필요하다.

| 정답 | ④

10 다음 중 벌금이 가장 높은 것은?

① 화재가 발생하거나 불이 번질 우려가 있는 소방대상물 및 토지를 일시적으로 사용하거나 그 사용의 제한 또는 소방활동에 필요한 처분에 따르지 아니한 자
② 화재안전조사 결과에 따른 조치명령을 정당한 사유 없이 위반한 자
③ 피난명령을 위반한 자
④ 소방용수시설 또는 비상소화장치의 정당한 사용을 방해한 자

해설
- 3년 이하의 징역 또는 3천만원 이하의 벌금
  - 화재가 발생하거나 불이 번질 우려가 있는 소방대상물 및 토지를 일시적으로 사용하거나 그 사용의 제한 또는 소방활동에 필요한 처분을 방해한 자 또는 정당한 사유 없이 그 처분에 따르지 아니한 자
  - 화재안전조사 결과에 따른 조치명령을 정당한 사유 없이 위반한 자
- 100만원 이하의 벌금 : 피난명령을 위반한 자
- 5년 이하의 징역 또는 5천만원 이하의 벌금 : 정당한 사유 없이 소방용수시설 또는 비상소화장치를 사용하거나 소방용수시설 또는 비상소화장치의 효용을 해치거나 그 정당한 사용을 방해한 사람

| 정답 | ④

11 방화구획의 설치기준으로 옳지 않은 것은?

① 스프링클러설비가 설치된 경우 상기 면적의 3배 이내마다 구획
② 11층 이상은 벽 및 반자의 실내마감이 불연재료인 경우 500m² 이내마다 구획
③ 11층 이상의 층은 바닥면적 300m² 이내마다 구획
④ 10층 이하의 층은 바닥면적 1,000m² 이내마다 구획

해설
방화구획의 면적별 구획기준

면적별 구획	• 10층 이하의 층은 바닥면적 1,000m² 이내마다 구획 • 11층 이상의 층은 바닥면적 200m²(벽 및 반자의 실내마감이 불연재료인 경우 500m²) 이내마다 구획 ※ 스프링클러설비 기타 이와 유사한 자동식 소화설비를 설치한 경우에는 상기 면적의 3배 이내마다 구획

| 정답 | ③

12 제4류 위험물의 일반적인 특성으로 옳지 않은 것은?

① 대부분의 증기는 공기보다 가볍다.
② 대부분 물보다 가볍다.
③ 인화가 용이하다.
④ 주수소화가 불가능한 것이 대부분이다.

해설
제4류 위험물은 인화성 액체(예 휘발유)로 대부분의 증기는 공기보다 무거워 낮은 곳에 체류하여 연소, 폭발의 위험이 존재한다.

| 정답 | ①

13 다음 중 연소의 3요소에 해당하지 않는 것은?

① 연쇄반응
② 점화원
③ 산소공급원
④ 가연물

해설
• 연쇄반응은 연소의 4요소에 해당한다.
• 연소의 4요소 : 산소공급원, 가연물, 점화원, 연쇄반응
• 연소의 3요소 : 산소공급원, 가연물, 점화원

| 정답 | ①

14 다음은 피난 동선에 따른 피난계단의 종류이다. (   ) 안에 들어갈 말로 옳은 것은?

- (㉠) : 옥내 → 계단실 → 피난층
- (㉡) : 옥내 → 부속실 → 계단실 → 피난층

① ㉠ 특별피난계단, ㉡ 피난계단
② ㉠ 옥외피난계단, ㉡ 특별피난계단
③ ㉠ 피난계단,   ㉡ 특별피난계단
④ ㉠ 특별피난계단, ㉡ 옥외피난계단

해설

피난계단 피난 동선	특별피난계단 피난 동선
옥내 → 계단실 → 피난층	옥내 → 노대 또는 부속실 → 계단실 → 피난층

| 정답 | ③

15 다음 중 가연성 증기의 연소범위로 옳은 것은?

① 아세틸렌 : 4.1 ~ 75vol%
② 수소 : 2.5 ~ 81vol%
③ 메틸알코올 : 6 ~ 36vol%
④ 아세톤 : 1.2 ~ 7.6vol%

해설

가연성 증기의 연소범위(vol%)

수소	4.1 ~ 75	메틸알코올	6 ~ 36
아세틸렌	2.5 ~ 81	암모니아	15 ~ 28
중유	1 ~ 5	아세톤	2.5 ~ 12.8
등유	0.7 ~ 5	휘발유	1.2 ~ 7.6

|정답| ③

16 다음 중 제조 또는 가공·공정에서 방염처리를 한 물품으로 적절하지 않은 것은?

① 두께가 2mm 미만인 종이 벽지류
② 창문에 설치하는 커튼류(블라인드 포함)
③ 암막, 무대막(영화상영관, 골프연습장의 스크린 포함)
④ 섬유류 또는 합성수지류 등이 원료인 소파, 의자(단란주점영업, 유흥주점영업, 노래연습장업만 해당)

해설

방염대상물품

제조 또는 가공공정에서 방염처리를 한 물품	건축물 내부의 천장이나 벽에 설치하는 물품
• 창문에 설치하는 커튼류(블라인드 포함) • 카펫 • 벽지류(두께 2mm 미만인 종이 벽지 제외) • 전시용 및 무대용 합판·목재·섬유판 • 암막·무대막(영화상영관·가상체험 체육시설업에 설치하는 스크린 포함) • 섬유류 또는 합성수지류로 제작된 소파·의자(단란주점영업·유흥주점영업·노래연습장업에 한정)	• 종이류(두께 2mm 이상), 합성수지류 또는 섬유류를 주원료로 한 물품 • 합판이나 목재 • 공간을 구획하기 위하여 설치하는 간이칸막이 • 흡음·방음을 위하여 설치하는 흡음재(흡음용 커튼 포함) 또는 방음재(방음용 커튼 포함)

|정답| ①

17 다음은 「다중이용업소법」에서 정의한 밀폐구조의 영업장에 대한 내용이다. (   ) 안에 들어갈 말로 옳은 것은?

> 지상층에 있는 다중이용업소의 영업장 중 채광, 환기, 통풍 및 피난 등이 용이하지 못한 구조로 되어 있으면서 개구부의 면적의 합계가 영업장 바닥면적의 (   ) 이하가 되는 것

① 1/30
② 1/15
③ 1/100
④ 1/20

해설

「다중이용업소법」상 밀폐구조의 영업장
지상층에 있는 다중이용업의 영업장 중 채광, 환기, 통풍 및 피난 등이 용이하지 못한 구조로 되어 있으면서 개구부 면적의 합계가 영업장으로 사용하는 바닥면적의 30분의 1 이하에 해당하는 영업장을 말한다.

|정답| ①

---

18 화재안전조사를 실시하는 경우에 해당하지 않는 것은?

① 화재가 자주 발생하였거나 발생할 우려가 뚜렷한 곳에 대한 조사가 필요한 경우
② 화재예방안전진단이 불성실하였거나 불완전하다고 인정되는 경우
③ 화재예방강화지구 등 법령에서 화재안전조사를 하도록 규정되어 있는 경우
④ 소방대상물의 관계인이 요청하는 경우

해설

화재안전조사를 실시할 수 있는 경우
- 소방시설 등의 자체점검이 불성실하거나 불완전하다고 인정되는 경우
- 화재예방강화지구 등 법령에서 화재안전조사를 하도록 규정되어 있는 경우
- 화재예방안전진단이 불성실하거나 불완전하다고 인정되는 경우
- 국가적 행사 등 주요 행사가 개최되는 장소 및 그 주변의 관계 지역에 대하여 소방안전관리 실태를 조사할 필요가 있는 경우
- 화재가 자주 발생하였거나 발생할 우려가 뚜렷한 곳에 대한 조사가 필요한 경우
- 재난예측정보, 기상예보 등을 분석한 결과 소방대상물에 화재 발생 위험이 크다고 판단되는 경우
- 위에서 규정한 경우 외에 화재, 그 밖의 긴급한 상황이 발생할 경우 인명 또는 재산 피해의 우려가 현저하다고 판단되는 경우

|정답| ④

19 다음 중 건축물 종류에 따른 화재 양상에 대한 설명으로 옳지 않은 것은?

① 내화조건축물 화재의 최성기 최고온도는 실내의 가연물량, 창 등의 개구부 크기 및 그 열적 성질에 의해 정해진다.
② 내화조건축물 화재가 목조건축물 화재와 다른 점은 천장, 바닥, 벽이 내화구조로 되어 있으므로 이들의 주요 부분은 연소해서 붕괴되지 않기 때문에 공기의 유통조건이 거의 일정한 상태를 유지한다는 것이다.
③ 목조건축물 화재의 최성기 온도는 1,100 ~ 1,350℃에 달한다.
④ 목조건축물 화재가 내화조건축물 화재보다 발연량이 많다.

해설
- 내화구조건물 : 최성기까지 20 ~ 30분 소요, 실내온도 800 ~ 1,050℃에 달함, 화재지속시간은 2 ~ 3시간
- 목조건물 : 최성기까지 10분 소요, 실내온도 1,100 ~ 1,350℃에 달함, 화재지속시간은 30분
→ 목조건물은 내화구조건물에 비해 화재지속시간이 짧으므로 발연량(화재 시 발생하는 연기의 양)이 적다.

|정답| ④

20 다음은 자동방화셔터에 관한 내용이다. (　) 안에 들어갈 말로 옳은 것은?

- 불꽃이나 (㉠)를 감지한 경우 일부 폐쇄되는 구조일 것
- (㉡)을 감지한 경우 완전 폐쇄되는 구조일 것

① ㉠ : 열, ㉡ : 연기
② ㉠ : 연기, ㉡ : 열
③ ㉠ : 열, ㉡ : 스프링클러헤드
④ ㉠ : 연기, ㉡ : 스프링클러헤드

해설
자동방화셔터의 요건
- 불꽃이나 연기를 감지한 경우 일부 폐쇄되는 구조일 것
- 열을 감지한 경우 완전 폐쇄되는 구조일 것

|정답| ②

21 「건축법」상 용어의 정의로 옳지 않은 것은?

① 주요구조부란 내력벽·기둥·바닥·보·지붕틀 및 주계단을 말하며 건축물의 안전에 결정적인 역할을 담당하는 것이다.
② 지하층이란 건축물의 바닥이 지표면 아래에 있는 층으로서 그 바닥에서 지표면까지 평균높이가 해당 층 높이의 1/3 이상인 것을 말한다.
③ 건축이란 건축물을 신축·증축·개축·재축하거나 건축물을 이전하는 것을 말한다.
④ 고층건축물이란 층수가 30층 이상이거나 높이가 120m 이상인 건축물을 말한다.

해설

지하층
건축물의 바닥이 지표면 아래에 있는 층으로서 바닥에서 지표면까지 평균높이가 해당 층 높이의 2분의 1 이상인 것을 말한다.

| 정답 | ②

22 다음 중 운수시설로 바닥면적이 3,000m²인 장소에 소화능력단위가 3단위인 소화기를 설치할 경우 필요한 소화기는 최소 몇 개인가? (단, 다른 조건은 고려하지 않는다)

① 1개　　　　　　　　　② 5개
③ 10개　　　　　　　　 ④ 20개

해설

- 특정소방대상물별 소화기구의 능력단위 기준

근린생활시설·판매시설·운수시설·숙박시설·노유자 시설·전시장·공동주택·업무시설·방송통신시설·공장·창고시설·항공기 및 자동차 관련 시설 및 관광휴게시설	해당 용도의 바닥면적 100m²마다 능력단위 1단위 이상

※ 건축물의 주요구조부가 내화구조이고, 벽 및 반자의 실내에 면하는 부분이 불연재료·준불연재료 또는 난연재료로 된 특정소방대상물은 위 표의 기준면적의 2배로 함

- 운수시설은 바닥면적 100m²마다 능력단위 1단위 이상이므로 다음과 같이 구할 수 있다.

$$\text{소화기 개수} = \frac{3{,}000\text{m}^2}{100\text{m}^2 \times 3\text{단위}} = 10\text{개}$$

| 정답 | ③

23 다음 중 소방계획의 수립절차에 대한 설명으로 옳지 않은 것은?

① 사전기획 : 소방계획 수립을 위한 임시조직을 구성하거나 위원회 등을 개최하여 의견을 수렴하고 세부작성계획 수립
② 위험환경분석 : 위험요인을 식별하고 이에 대한 분석 및 평가 실시 후 대책 수립
③ 설계 및 개발 : 환경을 바탕으로 소방계획 수립의 목표와 전략을 수립하고 세부실행계획 수립
④ 시행 및 유지·관리 : 구체적인 소방계획을 수립하고 소방서장의 최종 승인을 받은 후 소방계획을 이행하고 지속적인 개선 실시

해설
소방계획의 수립절차 중 시행 및 유지관리
구체적인 소방계획을 수립하고 이해관계자의 검토를 거쳐 최종 승인을 받은 후 소방계획을 이행하고 지속적인 개선 실시

| 정답 | ④

24 다음 중 연료가스의 종류와 특성에 대한 설명으로 옳지 않은 것은?

① 프로판의 폭발범위는 2.1 ~ 9.5%이다.
② LPG의 비중은 1.5 ~ 2이다.
③ LPG의 가스누설경보기는 가스연소기 또는 관통부로부터 수평거리 4m 이내의 위치에 설치한다.
④ LNG의 주성분은 C_4H_{10}이다.

해설
연료가스의 종류와 특성

구분	액화석유가스(LPG)	액화천연가스(LNG)
주성분	프로판(C_3H_8), 부탄(C_4H_{10})	메탄(CH_4)
용도	가정용, 공업용, 자동차 연료용	도시가스
비중	1.5 ~ 2(누출 시 낮은 곳에 체류)	0.6(누출 시 천장 쪽에 체류)
폭발범위	• 프로판 : 2.1 ~ 9.5% • 부탄 : 1.8 ~ 8.4%	5 ~ 15%

꼼꼼 문제분석
가스누설경보기의 설치위치

증기비중이 1보다 작은 가스의 경우	• 가스연소기로부터 수평거리 8m 이내의 위치에 설치 • 탐지기의 하단은 천장면의 하방 30cm 이내의 위치에 설치
증기비중이 1보다 큰 가스의 경우	• 가스연소기 또는 관통부로부터 수평거리 4m 이내의 위치에 설치 • 탐지기의 상단은 바닥면의 상방 30cm 이내의 위치에 설치

| 정답 | ④

25 다음 그림은 옥내소화전의 동력제어반과 감시제어반을 나타낸 것이다. 이에 대한 설명으로 옳지 않은 것은?

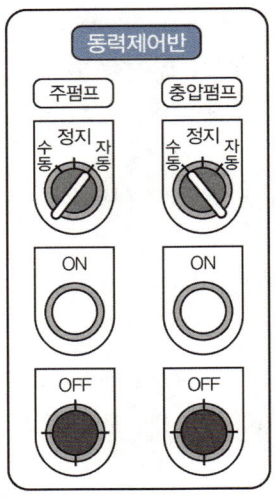
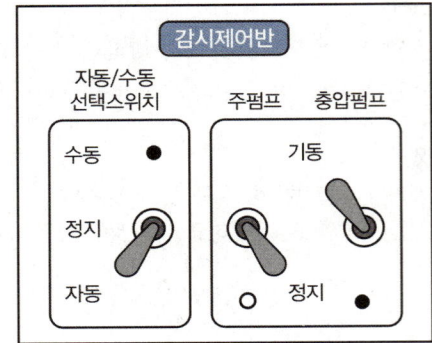

① 옥내소화전 사용 시 주펌프는 기동한다.
② 옥내소화전 사용 시 충압펌프는 기동하지 않는다.
③ 현재 충압펌프는 기동 중이다.
④ 현재 주펌프는 정지상태이다.

해설
동력제어반에서 주펌프와 충압펌프의 정지표시등이 점등되어 있으므로 현재 충압펌프는 정지상태이다.

|정답| ③

26 성인 심폐소생술 중 가슴압박 시행에 대한 설명으로 옳은 것은?

① 가슴압박 시 갈비뼈가 압박되어 부러질 정도로 강하게 실시한다.
② 가슴압박은 분당 100~120회의 속도와 5cm 깊이로 강하고 빠르게 시행한다.
③ 양팔을 쭉 편 상태로 체중을 실어서 환자의 몸과 수평이 되도록 가슴을 압박한다.
④ 구조자는 깍지를 낀 두 손의 손바닥 앞꿈치를 가슴뼈(흉골)의 아래쪽 절반 부위에 댄다.

해설
• 양팔을 쭉 편 상태로 체중을 실어서 환자의 몸과 수직이 되도록 가슴을 압박한다.
• 구조자는 깍지를 낀 두 손의 손바닥 뒤꿈치를 가슴뼈(흉골)의 아래쪽 절반 부위에 댄다.

꼼꼼 문제분석
심폐소생술 실시 시 올바른 가슴압박 속도와 깊이
• 속도 : 100~120회/분   • 압박깊이 : 5cm

|정답| ②

27 옥외소화전은 소방대상물의 각 부분으로부터 호스접결구까지 수평거리가 몇 m 이하가 되도록 설치해야 하는가?

① 20m 이하
② 25m 이하
③ 40m 이하
④ 65m 이하

해설

옥내소화전설비와 옥외소화전설비

구분	옥내소화전설비	옥외소화전설비
방수량	130L/min 이상	350L/min 이상
방수압력	0.17MPa 이상 0.7MPa 이하	0.25MPa 이상 0.7MPa 이하
호스구경	40mm(호스릴 25mm)	65mm
최소방출시간	• 20분 : 29층 이하 • 40분 : 30~49층 이하 • 60분 : 50층 이상	20분
설치거리	수평거리 25m 이하	수평거리 40m 이하
표시등	적색등	

| 정답 | ③

28 다음 표는 소방계획서 중 화기취급감독에 관한 내용의 일부이다. 다음 표를 보고 이 작업 및 감독에 대한 설명으로 옳지 않은 것은?

화재감시자 입회 및 감독	화재감시자 입회 화기취급감독
최종 작업 확인	현장상주 및 화재감시 작업종료 확인

① 화기취급 작업 전 화재예방을 위해 사전허가 및 안전조치가 이루어져야 한다.
② 모든 작업은 화재감시자의 입회 및 감독하에 작업한다.
③ 화재감시자는 소방안전관리자, 보조자 또는 안전관리자가 지정한 인력이다.
④ 화재감시자는 작업이 안전하다고 판단되면 반드시 상주하지 않아도 된다.

해설

화기작업 중 화재감시자는 작업 중은 물론, 휴식시간 및 식사시간 등에도 해당 현장에 대한 감시활동을 계속 진행하며, 작업완료 시에는 해당 작업구역 내에 30분 이상 더 상주하면서 발화 및 착화발생 여부에 대한 감시를 진행한다.

| 정답 | ④

29 다음 분말소화기에 대한 설명으로 옳은 것은?

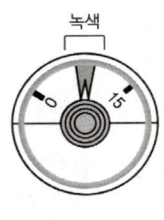

① 분말소화기의 내용연수는 없다.
② 가압식 소화기이다.
③ 압력이 부족한 상태이다.
④ 용기 내 정상 가압범위는 0.7 ~ 0.98MPa이다.

해설
- 분말소화기의 내용연수는 10년이다.
- 압력게이지가 별도로 부착되어 있으므로 축압식 소화기이다.
- 압력게이지가 녹색에 있으므로 압력은 정상이다.

꼼꼼 문제분석
축압식 분말소화기의 구조
용기 중에 소화약제와 함께 소화약제의 방출원이 되는 질소 등의 압축가스를 봉입한 방식으로 용기 내 압력을 확인할 수 있도록 지시압력계가 부착되어 있는데, 사용가능한 범위가 녹색(0.7 ~ 0.98MPa)이면 정상이다.

| 정답 | ④

30 근린생활시설 중 입원실이 있는 의원 3층에 적응성이 있는 피난기구로 옳은 것은?

① 피난사다리 ② 구조대
③ 완강기 ④ 공기안전매트

해설
설치장소별 피난기구의 적응성

장소 \ 층별	1층	2층	3층	4층 이상 10층 이하
의료시설, 근린생활시설 중 입원실이 있는 의원·접골원·조산원	–	–	• 미끄럼대 • 구조대 • 피난교 • 피난용 트랩 • 다수인 피난장비 • 승강식 피난기	• 구조대 • 피난교 • 피난용 트랩 • 다수인 피난장비 • 승강식 피난기

| 정답 | ②

31 다음 중 소방계획의 주요내용이 아닌 것은?

① 위험물의 저장·취급에 관한 사항
② 화재 예방을 위한 자체점검계획 및 대응대책
③ 화재안전조사에 관한 사항
④ 소방훈련 및 교육에 관한 사항

해설

소방계획의 주요내용
- 소방안전관리대상물의 위치·구조·연면적·용도 및 수용인원 등 일반 현황
- 소방안전관리대상물에 설치한 소방시설, 방화시설, 전기시설, 가스시설 및 위험물시설의 현황
- 화재 예방을 위한 자체점검계획 및 대응대책
- 소방시설·피난시설 및 방화시설의 점검·정비계획
- 피난층 및 피난시설의 위치와 피난경로의 설정, 화재안전취약자의 피난계획 등을 포함한 피난계획
- 방화구획, 제연구획, 건축물의 내부 마감재료 및 방염대상물품의 사용현황과 그 밖의 방화구조 및 설비의 유지·관리계획
- 관리의 권원이 분리된 소방안전관리에 관한 사항
- 소방훈련 및 교육에 관한 사항
- 소방안전관리대상물의 근무자 및 거주자의 자위소방대 조직과 대원의 임무(화재안전취약자의 피난보조임무를 포함)에 관한 사항
- 화기취급작업에 대한 사전안전조치 및 감독 등 공사 중 소방안전관리에 관한 사항
- 소화에 관한 사항과 연소 방지에 관한 사항
- 위험물의 저장·취급에 관한 사항(예방규정을 정하는 제조소등은 제외)
- 소방안전관리에 대한 업무수행 기록 및 유지에 관한 사항
- 화재 발생 시 화재경보, 초기소화 및 피난유도 등 초기대응에 관한 사항
- 그 밖에 소방본부장 또는 소방서장이 소방안전관리대상물의 위치·구조·설비 또는 관리상황 등을 고려하여 소방안전관리에 필요하여 요청하는 사항

| 정답 | ③

32 10층 건물에 옥내소화전이 1층에 4개, 2층에 2개 설치되어 있다. 이때 옥내소화전의 저수량으로 옳은 것은?

① $2.4m^3$
② $5.2m^3$
③ $10.8m^3$
④ $30.5m^3$

해설

옥내소화전설비 수원의 수량
옥내소화전의 설치개수가 가장 많은 층의 설치개수(두 개 이상 설치된 경우에는 두 개)에 $2.6m^3$(호스릴 옥내소화전설비를 포함)를 곱한 양 이상이 되도록 해야 한다.
∴ $2.6m^3 \times 2 = 5.2m^3$

| 정답 | ②

33 다음 중 3선식 유도등이 자동으로 점등되는 경우로 옳지 않은 것은?

① 방재업무를 통제하는 곳 또는 전기실의 배전반에서 수동으로 점등하는 때
② 상용전원이 정전되거나 전원선이 단선되는 때
③ 옥내소화전설비가 작동하는 때
④ 비상경보설비의 발신기가 작동되는 때

해설
유도등의 3선식 배선 시 자동으로 점등되는 경우
• 자동화재탐지설비의 감지기 또는 발신기가 작동되는 때
• 비상경보설비의 발신기가 작동되는 때
• 상용전원이 정전되거나 전원선이 단선되는 때
• 방재업무를 통제하는 곳 또는 전기실의 배전반에서 수동으로 점등하는 때
• 자동소화설비가 작동되는 때

|정답| ③

34 평상시 제연설비의 동력제어반 각 스위치 및 표시등의 정상상태로 옳은 것은? (단, 전원은 점등상태이다)

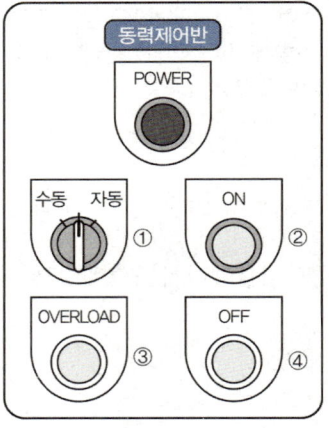

① 수동   ② 소등
③ 점등   ④ 소등

해설
평상시 제연설비의 동력제어반 상태는 다음과 같다.
① 선택스위치 - 자동 ② ON - 소등 ③ OVERLOAD - 소등 ④ OFF - 점등

|정답| ②

35 다음 그림은 옥내소화전 감시제어반 중 펌프제어를 위한 스위치의 예시를 나타낸 것이다. 평상시 및 펌프점검 시 스위치 위치에 대한 설명으로 옳은 것을 모두 고른 것은?

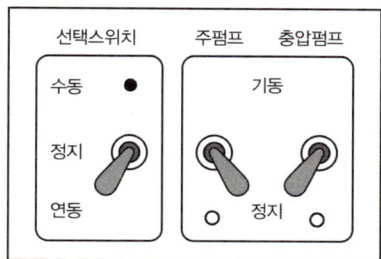

㉠ 평상시 펌프 선택스위치는 '수동' 위치에 있어야 한다.
㉡ 평상시 주펌프 스위치는 '기동' 위치에 있어야 한다.
㉢ 펌프 수동기동 시 펌프 선택스위치는 '수동'에 있어야 한다.

① ㉠ ② ㉢
③ ㉠, ㉡ ④ ㉠, ㉡, ㉢

해설

감시제어반의 스위치와 표시등
- 평상시에 펌프는 정지상태로 '자동(연동)'에 있어야 한다.
- 시험점검을 위한 수동 조작 시에는 자동/수동 절환스위치를 '수동' 위치에, 주펌프 또는 충압펌프는 '기동' 버튼을 눌러야 한다.
→ ㉠ : 연동, ㉡ : 정지

| 정답 | ②

36 다음 중 대형피난구유도등의 설치대상으로 옳지 않은 것은?

① 오피스텔 ② 운동시설
③ 공연장 ④ 관람장

해설

특정소방대상물의 용도별로 설치하는 유도등 및 유도표지의 종류
- 오피스텔 : 중형피난구유도등, 통로유도등
- 공연장, 집회장(종교집회장 포함), 관람장, 운동시설 : 대형피난구유도등, 통로유도등, 객석유도등

| 정답 | ①

37 다음 중 용적률 산정 시 면적에서 제외되는 부분으로 옳지 않은 것은?

① 초고층 건축물과 준초고층 건축물에 설치하는 피난안전구역 면적
② 경사지붕 아래에 설치하는 대피공간 면적
③ 지하층의 면적
④ 지하층의 주차장 면적

해설

연면적
하나의 건축물 각 층의 바닥면적의 합계로 한다. 다만, 용적률의 산정에 있어서는 다음에 해당하는 면적은 제외한다.
- 지하층의 면적
- 지상층의 주차용(해당 건축물의 부속용도인 경우만 해당)으로 쓰는 면적
- 초고층 건축물과 준초고층 건축물에 설치하는 피난안전구역의 면적
- 건축물의 경사지붕 아래 설치하는 대피공간의 면적

| 정답 | ④

38 다음 중 자위소방활동과 업무특성에 대해 잘못 짝지어진 것은?

① 피난유도 : 재실자, 방문자의 피난유도 및 피난약자에 대한 피난보조 활동
② 비상연락 : 화재 시 상황전파, 화재신고(119) 및 통보연락 업무
③ 방호안전 : 초기소화설비를 이용한 조기 화재진압
④ 응급구조 : 응급상황 발생 시 응급조치 및 응급의료소 설치 · 지원

해설

자위소방활동과 업무특성

비상연락	화재 시 상황전파, 화재신고(119) 및 통보연락 업무
초기소화	초기소화설비를 이용한 조기 화재진압
피난유도	재실자, 방문자의 피난유도 및 피난약자에 대한 피난보조 활동
응급구조	응급상황 발생 시 응급조치 및 응급의료소 설치 · 지원
방호안전	화재확산방지, 위험물시설에 대한 제어 및 비상반출

| 정답 | ③

39 다음 그림은 가스계 소화설비 점검 중 감시제어반의 모습이다. 이에 대한 설명으로 옳은 것은? (단, 점검 전 약제방출 방지를 위한 안전조치를 완료한 상태이다)

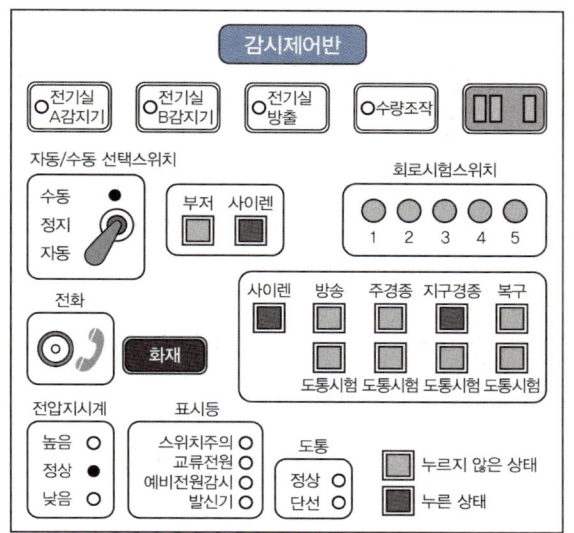

① 교차회로감지기(A, B)는 기계실에 설치되어 있다.
② 전기실에서 소화약제가 방출되지 않는다.
③ 주경종, 지구경종, 사이렌, 비상방송은 정상적으로 작동되고 있다.
④ 전기실 출입문 위 약제방출표시등은 점등되어 있을 것이다.

해설
- 교차회로감지기(A, B)는 전기실에 설치되어 있다.
- 전기실 방출램프가 점등되어 있지 않으므로 전기실에서 소화약제가 방출되지 않고, 전기실 출입문 위 약제방출표시등은 점등되어 있지 않다.
- 사이렌과 지구경종은 정지스위치가 눌러져 있으므로 정상적으로 작동되지 않지만, 주경종과 비상방송은 정상적으로 작동된다.

|정답| ②

40 다음 중 전기안전관리상 주요 화재원인으로 옳지 않은 것은?

① 과전류　　　　　　　② 누전
③ 절연저항　　　　　　④ 합선

해설
절연저항은 전선이나 기기의 절연 성능을 나타내는 값으로, 주요 화재원인이 되기 어렵다.

|정답| ③

41 다음 그림은 옥내소화전설비의 방수압력 측정방법이다. (   ) 안에 들어갈 내용으로 옳은 것은?

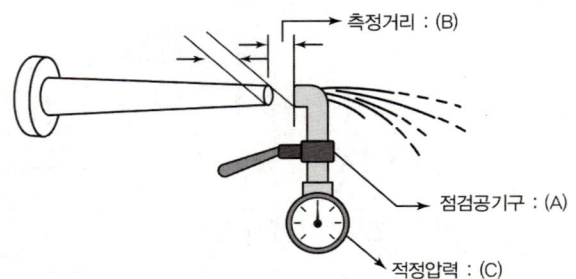

① (A) 레벨메타, (B) 노즐구경의 $\frac{1}{3}$, (C) 0.25 ~ 0.7MPa

② (A) 레벨메타, (B) 노즐구경의 $\frac{1}{2}$, (C) 0.17 ~ 0.7MPa

③ (A) 방수압력 측정계, (B) 노즐구경의 $\frac{1}{3}$, (C) 0.1 ~ 1.2MPa

④ (A) 방수압력 측정계, (B) 노즐구경의 $\frac{1}{2}$, (C) 0.17 ~ 0.7MPa

해설

옥내소화전설비의 방수압력 측정
- 방수구에 호스를 결속한 상태로 노즐의 선단에 방수압력 측정계(피토게이지)를 근접(D/2)시켜서 측정하여 방수압력 측정계(피토게이지)의 압력계상의 눈금을 확인한다.

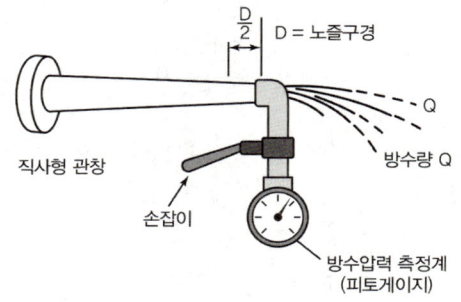

- 옥내소화전설비의 방수량과 방수압력

방수량	130L/min 이상	방수압력	0.17MPa 이상 0.7MPa 이하

| 정답 | ④

42 장애유형별 피난보조 시 손전등 및 전등을 활용하거나 메모를 이용한 대화가 효과적인 것은?

① 노약자　　　　　　　　　② 청각장애인
③ 시각장애인　　　　　　　④ 지적장애인

해설
청각장애인의 피난보조
시각적인 전달을 위해 표정이나 제스처를 사용하고 조명(손전등 및 전등)을 적극 활용하며 메모를 이용한 대화도 효과적이다.

| 정답 | ②

---

43 다음 중 이산화탄소 소화설비의 장점에 대한 설명으로 옳지 않은 것은?

① 전도성이 있어 전기화재에 적합하지 않다.
② 가연물 내부에서 연소하는 심부화재에 적합하다.
③ 화재진화 후 깨끗하다.
④ 피연소물의 피해가 적다.

해설
이산화탄소 소화설비는 비전도성으로 전기화재에 적합하다.

| 정답 | ①

---

44 다음 자동심장충격기 사용에 관한 내용 중 옳은 것을 모두 고른 것은?

> ㉠ 자동심장충격기의 전원을 켤 때 감전의 위험이 있으므로 환자와 접촉해서는 안 된다.
> ㉡ 두 개의 패드 중 1개가 이물질로부터 오염 시 패드 1개만 부착하여도 된다.
> ㉢ 심장리듬 분석 시 환자에게서 즉시 떨어져 올바른 분석을 할 수 있도록 한다.
> ㉣ 제세동 버튼을 누를 때 환자와 접촉한 사람이 없음을 확인 후 제세동 버튼을 누른다.

① ㉠, ㉡　　　　　　　　　② ㉡, ㉢
③ ㉢, ㉣　　　　　　　　　④ ㉠, ㉣

해설
㉠ 자동심장충격기를 이용해 심장충격 시행 시 감전의 위험이 있으므로 환자와 접촉해서는 안 된다.
㉡ 반드시 두 개의 패드를 모두 부착해야 한다.

| 정답 | ③

45 다음 중 습식 스프링클러설비의 작동순서를 올바르게 나열한 것은?

> ㉠ 화재 발생
> ㉡ 2차 측 배관 압력 저하
> ㉢ 헤드 개방 및 방수
> ㉣ 1차 측 압력에 의해 습식 유수검지장치의 클래퍼 개방
> ㉤ 습식 유수검지장치의 압력스위치 작동 → 사이렌 경보, 감시제어반의 화재표시등, 밸브개방표시등 점등
> ㉥ 배관 내 압력 저하로 기동용 수압개폐장치의 압력스위치 작동 → 펌프 기동

① ㉠ → ㉢ → ㉡ → ㉣ → ㉤ → ㉥
② ㉢ → ㉠ → ㉥ → ㉣ → ㉤ → ㉡
③ ㉠ → ㉡ → ㉤ → ㉣ → ㉥ → ㉢
④ ㉢ → ㉥ → ㉣ → ㉤ → ㉡ → ㉠

해설

습식 스프링클러설비의 작동순서
- 화재 발생
- 폐쇄형 헤드 개방 및 방수
- 2차 측 배관 압력 저하
- 1차 측 압력에 의해 습식 유수검지장치의 클래퍼 개방
- 습식 유수검지장치의 압력스위치 작동 → 사이렌 경보, 감시제어반 화재표시등, 밸브개방표시등 점등
- 배관 내 압력 저하로 기동용 수압개폐장치의 압력스위치 작동 → 펌프 기동

|정답| ①

46 다음 중 소방교육 및 훈련의 실시원칙에 해당하지 않는 것은?

① 경험의 원칙
② 현실성의 원칙
③ 관련성의 원칙
④ 교육자 중심의 원칙

해설

소방교육 및 훈련의 실시원칙
- 학습자 중심의 원칙
- 목적의 원칙
- 실습의 원칙
- 관련성의 원칙
- 동기부여의 원칙
- 현실성의 원칙
- 경험의 원칙

|정답| ④

47 다음에서 설명하는 지혈법은 무엇인가?

> • 출혈 상처 부위를 직접 압박하는 방법으로, 소독거즈로 출혈 부위를 덮은 후 4~6인치 압박붕대로 압박되게 감아준다.
> • 압박 후 출혈이 계속되면 소독된 거즈를 추가로 덮고 압박붕대를 한번 더 감고 출혈 부위를 심장보다 높여줌으로써 출혈량을 감소시킬 수 있다.

① 직접압박법
② 간접압박법
③ 지혈대 사용법
④ 간헐적 압박법

해설
직접압박법
출혈 상처 부위를 직접 압박하는 방법으로, 소독거즈로 출혈 부위를 덮은 후 4~6인치 압박붕대로 출혈 부위가 압박되게 감아준다.

| 정답 | ①

48 소방안전관리자가 어느 건물에 옥내소화전설비의 펌프제어반 정상위치에 대한 작동점검을 한 후 작동점검표에 점검결과를 다음과 같이 작성하였다. 제어반에서 '음향경보장치 정상작동 여부'는 어떤 것으로 확인 가능한가?

구분	점검번호	점검항목	점검결과
가압송수장치	2-C-002	옥내소화전 방수압력 적정 여부	○
제어반	2-H-011	펌프 작동 여부 확인 표시등 및 음향경보장치 정상작동 여부	○
	2-H-012	펌프별 수동·자동 전환스위치 정상작동 여부	○

① 경종
② 사이렌
③ 부저
④ 경종 및 사이렌

해설
펌프가 작동하면서 제어반에서 부저음이 울려 관계자에게 화재 발생을 알린다. 따라서 경보음이 정상적으로 울리는지가 곧 정상작동 여부의 판단기준이 된다.

| 정답 | ③

49 다음 그림에 대한 설명으로 옳지 않은 것은?

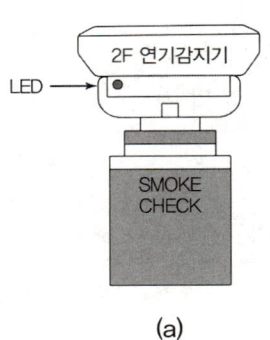
(a)

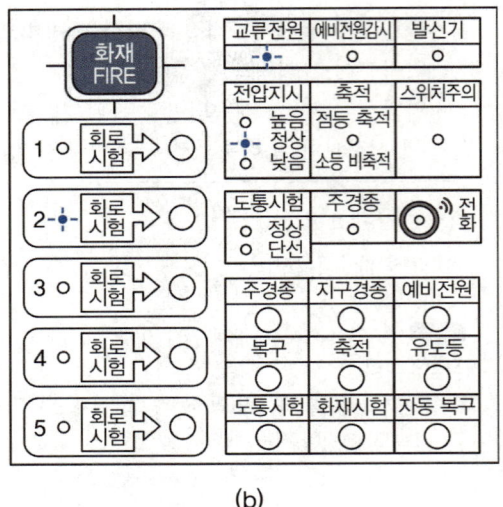
(b)

① (a)의 감지기는 할로겐 열시험기로 작동시킬 수 없다.
② (a)의 상태에서 (b)의 상태는 정상이다.
③ (a)의 감지기는 2층에 설치되어 있다.
④ 2층에 화재가 발생했기 때문에 (b)의 발신기표시등에도 램프가 점등되어야 한다.

해설
2층 연기감지기 시험을 하고 있으므로 감지기가 작동되어야 하고 따라서 (b)의 발신기램프는 점등되지 않아야 한다.

| 정답 | ④

50 다음 중 특정소방대상물의 각 부분으로부터 1개의 소화기까지의 보행거리로 옳은 것은?

① 소형소화기 : 20m 이내, 대형소화기 : 40m 이내
② 소형소화기 : 30m 이내, 대형소화기 : 40m 이내
③ 소형소화기 : 20m 이내, 대형소화기 : 30m 이내
④ 소형소화기 : 10m 이내, 대형소화기 : 20m 이내

해설
소화기의 종류별 능력단위 및 보행거리

종류		능력단위	보행거리
소형소화기		1단위 이상	20m 이내
대형소화기	A급	10단위 이상	30m 이내
	B급	20단위 이상	

| 정답 | ③

2018년 기출복원문제

01 특정소방대상물에 2018년 3월 15일 소방안전관리자로 선임되었다면 실무교육은 언제까지 받아야 하는가?

① 2018년 9월 15일
② 2018년 9월 30일
③ 2018년 10월 15일
④ 2018년 10월 30일

소방안전관리(보조)자로 선임된 경우 선임된 날로부터 6개월 이내에 최초로, 그 이후 2년 주기로 1회 이상 실무교육을 필수로 받아야 한다.

|정답| ①

02 다음 중 종합방재실의 설치기준에 대한 설명으로 옳지 않은 것은?

① 면적은 20m² 이상으로 할 것
② 초고층 건축물 등의 관리주체는 인력을 2명 이상 상주하도록 할 것
③ 인력의 대기 및 휴식 등을 위해 종합방재실과 방화구획된 부속실을 설치할 것
④ 다른 부분과 방화구획으로 설치할 것

초고층 건축물 등의 관리주체는 종합방재실에 상주하는 인력을 배치하여야 한다.
• 상주 인력 : 3명 이상
• 주요 업무 : 재난 및 안전관리에 필요한 활동

|정답| ②

03 다음 조건 중 가연성 물질의 구비조건으로 옳은 것은?

① 연소열이 작다.
② 열전도율이 작다.
③ 건조도가 낮다.
④ 산소와 친화력이 작다.

• 연소열이 커야 한다.
• 건조도가 높아야 한다.
• 산소와의 친화력이 커야 한다.

|정답| ②

Chapter 08 2018년 기출복원문제 **219**

04 다음 중 유류화재에서 폼으로 유면을 덮어서 불을 끄는 소화방법으로 옳은 것은?

① 냉각소화
② 질식소화
③ 제거소화
④ 억제소화

해설
질식소화는 가연물질에 산소공급을 차단시켜 소화하는 방법으로, 유류화재에서 폼으로 유면을 덮어서 불을 끄는 것, 이산화탄소 등 불연성 가스를 방출하여 화재를 제어하는 것, 담요나 모래 등으로 덮어서 불을 끄는 것 등이 대표적 예이다.

|정답| ②

05 다음의 과태료로 적절한 것은?

- 피난시설, 방화구획 또는 방화시설의 폐쇄·훼손·변경 등의 행위를 한 자
- 공사 현장에 임시소방시설을 설치·관리하지 않은 자
- 소방시설을 화재안전기준에 따라 설치·관리하지 않은 자

① 100만원 이하의 과태료
② 300만원 이하의 과태료
③ 500만원 이하의 과태료
④ 1,000만원 이하의 과태료

해설
300만원 이하의 과태료
- 정당한 사유 없이 화재의 예방조치를 위반하여 화기취급 등을 한 자
- 특정소방대상물 소방안전관리를 위반하여 소방안전관리자를 겸한 자
- 소방안전관리업무를 하지 아니한 특정소방대상물의 관계인 또는 소방안전관리대상물의 소방안전관리자
- 건설현장 소방안전관리대상물의 소방안전관리자의 업무를 하지 아니한 소방안전관리자
- 피난유도 안내정보를 제공하지 아니한 자
- 소방훈련 및 교육을 하지 아니한 자
- 화재예방안전진단 결과를 제출하지 아니한 자
- 소방시설을 화재안전기준에 따라 설치·관리하지 아니한 자
- 공사 현장에 임시소방시설을 설치·관리하지 아니한 자
- 피난시설, 방화구획 또는 방화시설을 폐쇄·훼손·변경 등의 행위를 한 자
- 방염대상물품을 방염성능기준 이상으로 설치하지 아니한 자
- 관계인에게 점검결과를 제출하지 아니한 관리업자 등
- 점검결과를 보고하지 아니하거나 거짓으로 보고한 자
- 자체점검 이행계획을 기간 내에 완료하지 아니한 자 또는 이행계획 완료 결과를 보고하지 않거나 거짓으로 보고한 자
- 점검기록표를 기록하지 아니하거나 특정소방대상물의 출입자가 쉽게 볼 수 있는 장소에 게시하지 아니한 관계인

|정답| ②

06 다음을 참고하여 피난계단 수 및 피난계단의 종류를 선정했을 때 옳은 것은?

- 건물의 서측 및 동측에 계단이 하나씩 설치되어 있다.
- 피난 동선은 옥내 → 부속실 → 계단실 → 피난층이다.

① 총 계단 수 : 1개, 피난계단
② 총 계단 수 : 2개, 피난계단
③ 총 계단 수 : 1개, 특별피난계단
④ 총 계단 수 : 2개, 특별피난계단

해설

피난계단 피난동선	특별피난계단 피난동선
옥내 → 계단실 → 피난층	옥내 → 노대 또는 부속실 → 계단실 → 피난층

→ 계단은 서측 및 동측에 하나씩 설치되어 있으므로 총 계단 수는 2개이다.

| 정답 | ④

07 다음 중 화재발생 우려가 높거나 화재가 발생할 경우 피해가 클 것으로 예상되는 화재예방강화지구에 해당하는 것을 모두 고른 것은?

㉠ 시장지역
㉡ 공장·창고가 밀집한 지역
㉢ 목조건물이 밀집한 지역
㉣ 소방시설·소방용수시설 또는 소방출동로가 있는 지역

① ㉠, ㉡
② ㉡, ㉢
③ ㉠, ㉡, ㉢
④ ㉠, ㉡, ㉢, ㉣

해설

화재예방강화지구의 지정

지정권자	시·도지사
지정지역	• 시장지역 • 공장·창고, 목조건물, 노후·불량건축물이 밀집한 지역 • 위험물의 저장 및 처리시설이 밀집한 지역 • 석유화학제품을 생산하는 공장이 있는 지역 • 「산업입지 및 개발에 관한 법률」에 따른 산업단지 • 소방시설·소방용수시설 또는 소방출동로가 없는 지역 • 「물류시설의 개발 및 운영에 관한 법률」에 따른 물류단지 • 소방청장, 소방본부장 또는 소방서장이 화재예방강화지구로 지정할 필요가 있다고 인정하는 지역

| 정답 | ③

08 다음 중 건축관계법령상 규정된 방화문에 해당하지 않는 것은?

① 60분+방화문
② 60분 방화문
③ 30분+방화문
④ 30분 방화문

해설
방화문의 구분

60분+방화문	연기 및 불꽃을 차단할 수 있는 시간이 60분 이상이고, 열을 차단할 수 있는 시간이 30분 이상인 방화문
60분 방화문	연기 및 불꽃을 차단할 수 있는 시간이 60분 이상인 방화문
30분 방화문	연기 및 불꽃을 차단할 수 있는 시간이 30분 이상 60분 미만인 방화문

|정답| ③

09 대수선에 대한 설명으로 옳지 않은 것은?

① 보를 증설 또는 해체하거나 3개 이상 수선 또는 변경하는 것
② 지붕틀(한옥의 경우 지붕틀의 범위에서 서까래를 포함)을 증설 또는 해체하거나 2개 이상 수선 또는 변경하는 것
③ 내력벽을 증설 또는 해체하거나 그 벽면적을 30m² 이상 수선 또는 변경하는 것
④ 기둥을 증설 또는 해체하거나 3개 이상 수선 또는 변경하는 것

해설
대수선
건축물의 기둥, 보, 내력벽, 주계단 등의 구조나 외부 형태를 수선·변경하거나 증설하는 것으로서 대통령령으로 정하는 것을 말한다.
- 보를 증설 또는 해체하거나 3개 이상 수선 또는 변경하는 것
- 지붕틀(한옥의 경우 지붕틀의 범위에서 서까래는 제외)을 증설 또는 해체하거나 3개 이상 수선 또는 변경하는 것
- 내력벽을 증설 또는 해체하거나 그 벽면적을 30m² 이상 수선 또는 변경하는 것
- 기둥을 증설 또는 해체하거나 3개 이상 수선 또는 변경하는 것
- 방화벽 또는 방화구획을 위한 바닥 또는 벽을 증설 또는 해체하거나 수선 또는 변경하는 것
- 주계단·피난계단 또는 특별피난계단을 증설 또는 해체하거나 수선 또는 변경하는 것
- 다가구주택의 가구 간 경계벽 또는 다세대주택의 세대 간 경계벽을 증설 또는 해체하거나 수선 또는 변경하는 것
- 건축물의 외벽에 사용하는 마감재료를 증설 또는 해체하거나 벽면적 30m² 이상 수선 또는 변경하는 것

|정답| ②

10 다음 고체의 연소에 대한 설명 중 옳지 않은 것은?

① 황은 자기연소를 한다.
② 숯, 코크스는 표면연소를 한다.
③ 고체 파라핀(양초)은 증발연소를 한다.
④ 고체연소 중 분해연소는 가장 일반적인 연소형태로 목재, 종이, 석탄 등이 있다.

해설
황(S)은 증발연소를 한다.

| 정답 | ①

11 다음 중 자체점검에 대한 설명으로 옳은 것은?

① 종합점검 시 특급, 1급은 연 1회만 실시하면 된다.
② 종합점검 시 소방시설별 점검 장비를 이용하여 점검하지 않아도 된다.
③ 소방대상물의 규모·용도 및 설치된 소방시설의 종류에 의하여 자체점검자의 자격·절차 및 방법 등을 달리한다.
④ 작동점검 시 항시 소방시설관리사가 참여해야 한다.

해설
소방시설 등의 자체점검 중 작동점검

정의	점검대상	점검 기술인력	점검 횟수 및 점검 시기 등
소방시설 등을 인위적으로 조작하여 정상적으로 작동하는지를 소방시설 등 작동점검표에 따라 점검	간이스프링클러설비(주택전용 간이스프링클러설비 제외) 또는 자동화재탐지설비가 설치된 특정소방대상물	• 관계인 • 관리업에 등록된 기술인력 중 소방시설관리사 • 특급점검자 • 소방안전관리자로 선임된 소방시설관리사 및 소방기술사	연 1회 이상 실시하며, 점검 시기는 다음과 같음 • 종합점검 대상 : 종합점검(최초점검 제외)을 받은 달부터 6개월이 되는 달에 실시 • 위에 해당하지 않는 특정소방대상물 : 특정소방대상물의 사용승인일이 속하는 달의 말일까지 실시
	위에 해당하지 않는 특정소방대상물	• 관리업에 등록된 소방시설관리사 • 소방안전관리자로 선임된 소방시설관리사 및 소방기술사	
	작동점검 제외대상 • 소방안전관리자를 선임하지 않는 대상 • 위험물제조소등 • 특급 소방안전관리대상물		

| 정답 | ③

12 다음 방염에 관한 내용 중 ( ) 안에 들어갈 말로 옳은 것은?

- 방염성능기준 이상의 실내장식물 등을 설치하여야 하는 장소는 (㉠)이며, 방염대상물품은 (㉡)이다.
- 노유자 시설에서 사용하는 침구류는 방염처리된 제품의 사용을 (㉢)할 수 있다.

① ㉠ 종교시설,　　㉡ 가상체험 체육시설업에 설치하는 스크린,　㉢ 권장
② ㉠ 근린생활시설, ㉡ 영화상영관에 설치하는 스크린,　　　　　㉢ 명령
③ ㉠ 판매시설,　　㉡ 가상체험 체육시설업에 설치하는 스크린,　㉢ 권장
④ ㉠ 교육연구시설, ㉡ 영화상영관에 설치하는 스크린,　　　　　㉢ 명령

해설

- 방염성능기준 이상의 실내장식물 등을 설치해야 하는 특정소방대상물
  - 근린생활시설 중 의원, 치과의원, 한의원, 조산원, 산후조리원, 체력단련장, 공연장 및 종교집회장
  - 건축물의 옥내에 있는 시설 중 문화 및 집회시설, 종교시설, 운동시설(수영장 제외)
  - 의료시설, 교육연구시설 중 합숙소
  - 노유자 시설, 숙박이 가능한 수련시설, 숙박시설
  - 방송통신시설 중 방송국 및 촬영소
  - 다중이용업소
  - 위의 시설에 해당하지 않는 것으로서 11층 이상의 것(아파트등은 제외)
- 방염대상물품

제조 또는 가공공정에서 방염처리를 한 물품	건축물 내부의 천장이나 벽에 설치하는 물품
• 창문에 설치하는 커튼류(블라인드 포함) • 카펫 • 벽지류(두께 2mm 미만인 종이 벽지 제외) • 전시용 및 무대용 합판·목재·섬유판 • 암막·무대막(영화상영관·가상체험 체육시설업에 설치하는 스크린 포함) • 섬유류 또는 합성수지류로 제작된 소파·의자(단란주점영업·유흥주점영업·노래연습장업에 한정)	• 종이류(두께 2mm 이상), 합성수지류 또는 섬유류를 주원료로 한 물품 • 합판이나 목재 • 공간을 구획하기 위하여 설치하는 간이칸막이 • 흡음·방음을 위하여 설치하는 흡음재(흡음용 커튼 포함) 또는 방음재(방음용 커튼 포함)

- 방염처리된 물품의 사용을 권장할 수 있는 경우
  - 다중이용업소, 의료시설, 노유자 시설, 숙박시설 또는 장례식장에서 사용하는 침구류·소파 및 의자
  - 건축물 내부의 천장 또는 벽에 부착하거나 설치하는 가구류

|정답| ①

13 다음 중 「다중이용업소법」에서 정의하는 실내장식물에 해당하지 않는 것은?

① 공간을 구획하기 위하여 설치하는 간이 칸막이
② 흡음이나 방음을 위하여 설치하는 흡음재 또는 방음재
③ 종이류(두께 1mm 이하)·합성수지류 또는 섬유류를 주원료로 한 물품
④ 합판이나 목재

해설

종이류(두께 2mm 이상), 합성수지류 또는 섬유류를 주원료로 한 물품이 실내장식물에 해당한다.

| 정답 | ③

14 다음은 위험물의 유별 특성에 대한 용어이다. (　) 안에 들어갈 말로 옳은 것은?

- 제2류 위험물 : (㉠) 고체
- 제4류 위험물 : (㉡) 액체

① ㉠ 가연성, ㉡ 인화성
② ㉠ 가연성, ㉡ 발화성
③ ㉠ 산화성, ㉡ 가연성
④ ㉠ 산화성, ㉡ 자기반응성

해설

- 제2류 위험물 : 가연성 고체
- 제4류 위험물 : 인화성 액체

| 정답 | ①

15 다음 중 중유의 연소범위(vol%)로 옳은 것은?

① 15~28
② 2.5~12.8
③ 1.2~7.6
④ 1~5

해설

가연성 증기의 연소범위(vol%)

수소	4.1~75	메틸알코올	6~36
아세틸렌	2.5~81	암모니아	15~28
중유	1~5	아세톤	2.5~12.8
등유	0.7~5	휘발유	1.2~7.6

| 정답 | ④

16 다음 건축물의 용적률과 건폐율로 알맞게 짝지어진 것은?

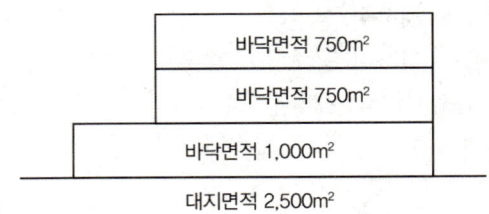

① 용적률 : 100%, 건폐율 : 40%
② 용적률 : 100%, 건폐율 : 50%
③ 용적률 : 200%, 건폐율 : 40%
④ 용적률 : 200%, 건폐율 : 50%

해설

용적률	건폐율
$\dfrac{\text{연면적}}{\text{대지면적}} \times 100\%$	$\dfrac{\text{건축면적}}{\text{대지면적}} \times 100\%$

- 용적률 = $\dfrac{\text{연면적}}{\text{대지면적}} \times 100\% = \dfrac{(750+750+1,000)\text{m}^2}{2,500\text{m}^2} \times 100\% = 100\%$

- 건폐율 = $\dfrac{\text{건축면적}}{\text{대지면적}} \times 100\% = \dfrac{1,000\text{m}^2}{2,500\text{m}^2} \times 100\% = 40\%$

| 정답 | ①

17 다음 ( ) 안에 들어갈 말로 옳은 것은?

> 소화기구의 종류 중 ( )는 초기진화에 사용하는 보조 소화용구로 투척용 소화용구, 에어로졸식 소화용구 등이 있다.

① 자동확산소화기   ② 스프링클러설비
③ 간이소화용구   ④ 소화기

해설
간이소화용구(능력단위가 1 미만인 소화기구)
- 에어로졸식 소화용구
- 투척용 소화용구
- 소공간용 소화용구
- 소화약제 이외의 것을 이용한 소화용구(마른모래, 팽창질석, 팽창진주암)

| 정답 | ③

18 다음 중 방화구획의 구조가 아닌 것은?

① 환기·난방 또는 냉방시설의 풍도가 방화구획을 관통하는 경우에는 그 관통 부분 또는 이에 근접한 부분에는 기준에 적합한 댐퍼를 설치할 것
② 60+방화문 또는 60분 방화문을 연기 또는 불꽃을 감지하여 자동적으로 닫히는 구조로 할 수 없는 경우에는 온도를 감지하여 자동적으로 닫히는 구조로 할 수 있다.
③ 60+방화문 또는 60분 방화문은 언제나 닫힌 상태를 유지하거나 화재로 인한 연기 또는 불꽃을 감지하여 자동적으로 닫히는 구조로 할 것
④ 외벽과 바닥 사이에 틈이 생긴 때나 급수관·배전관 또는 그 밖의 관이 방화구획으로 되어 있는 부분을 관통하는 경우 그로 인하여 방화구획에 틈이 생긴 때에 그 틈을 내화시간 이상 견딜 수 있는 내열채움성능이 인정된 구조로 메울 것

해설
다음에 해당하는 경우 그 부분을 내화시간 이상 견딜 수 있는 내화채움성능이 인정된 구조로 메울 것
- 급수관·배전관 또는 그 밖의 관이나 전선 등이 방화구획을 관통하여 관통부가 생기는 경우
- 방화구획의 벽, 벽과 바닥, 바닥과 바닥 사이에 접합부가 생기는 경우
- 방화구획과 외벽 사이에 접합부가 생기는 경우
- 방화구획에 그 밖의 틈이 생기는 경우

| 정답 | ④

---

19 연면적 43,000m²인 업무시설에 선임해야 하는 소방안전관리자와 소방안전관리보조자 최소 인원으로 옳은 것은?

① 소방안전관리자 1명, 소방안전관리보조자 1명
② 소방안전관리자 1명, 소방안전관리보조자 2명
③ 소방안전관리자 2명, 소방안전관리보조자 2명
④ 소방안전관리자 2명, 소방안전관리보조자 1명

해설
- 1급 소방안전관리대상물

선임대상물	• 30층 이상(지하층 제외)이거나 지상으로부터 높이가 120m 이상인 아파트 • 연면적 15,000m2 이상인 특정소방대상물(아파트 및 연립주택은 제외) • 지상층의 층수가 11층 이상인 특정소방대상물(아파트는 제외) • 가연성 가스를 1,000톤 이상 저장·취급하는 시설
선임인원	1명 이상

- 소방안전관리보조자는 연면적 15,000m²마다 1명 추가이므로 $\dfrac{45,000m^2}{15,000m^2}$ = 2.86명(내림) = 2명이다.

| 정답 | ②

20 방화구획의 설치기준 중 스프링클러설비, 기타 이와 유사한 자동식 소화설비를 설치한 10층 이하의 층은 바닥면적 몇 m² 이내마다 구획하여야 하는가?

① 1,000m² ② 2,000m²
③ 3,000m² ④ 4,000m²

해설
방화구획의 면적별·층별 구획 등

면적별 구획	• 10층 이하의 층은 바닥면적 1,000m² 이내마다 구획 • 11층 이상의 층은 바닥면적 200m²(벽 및 반자의 실내마감이 불연재료인 경우 500m²) 이내마다 구획 ※ 스프링클러설비 기타 이와 유사한 자동식 소화설비를 설치한 경우에는 상기 면적의 3배 이내마다 구획
층별 구획	매층마다 구획(지하 1층에서 지상으로 직접 연결하는 경사로 부위는 제외)
필로티 등	필로티 등의 부분을 주차장으로 사용하는 경우 그 부분은 건축물의 다른 부분과 구획할 것

∴ 1,000m² × 3배 = 3,000m² 이내마다 구획해야 한다.

|정답| ③

21 한국소방안전원의 업무로 옳지 것은?

① 소방업무에 관하여 행정기관이 위탁하는 업무
② 소방안전에 관한 국제협력
③ 소방산업 전문인력의 양성 지원
④ 화재예방과 안전관리의식 고취를 위한 대국민 홍보

해설
한국소방안전원의 업무
• 소방기술과 안전관리에 관한 교육 및 조사·연구
• 소방기술과 안전관리에 관한 각종 간행물 발간
• 화재예방과 안전관리의식 고취를 위한 대국민 홍보
• 소방업무에 관하여 행정기관이 위탁하는 업무
• 소방안전에 관한 국제협력
• 그 밖에 회원에 대한 기술지원 등 정관으로 정하는 사항

|정답| ③

22 다음 그림은 가스계 소화설비 중 기동용기함의 각 구성요소를 나타낸 것이다. 가스계 소화설비 작동점검 전 가장 우선해야 하는 안전조치로 옳은 것은?

① ㉠의 연결부분을 분리한다.
② ㉡의 압력스위치를 당긴다.
③ ㉢의 단자에 배선을 연결한다.
④ ㉣의 안전핀을 체결한다.

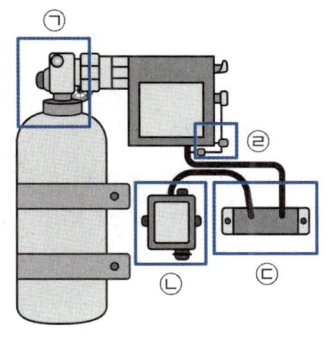

해설
가스계 소화설비의 작동점검 전 안전조치로 가장 먼저 해야 하는 것은 ㉣의 안전핀을 체결하는 것이다.

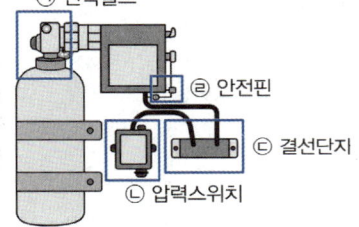

| 정답 | ④

23 피난약자의 피난계획 수립 시 고려하여야 할 공통사항으로 거리가 먼 것은?

① 피난밧줄의 보유수량 및 사용법
② 소방안전교육 및 훈련 실시
③ 적절한 설비 설치
④ 건물에 대한 이해

해설
피난약자의 피난계획 수립 시 고려하여야 할 공통사항
- 건물에 대한 이해
- 피난약자에 대한 현황파악과 피난보조요령 등 숙지
- 적절한 설비 설치
- 소방안전교육 및 훈련 실시
- 효과적인 피난시스템 구축

| 정답 | ①

24 객석통로의 직선 부분 길이가 58m인 경우 객석유도등은 최소 몇 개를 설치하여야 하는가?

① 13개 ② 14개
③ 15개 ④ 16개

해설

객석유도등 설치개수 = $\dfrac{\text{객석통로의 직선 부분 길이(m)}}{4} - 1$

$= \dfrac{58m}{4} - 1 = 13.5$개 = 14개(소수점 올림)

| 정답 | ②

25 다음 중 부속실 제연설비의 대한 설명으로 옳지 않은 것은?

① 급기가압방식으로 제연한다. ② 피난로에 적용한다.
③ 수평피난의 목적이다. ④ 인명안전의 목적이다.

해설
제연설비의 구분

구분	거실 제연설비	부속실(급기가압) 제연설비
목적	인명안전, 수평피난, 소화활동	인명안전, 수직피난, 소화활동
적용	화재실(거실)	피난로(부속실, 계단실)
제연방식	급·배기방식	급기가압방식

| 정답 | ③

26 다음 중 비화재보의 원인과 대책으로 옳지 않은 것은?

① 원인 : 천장형 온풍기에 밀접하게 설치된 경우 / 대책 : 기류흐름 방향에서 이격하여 설치
② 원인 : 주방에 비적응성 감지기가 설치된 경우 / 대책 : 적응성 감지기(차동식)으로 교체
③ 원인 : 청소불량에 의한 감지기 오작동 / 대책 : 내부 먼지 제거 후 복구스위치 누름 또는 감지기 교체
④ 원인 : 담배연기로 인한 연기감지기 작동 / 대책 : 흡연구역에 환풍기 등 설치

해설

주요원인	대책
주방에 '비적응성 감지기'가 설치된 경우	적응성 감지기(정온식 감지기 등)로 교체

| 정답 | ②

27 다음 그림에 대한 설명으로 옳은 것은?

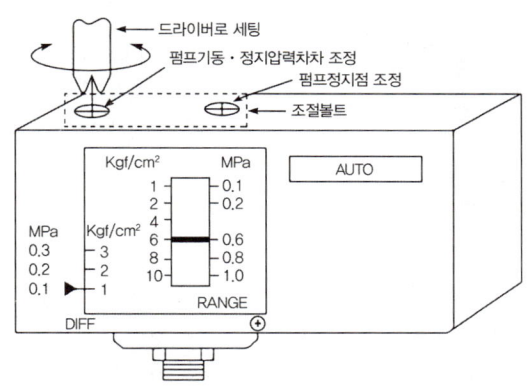

① 펌프의 정지점은 0.4MPa이다.
② 펌프의 정지점은 0.6MPa이다.
③ 펌프의 기동점은 0.4MPa이다.
④ 펌프의 기동점은 0.6MPa이다.

해설

Range	펌프의 정지압력	Diff	정지압력(Range) − 기동압력

- 정지점(Range) : 0.6MPa
- Diff = 0.1MPa
- 기동점 = 정지압력(Range) − Diff = 0.6 − 0.1 = 0.5MPa

| 정답 | ②

28 다음 중 기도 확보를 위한 응급처치의 기본원칙으로 옳은 것은?

① 이물질이 제거된 후 머리를 옆으로 젖히고, 턱을 아래로 내려 기도를 개방한다.
② 환자의 입 안에 이물질이 있는 경우 기침을 유도한다.
③ 눈에 보이는 이물질은 손을 넣어 제거한다.
④ 환자가 기침을 할 수 있을 때 복부 밀어내기를 실시한다.

해설

응급처치 요령(기도 확보)
- 환자의 입 내에 이물질이 있을 경우 기침을 유도한다.
- 환자의 입 내에 눈에 보이는 이물질이라 하여 함부로 제거하려 해서는 안 된다.
- 환자가 구토를 하는 경우 머리를 옆으로 돌려 구토물의 흡입으로 인한 질식을 예방해준다.
- 이물질이 제거된 후 머리를 뒤로 젖히고, 턱을 위로 들어 올려 기도가 개방되도록 한다.
- 환자가 기침을 할 수 없는 경우 복부 밀어내기(하임리히법)를 실시한다.

| 정답 | ②

29. 다음 중 일반인 심폐소생술의 시행 순서로 옳은 것은?

> ㉠ 가슴압박 30회 시행　　㉡ 119 신고
> ㉢ 호흡 확인　　　　　　㉣ 회복자세
> ㉤ 반응의 확인　　　　　㉥ 가슴압박과 인공호흡의 반복
> ㉦ 인공호흡 2회 시행

① ㉤ → ㉡ → ㉢ → ㉠ → ㉦ → ㉥ → ㉣
② ㉤ → ㉥ → ㉢ → ㉣ → ㉠ → ㉡ → ㉦
③ ㉢ → ㉣ → ㉡ → ㉠ → ㉤ → ㉦ → ㉥
④ ㉢ → ㉦ → ㉣ → ㉤ → ㉡ → ㉠ → ㉥

해설

일반인 심폐소생술 시행방법
반응의 확인 → 119 신고 → 호흡 확인 → 가슴압박 30회 시행(성인의 경우 분당 100~120회) → 인공호흡 2회 시행 → 가슴압박과 인공호흡의 반복 → 회복자세

| 정답 | ①

30. 다음 표에서 설명하는 소화기에 대한 설명으로 알맞은 것은?

주성분	이산화탄소
총중량	6.8kg
적응화재	BC급
제조연월일	2018.11.11

① 유류화재 및 전기화재에 사용이 가능하다.
② 일반화재에 사용이 가능하다.
③ 소화약제량은 6.8kg이다.
④ 분말소화기로 2030년 11월 10일까지 사용이 가능하다.

해설

화재의 분류

A급	B급	C급	D급	K급
일반	유류	전기	금속	주방

| 정답 | ①

31 다음 그림은 화재발생 시 수신기 상태이다. 이에 대한 설명으로 옳지 않은 것은?

① 2층에서 화재가 발생하였다.
② 경종이 울리고 있다.
③ 화재 신호기기는 발신기이다.
④ 화재 신호기기는 감지기이다.

해설
발신기램프가 점등되어 있지 않으므로 화재 신호기기는 감지기로 추정할 수 있다.

| 정답 | ③

32 출혈의 증상으로 옳은 것은?

① 동공이 축소되고 두려움이나 불안을 호소한다.
② 반사작용이 민감해진다.
③ 구토가 발생한다.
④ 호흡과 맥박이 느리고 약하며 불규칙하다.

해설
출혈의 증상
• 호흡과 맥박이 빠르고 약하고 불규칙하며, 체온이 떨어지고 호흡곤란도 나타난다.
• 반사작용이 둔해진다.
• 탈수현상이 나타나며 갈증을 호소한다.
• 동공이 확대되고 두려움이나 불안을 호소한다.
• 혈압이 점차 저하되며, 피부가 창백해지고 차고 축축해진다.
• 구토가 발생한다.

| 정답 | ③

33 다음 그림은 옥내소화전설비의 동력제어반과 감시제어반을 나타낸 것이다. 이에 대한 설명으로 옳지 않은 것은?

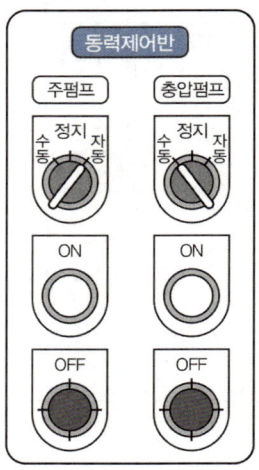
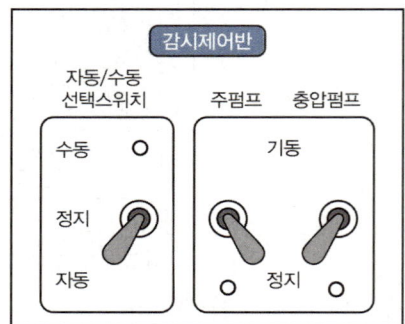

① 감시제어반은 정상상태로 유지·관리되고 있다.
② 동력제어반에서 주펌프 ON 버튼을 누르면 주펌프는 기동하지 않는다.
③ 감시제어반에서 주펌프스위치를 기동 위치로 올리면 주펌프는 기동한다.
④ 동력제어반에서 충압펌프를 자동 위치로 돌리면 모든 제어반은 정상상태가 된다.

해설

감시제어반의 스위치와 표시등
• 평상시에 펌프는 정지상태로 '자동(연동)'에 있어야 한다.
• 시험점검을 위한 수동 조작 시에는 자동/수동 절환스위치를 '수동' 위치에, 주펌프 또는 충압펌프는 '기동' 버튼을 눌러야 한다.
→ 감시제어반에서 선택스위치를 수동으로 올리고, 주펌프스위치를 기동으로 올려 주어야 주펌프가 기동한다.

| 정답 | ③

34 바닥면적이 2,000m²인 근린생활시설에 3단위 분말소화기를 비치하고자 한다. 소화기는 최소 몇 개가 필요한가? (단, 이 건물은 내화구조로서 벽 및 반자의 실내에 면하는 부분이 불연재료이다)

① 2개
② 3개
③ 4개
④ 5개

해설

- 특정소방대상물별 소화기구의 능력단위 기준

근린생활시설·판매시설·운수시설·숙박시설·노유자 시설·전시장·공동주택·업무시설·방송통신시설·공장·창고시설·항공기 및 자동차 관련 시설 및 관광휴게시설	해당 용도의 바닥면적 100m²마다 능력단위 1단위 이상

※ 건축물의 주요구조부가 내화구조이고, 벽 및 반자의 실내에 면하는 부분이 불연재료·준불연재료 또는 난연재료로 된 특정소방대상물은 위 표의 기준면적의 2배로 함

- 근린생활시설은 바닥면적 100m²마다 능력단위 1단위 이상이고, 내화구조·불연재료라 하였으므로 2배를 적용하면 다음과 같이 구할 수 있다.

$$\text{소화기 개수} = \frac{2{,}000\text{m}^2}{100\text{m}^2 \times 2\text{배} \times 3\text{단위}} = 4\text{개}$$

|정답| ③

35 다음 중 지구대 설정 시 고려할 수 있는 구역별 설정 기준에 대한 내용으로 옳지 않은 것은?

① 임차구역은 대상구역의 권리권원에 따라 구역을 설정할 수 있다.
② 수직구역은 대상물의 층을 기준으로 구역을 설정한다.
③ 수평구역은 대상물의 면적을 기준으로 구역을 설정한다.
④ 용도구역은 주차장, 공장, 강당 등 대상구역의 용도에 따라 구역을 설정한다.

해설

지구대 설정 시 고려할 수 있는 구역 설정 기준

구분	적용기준	구역 설정
수직구역	대상물의 층(Floor)	단일 층 또는 일부 층(5층 이내)을 하나의 구역으로 설정
수평구역	대상물의 면적(Area)	하나의 층이 1,000m² 초과 시 구역을 추가 설정하거나 대상물의 방화구획 기준으로 구분
임차구역	대상구역의 관리권원(Tenancy)	구역 내 관리권원(임차권)별로 분할하거나 다수의 관리권원을 통합해 설정
용도구역	대상구역의 용도(Occupancy)	비거주용도(주차장, 강당, 공장 등)는 구역 설정에서 제외

|정답| ④

36 정온식 스포트형 감지기에서 접점을 붙여 화재신호를 수신기에 보내는 역할을 하는 것은?

① 감열판 ② 리크구멍
③ 바이메탈 ④ 다이아프램

해설
정온식 스포트형 감지기의 작동원리
화재 시 감열판에 열 전달 → 바이메탈이 휘어져서 기동접점으로 이동 → 접점이 붙어 화재신호를 수신기에 전달

| 정답 | ③

37 소화기의 작동점검 시 점검결과의 조치내용으로 옳은 것은? (현재시점은 2018년이다)

주의사항
1. 매월 1회 이상 지시압력계의 바늘이 정상위치에 있는가를 확인 2. 소화기 설치 시에는 태양의 직사 고온다습의 장소를 피한다. 3. 사용 시에는 바람을 등지고 방사하고 사용 후에는 내부약제를 완전 방출하여야 한다. 4. 사람을 향하여 방사하지 마십시오. ※ 소화약제 물질 안전자료 관련정보(MSDS 정보) 　① 위험물질 정보(0.1% 초과 시 목록) : 없음 　② 내용물의 5%를 초과하는 화학물질목록 : 제1인산암모늄, 석분 　③ 위험한 약제에 관한 정보 : 폐자극성 분진
제조연월　　　　2013.11

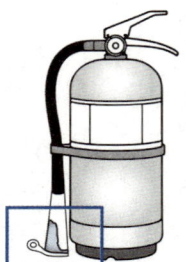

① 소화기 외관점검 시 불량내용에 대하여 조치를 한 경우, 점검결과에 기록하지 않는다.
② 노즐이 경미하게 파손되었지만 정상적인 소화활동을 위하여 노즐을 즉시 교체하였다.
③ 레버가 파손되어 소화기를 즉시 교체하였다.
④ 내용연수가 초과되어 소화기를 교체하였다.

해설
소방대상물의 관계인은 소방시설을 항상 정상적으로 작동할 수 있는 상태로 유지·관리해야 하므로 노즐이 경미하게 파손되었더라도 즉시 교체하여 원래의 기능을 확보해야 한다.

| 정답 | ②

38. K급 화재의 적응물질로 옳은 것은?

① 목재
② 유류
③ 금속류
④ 동·식물성 유지

해설
K급 화재(주방화재) : 주방에서 동·식물유를 취급하는 조리기구에서 일어나는 화재

| 정답 | ④

39. 가스계 소화설비를 점검하기 위하여 안전조치를 하고, 기동용기 솔레노이드밸브 격발시험을 하기 위해 방호구역 내 감지기 A만 작동시켰다. 다음 그림을 보고 확인해야 할 사항으로 옳지 않은 것은?

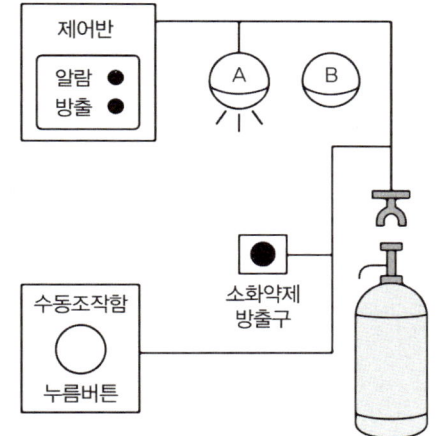

① 음향경보 작동 확인
② 감시제어반 화재표시등 점등 확인
③ 감지기 A 작동표시등 점등 확인
④ 방호구역 출입문 상단의 방출표시등 점등 확인

해설
- 점검 및 확인(기동용기 솔레노이드밸브 격발시험)
  - 감지기 A, B를 동작
  - 수동조작함에서 기동스위치 눌러 작동
  - 솔레노이드밸브의 수동조작버튼 눌러 작동(즉시격발)
  - 제어반에서 솔레노이드밸브 스위치를 '수동', '기동' 위치에 놓고 작동
  - 감지기가 작동할 경우 감시제어반에서 화재표시등과 감지기 작동표시등이 점등되며 경종이 울린다.
- 방출표시등은 압력스위치 동작에 의해 점등된다.

| 정답 | ④

40 다음 그림의 시험밸브함을 열어 밸브 개방 시 측정되어야 할 정상압력(MPa)의 범위로 옳은 것은?

① 0.1MPa 이상 1.2MPa 이하
② 0.17MPa 이상 0.7MPa 이하
③ 0.1MPa 이상 1.4MPa 이하
④ 0.17MPa 이상 0.98MPa 이하

해설
- 시험밸브함은 스프링클러설비에 사용
- 스프링클러설비의 방수압력 : 0.1MPa 이상 1.2MPa 이하

| 정답 | ①

41 자동심장충격기(AED)의 사용방법으로 옳지 않은 것은?

① 심장충격이 필요한 환자인 경우에만 제세동 버튼이 깜박이기 시작하며, 깜박일 때 심장충격 버튼을 눌러 심장충격을 시행한다.
② 환자의 상체를 노출시킨 다음 패드 포장을 열고 2개의 패드를 환자의 가슴 피부에 붙인다.
③ 자동심장충격기를 심폐소생술에 방해가 되지 않는 위치에 놓은 뒤 전원 버튼을 누른다.
④ 패드 1은 왼쪽 빗장뼈(쇄골) 바로 아래에, 패드 2는 오른쪽 젖꼭지 아래의 중간겨드랑선에 부착한다.

해설
패드 1은 오른쪽 빗장뼈(쇄골) 바로 아래에, 패드 2는 왼쪽 젖꼭지 아래의 중간겨드랑선에 부착한다.

| 정답 | ④

42 건식 스프링클러설비 시스템이 적합한 장소로 옳은 것은?

① 즉시 방수가 필요한 병원 및 전산실
② 온도가 낮아 동결 위험이 있는 장소
③ 상시 사람이 거주하는 주거공간
④ 배관 내 압력 손실이 큰 고층건물

해설

스프링클러설비 종류별 특징 및 장단점

구분	폐쇄형			개방형
	습식	건식	준비작동식	일제살수식
내용물	배관 내 가압수	• 1차 측 : 가압수 • 2차 측 : 압축공기	• 1차 측 : 가압수 • 2차 측 : 대기압	• 1차 측 : 가압수 • 2차 측 : 대기압
주요 구성요소	• 자동경보밸브 • 압력스위치 • 탬퍼스위치	• 건식 밸브 • 가속기 • 공기배출기 • 공기압축기 • 압력스위치 • 탬퍼스위치	• 준비작동밸브 • 수동조작함 • 압력스위치 • 화재감지기 • 수동기동장치	• 일제개방밸브 • 화재감지기 • 수동기동장치 • 탬퍼스위치
장점	• 구조가 간단하고 공사비 저렴 • 소화가 신속함 • 타 방식에 비해 유지관리 용이	동결 우려 장소 및 옥외 사용 가능	• 동결 우려 장소 사용 가능 • 헤드 오작동(개방) 시 수손피해 우려 없음 • 헤드 개방 전 경보로 조기 대처 용이	• 초기화재에 신속 대처 용이 • 층고가 높은 장소에서도 소화 가능
단점	• 동결 우려 장소 사용 제한 • 헤드 오작동 시 수손피해 및 배관 부식 촉진	• 살수개시 시간 지연 및 복잡한 구조 • 화재초기 압축공기에 의한 화재 촉진 우려 • 일반 헤드인 경우 상향형으로 시공해야 함	• 감지장치로 감지기 별도 시공 필요 • 구조 복잡, 시공비 고가 • 2차 측 배관 부실시공 우려	• 대량살수로 수손피해 우려 • 화재감지장치 별도 필요

| 정답 | ②

43 다음 중 화재로 인하여 진피의 모세혈관이 손상되며 물집이 터져 진물이 나고 감염의 위험이 있는 화상의 분류는?

① 1도 화상 ② 2도 화상
③ 3도 화상 ④ 4도 화상

해설
화상의 분류

표피화상 (1도 화상)	• 피부 바깥층의 화상을 말함 • 약간의 부종과 홍반이 나타나며 부어오르면서 통증을 느끼나 치료 시 흉터 없이 치료됨
부분층화상 (2도 화상)	• 피부의 두 번째 층까지 화상으로 손상되어 심한 통증과 발적, 수포가 발생하므로 표피가 얼룩덜룩하게 됨 • 진피의 모세혈관이 손상되며 물집이 터져 진물이 나고 감염의 위험이 있음
전층화상 (3도 화상)	• 피부 전층이 손상되며 피하지방과 근육층까지 손상된 상태 • 피부는 가죽처럼 매끈하고 회색이나 검은색으로도 됨 • 피부에 체액이 통하지 않아 화상 부위는 건조하며 통증이 없음

|정답| ②

44 다음 그림에서 자동심장충격기의 구성요소 중 제세동 버튼에 해당하는 것은?

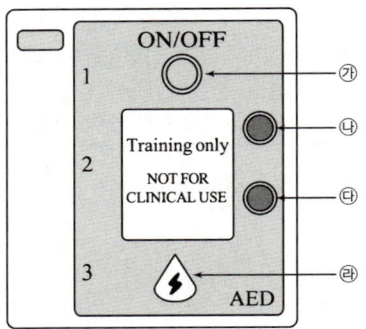

① ㉮ ② ㉯
③ ㉰ ④ ㉱

해설
심장충격이 필요한 경우 제세동 버튼(㉱)을 눌러 심장충격을 시행한다.

|정답| ④

45 다음 그림은 가스 계소화설비 중 기동용기함의 각 구성요소를 나타낸 것이다. 가스계 소화설비 작동점검 전 가장 우선해야 하는 안전조치로 옳은 것은?

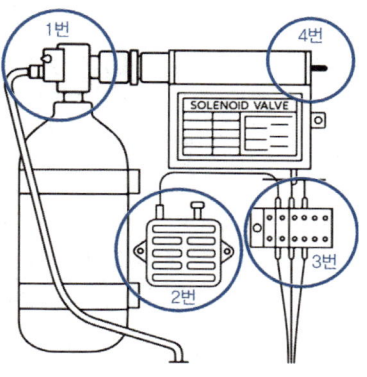

① 1번의 연결부분을 분리한다.
② 2번의 압력스위치를 당긴다.
③ 3번의 단자에 배선을 연결한다.
④ 4번의 안전핀을 체결한다.

해설
작동점검 전 안전조치

솔레노이드 격발		
안전핀 체결	솔레노이드 분리	안전핀 제거

|정답| ④

46 훈련절차 중 물품반출 담당으로 올바른 팀은?

① 초기소화팀 ② 피난유도팀
③ 비상연락팀 ④ 방호안전팀

해설
방호안전팀 임무
• 물품반출   • 출입통제
• 사후복구   • 방화구획 조치 등

|정답| ④

47 자동화재탐지설비의 자체점검 시 다음과 같은 사항을 점검하여 확인된 결과를 점검표에 작성하였다. 점검결과를 잘못 작성한 것은?

〈점검 시 확인사항〉
- 예비전원 시험결과 전압표시등이 녹색으로 점등되었다.
- 수신기의 스위치주의표시등이 점멸을 반복하고 있음을 확인하였다.
- 수신기에서 도통시험 실시 결과 단선을 표시하였다.
- 계단실 연기감지기가 불량으로 확인되었다.

〈점검표 작성 내용〉

	구분	점검항목	점검결과
①	수신기	조작스위치가 정상 위치에 있는지 여부	○
②	감지기	감지기 작동시험 적합 여부	×
③	전원	예비전원 성능 적정 여부	○
④	배선	수신기 도통시험 회로 정상 여부	×

해설
수신기의 스위치주의표시등이 점멸을 반복하고 있다는 것은 수신기의 조작스위치 중 하나라도 정상 위치에 있지 않는 경우이므로 점검결과는 ×이다.

|정답| ①

48 다음 중 오피스텔, 지하층, 무창층 또는 층수가 11층 이상인 특정소방대상물에 설치하는 유도등 및 유도표지의 종류로 옳은 것은?

① 대형피난구유도등, 통로유도등, 객석유도등
② 대형피난구유도등, 통로유도등
③ 소형피난구유도등, 통로유도등
④ 중형피난구유도등, 통로유도등

해설
특정소방대상물의 용도별로 설치하는 유도등 및 유도표지의 종류

숙박시설(관광숙박업 외의 것), 오피스텔	중형피난구유도등, 통로유도등
지하층, 무창층 또는 층수가 11층 이상인 특정소방대상물	

|정답| ④

49 다음 표는 특정소방대상물에 설치해야 하는 휴대용 비상조명등의 설치대상 및 설치개수에 대한 내용이다. ( ) 안에 들어갈 말로 옳은 것은?

설치대상	설치개수
숙박시설, 다중이용업소	(㉠)개 이상
영화상영관, 판매시설 중 대규모점포	50m 이내마다 (㉡)개 이상

① ㉠ 1, ㉡ 3
② ㉠ 1, ㉡ 1
③ ㉠ 3, ㉡ 3
④ ㉠ 3, ㉡ 1

해설

휴대용 비상조명등 설치대상
- 숙박시설 또는 다중이용업소에는 객실 또는 영업장 안의 구획된 실마다 잘 보이는 곳(외부에 설치 시 출입문 손잡이로부터 1m 이내 부분)에 1개 이상 설치
- 대규모점포(지하상가 및 지하역사 제외), 영화상영관에는 보행거리 50m 이내마다 3개 이상 설치

| 정답 | ①

50 다음 중 준비작동식 스프링클러설비 점검 시 A 감지기 또는 B 감지기 중 하나만 작동 시 확인해야 할 사항으로 옳은 것은?

① 펌프의 자동기동 여부 확인
② 솔레노이드밸브 개방 여부 확인
③ 감시제어반 밸브개방표시등 점등 여부 확인
④ 경종 또는 사이렌 경보, 화재표시등 점등 여부 확인

해설

준비작동식 스프링클러설비 점검 시 확인사항

A or B 감지기 작동	A and B 감지기 작동
• 화재표시등, A 감지기 or B 감지기 지구표시등 점등 • 경종 또는 사이렌 경보	• 화재표시등, A 감지기, B 감지기 지구표시등 점등 여부 확인 • 솔레노이드밸브 개방 여부 확인 • 화재수신반 밸브개방표시등의 점등 여부 확인 • 사이렌 또는 경종의 발령 상태 확인 • 펌프의 자동기동 여부 확인

| 정답 | ④

소방안전관리자 1급 8개년 기출문제집 + 무료특강

합격까지 박문각

PART 03

최빈출 기출 30제

Chapter 01 최빈출 기출 30제

빈출 01 `2025` `2024` `2021`

다음 〈조건〉을 참고하여 숙박시설이 있는 특정소방대상물의 수용인원을 산정한 수로 옳은 것은?

[조건]
- 침대가 있는 숙박시설로 2인용 침대의 수는 9개이다.
- 종업원의 수는 3명이다.
- 바닥면적은 30m²이다.

① 11명　　② 21명
③ 31명　　④ 55명

숙박시설이 있는 특정소방대상물의 수용인원 산정방법

침대가 있는 경우	종사자 수 + 침대 수(2인용 침대는 2개로 산정)
침대가 없는 경우	종사자 수 = $\dfrac{\text{바닥면적 합계}}{3m^2}$

∴ 종사자 수 + 침대 수 = 3 + (2인용 × 9개) = 21명

빈출 02 `2025` `2024` `2020` `2019`

연료가스의 종류와 특성에 대한 설명으로 옳지 않은 것은?

① LNG의 폭발범위는 6 ~ 19%이다.
② LPG의 비중은 1.5 ~ 2이다.
③ 부탄의 폭발범위는 1.8 ~ 8.4%이다.
④ 프로판의 폭발범위는 2.1 ~ 9.5%이다.

연료가스의 종류와 특성

구분	액화석유가스(LPG)	액화천연가스(LNG)
비중	1.5 ~ 2 (누출 시 낮은 곳에 체류)	0.6 (누출 시 천장 쪽에 체류)
폭발범위	• 프로판 : 2.1 ~ 9.5% • 부탄 : 1.8 ~ 8.4%	5 ~ 15%

빈출 03 `2021` `2019`

「소방기본법」상 용어의 정의 중 소방대상물이 아닌 것은?

① 인공 구조물　　② 운항 중인 선박
③ 산림　　　　　④ 차량

소방대상물
건축물, 차량, 선박(항구에 매어둔 선박만 해당), 선박 건조 구조물, 산림 그 밖의 인공 구조물 또는 물건

빈출 04 `2024` `2023` `2020`

전기화재의 원인이 아닌 것은?

① 단선에 의한 발화
② 누전에 의한 발화
③ 접촉부의 과열에 의한 발화
④ 지락에 의한 발화

단선은 단순히 전선이 끊어져 회로가 끊어지는 상태를 말하므로 전류의 흐름이 차단될 뿐, 일반적으로 열이나 스파크가 발생하지 않아 직접적인 발화 원인이 되지 않는다.

빈출 05 2025 2024 2023 2019 2018

바닥면적이 2,000m²인 근린생활시설에 3단위 분말소화기를 비치하고자 한다. 소화기는 최소 몇 개가 필요한가? (단, 이 건물은 내화구조로서 벽 및 반자의 실내에 면하는 부분이 불연재료이다)

① 2개 ② 3개
③ 4개 ④ 5개

근린생활시설은 바닥면적 100m²마다 능력단위 1단위 이상이고, 내화구조·불연재료라 하였으므로 2배를 적용하면 다음과 같이 구할 수 있다.

소화기 개수 = $\dfrac{2,000m^2}{100m^2 \times 2배 \times 3단위}$ = 4개

빈출 06 2024 2023 2022 2021 2018

부속실 제연설비에 대한 설명으로 옳지 않은 것은?

① 급기가압방식으로 제연한다.
② 피난로에 적용한다.
③ 수평피난의 목적이다.
④ 인명안전의 목적이다.

제연설비의 구분

구분	거실 제연설비	부속실(급기가압) 제연설비
목적	인명안전, 수평피난, 소화활동	인명안전, 수직피난, 소화활동
적용	화재실(거실)	피난로 (부속실, 계단실)
제연방식	급·배기방식	급기가압방식

빈출 07 2021 2020

준비작동식 스프링클러설비의 수동조작함(SVP) 스위치를 누를 경우 다음 감시제어반의 표시등이 점등되어야 할 것으로 옳은 것은? (단, 주어지지 않은 조건은 무시한다)

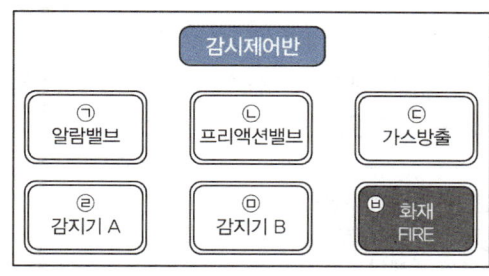

① ㉡, ㉥ ② ㉢, ㉥
③ ㉠, ㉣ ④ ㉡, ㉢

준비작동식 스프링클러설비의 수동조작함 스위치를 누른 경우
• 펌프 작동
• 음향장치 작동
• 감시제어반 밸브개방표시등 점등
• 화재표시등 점등

빈출 08 2022 2020

건축물 사용승인일이 2022년 1월 20일이라면 종합점검 시기와 작동점검 시기가 순서대로 옳은 것은?

① 종합점검 시기 : 1월, 작동점검 시기 : 7월
② 종합점검 시기 : 6월, 작동점검 시기 : 12월
③ 종합점검 시기 : 4월, 작동점검 시기 : 10월
④ 종합점검 시기 : 3월, 작동점검 시기 : 9월

종합점검은 사용승인 달에 실시하므로 1월에, 작동점검은 종합점검을 받은 달부터 6개월이 되는 달에 실시하므로 7월에 실시한다.

종합점검	작동점검
사용승인 달에 실시	종합점검 받은 달부터 6개월이 되는 달에 실시

빈출 09 2025 2024 2023 2019

4층 이상 노유자 시설의 피난기구 중 적응성이 있는 것은?

① 피난용 트랩
② 피난교
③ 피난사다리
④ 완강기

노유자 시설 피난기구의 적응성

1층	• 미끄럼대 • 피난교 • 승강식 피난기	• 구조대 • 다수인 피난장비
2층	• 미끄럼대 • 피난교 • 승강식 피난기	• 구조대 • 다수인 피난장비
3층	• 미끄럼대 • 피난교 • 승강식 피난기	• 구조대 • 다수인 피난장비
4층 이상 10층 이하	• 구조대 • 다수인 피난장비	• 피난교 • 승강식 피난기

빈출 10 2025 2022 2019

11층의 건물에 옥내소화전 7개, 옥외소화전 3개가 설치되어 있을 때 필요한 수원의 양은?

① $19.2m^3$
② $20.7m^3$
③ $23m^3$
④ $39.5m^3$

• 옥내소화전설비의 수원의 양 : 옥내소화전의 설치개수가 가장 많은 층의 설치개수 N(2개 이상 설치된 경우 2개, 고층건축물의 경우 최대 5개)에 $2.6m^3$(130L/min × 20min)를 곱한 양 이상

30 ~ 49층	N × $5.2m^3$(130L/min × 40min) 이상 (N 최대 개수 5개)
50층 이상	N × $7.8m^3$(130L/min × 60min) 이상 (N 최대 개수 5개)

→ Q = 2.6N = 2.6 × 2 = $5.2m^3$
• 옥외소화전설비 수원의 양 : Q = 7N(최대 2개)
→ Q = 7N = 7 × 2 = $14m^3$
∴ 필요한 수원의 양 = $5.2m^3$ + $14m^3$ = $19.2m^3$

빈출 11 2023 2021

다음 중 위험물과 지정수량의 연결이 옳지 않은 것은?

① 글리세린 - 4,000L
② 중유 - 1,000L
③ 등유 - 1,000L
④ 아세톤 - 400L

중유의 지정수량은 2,000L이다.

빈출 12 2025 2024 2020 2019

소방계획의 수립 절차는 4단계로 구성된다. 다음 중 2단계(위험환경 분석)의 내용에 해당하는 것을 모두 고른 것은?

㉠ 위험환경 식별
㉡ 위험환경 분석/평가
㉢ 위험환경 목표/전략 수립
㉣ 위험환경 경감대책 수립

① ㉠, ㉣
② ㉡, ㉢, ㉣
③ ㉠, ㉡, ㉣
④ ㉡, ㉣

2단계(위험환경 분석) : 위험환경 식별 → 위험환경 분석/평가 → 위험경감대책 수립

빈출 13   2021 2018

가스계 소화설비의 점검을 위해 기동용기와 솔레노이드밸브를 분리하였다. 다음 그림과 같이 감지기를 동작시킨 경우 확인되는 사항으로 옳지 않은 것은? (단, 교차회로감지기 2개를 작동시켰다)

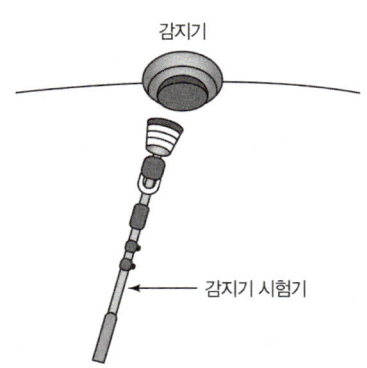

① 제어반 화재표시
② 솔레노이드밸브 파괴침 동작
③ 사이렌 또는 경종 동작
④ **방출표시등 점등**

- 기동용기와 솔레노이드밸브를 분리한 다음 감지기를 동작시켰으므로 방출표시등은 점등되지 않는다.
- 방출표시등은 압력스위치 동작에 의해 점등된다.

빈출 14   2025 2024

P형 수신기의 예비전원시험(전압계 방식)을 하기 위해 예비전원 버튼을 눌렀을 때 전압계가 다음과 같이 지시하였다. 다음 중 옳은 것은?

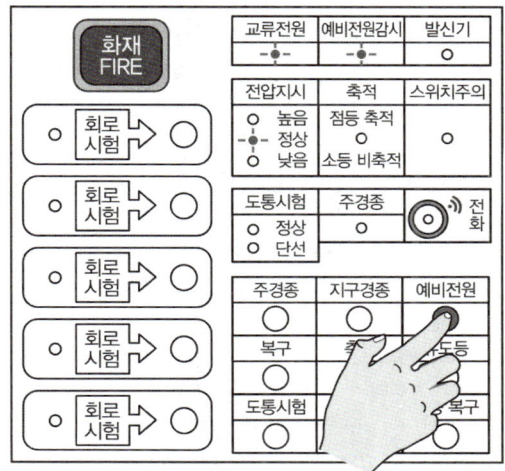

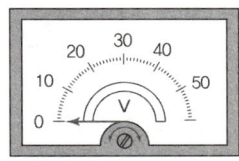

① 예비전원이 정상이다.
② **예비전원이 불량이다.**
③ 교류전원을 점검하여야 한다.
④ 예비전원 전압이 과도하게 높다.

예비전원시험스위치를 눌렀을 때 전압계인 경우 전압범위가 약 19 ~ 29[V]이면 정상이다. 그림에서 전압계가 0[V]를 지시하고 있으므로 예비전원은 불량이다.

빈출 15 2025 2023 2022 2021 2019

다음의 응급처치요령 중 빈칸에 알맞은 내용으로 옳은 것은?

> • 가슴압박
> - 위치 : 환자의 가슴뼈(흉골)의 아래쪽 절반 부위
> - 자세 : 양팔을 쭉 편 상태로 체중을 실어서 환자의 몸과 수직이 되도록 가슴을 압박하고, 압박된 가슴은 완전히 이완되도록 한다.
> - 속도 및 깊이 : 소아를 기준으로 속도는 (㉠)회/분, 깊이는 약 (㉡)cm
> • 자동심장충격기(AED) 사용
> - 자동심장충격기의 전원을 켜고 환자의 상체에 패드를 부착한다.
> - 부착 위치 : (㉢) 아래, (㉣) 젖꼭지 아래의 중간겨드랑선
> - "분석 중…"이라는 음성지시가 나오면, 심폐소생술을 멈추고 환자에서 손을 뗀다. (이하 생략)

① ㉠ 80 ~ 100, ㉡ 5 ~ 6,
㉢ 왼쪽 빗장뼈, ㉣ 오른쪽
② ㉠ 100 ~ 120, ㉡ 4 ~ 5,
㉢ 오른쪽 빗장뼈, ㉣ 왼쪽
③ ㉠ 90 ~ 100, ㉡ 1 ~ 2,
㉢ 오른쪽 빗장뼈, ㉣ 왼쪽
④ ㉠ 100 ~ 120, ㉡ 4 ~ 5,
㉢ 왼쪽 빗장뼈, ㉣ 오른쪽

• 가슴압박은 성인에서 분당 100 ~ 120회의 속도와 약 5cm 깊이(소아 4 ~ 5cm)로 강하고 빠르게 시행한다.
• 자동심장충격기는 두 개의 패드를 부착하는데, 패드 1은 오른쪽 빗장뼈 아래, 패드 2는 왼쪽 젖꼭지 아래의 중간겨드랑선에 부착한다.

빈출 16 2025 2024 2021 2020 2019

다음 중 옥내소화전설비의 방수압력 측정조건 및 방법으로 옳은 것은?

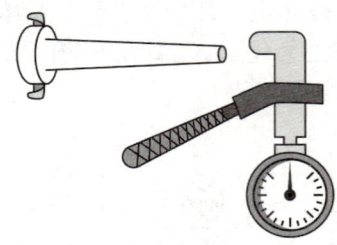

① 반드시 방사형 관창을 이용하여 측정해야 한다.
② 방수압력 측정계는 노즐의 선단에서 근접(노즐구경의 $\frac{1}{2}$)하여 측정한다.
③ 방수압력 측정 시 정상압력은 0.15MPa 이하로 측정되어야 한다.
④ 방수압력 측정계로 측정할 경우 물이 나가는 방향과 방수압력 측정계의 각도는 상관없다.

옥내소화전설비의 방수압력 측정
• 방수압력 측정방법 : 방수구에 호스를 결속한 상태로 노즐의 선단에 방수압력 측정계(피토게이지)를 근접(D/2)시켜서 측정하여 방수압력 측정계(피토게이지)의 압력계상의 눈금을 확인한다.
• 방수압력 측정 시 주의사항
- 초기 방수 시 물속에 이물질이나 공기가 완전히 배출된 후 측정
- 반드시 직사형 관창을 이용하여 측정
- 피토게이지는 봉상주수(막대모양 분사) 상태에서 직각으로 측정
• 방수압력 측정 시 정상압력 : 0.17MPa 이상 0.7MPa 이하

빈출 17 `2024` `2022` `2021` `2020` `2018`

다음 〈조건〉을 기준으로 스프링클러설비의 주펌프 압력스위치의 설정값으로 옳은 것은? (단, 압력스위치의 단자는 고정되어 있으며, 옥상수조는 없다)

[조건]
- 조건 1 : 펌프양정 70m
- 조건 2 : 가장 높이 설치된 헤드로부터 펌프 중심점까지의 낙차를 압력으로 환산한 값 = 0.3MPa

① RANGE : 0.7MPa, DIFF : 0.3MPa
② **RANGE : 0.7MPa, DIFF : 0.25MPa**
③ RANGE : 0.3MPa, DIFF : 0.7MPa
④ RANGE : 0.3MPa, DIFF : 0.25MPa

Range	펌프의 정지압력
Diff	정지압력(Range) − 기동압력

- Range(정지점) : 70m = 0.7MPa(주펌프의 정지점은 펌프의 양정이다)
- 기동압력 = 0.3 + 0.15 = 0.45MPa
  ※ 주펌프의 기동점

옥내소화전	자연낙차압 + 0.2MPa
스프링클러설비	자연낙차압 + 0.15MPa

- Diff = 정지압력(Range) − 기동압력
  = 0.7 − 0.45 = 0.25MPa

빈출 18 `2025` `2024` `2021` `2018`

다음 그림은 가스 계소화설비 중 기동용기함의 각 구성요소를 나타낸 것이다. 가스계 소화설비 작동점검 전 가장 우선해야 하는 안전조치로 옳은 것은?

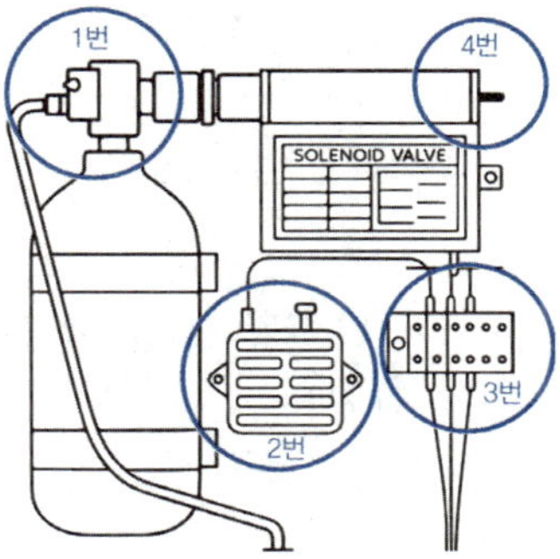

① 1번의 연결부분을 분리한다.
② 2번의 압력스위치를 당긴다.
③ 3번의 단자에 배선을 연결한다.
④ **4번의 안전핀을 체결한다.**

작동점검 전 안전조치

솔레노이드 격발		
안전핀 체결 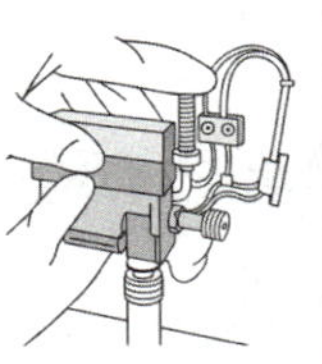	솔레노이드 분리 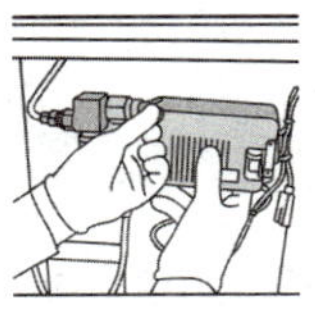	안전핀 제거 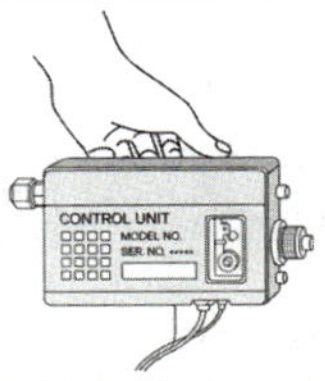

빈출 19 [2021] [2020]

어느 특정소방대상물에 소방안전관리자를 선임하던 중 2021년 7월 1일 해임하였다. 해임한 날부터 며칠 이내에 선임해야 하고, 선임한 날부터 며칠 이내에 관할 소방서장에게 신고해야 하는가?

① 선임일 : 2021년 8월 1일, 선임신고일 : 2021년 8월 31일
② 선임일 : 2021년 8월 1일, 선임신고일 : 2021년 8월 11일
③ 선임일 : 2021년 7월 30일, 선임신고일 : 2021년 8월 31일
④ 선임일 : 2021년 7월 15일, 선임신고일 : 2021년 7월 25일

소방안전관리자의 선임과 선임신고
- 선임 : 30일 이내에 선임
  → 2021년 7월 31일 이내에 선임해야 한다.
- 선임신고 등 : 선임한 날부터 14일 이내에 소방본부장 또는 소방서장에게 신고

빈출 20 [2023] [2019]

옥내소화전설비에 대한 내용으로 옳은 것은?

① 옥내소화전(2개 이상인 경우 2개, 고층건축물의 경우 최대 5개)을 동시에 방수할 경우 방수압력은 0.17MPa 이상 0.7MPa 이하가 되어야 한다.
② 옥내소화전(2개 이상인 경우 2개, 고층건축물의 경우 최대 5개)을 동시에 방수할 경우 방수량은 350L/min 이상이어야 한다.
③ 방수구는 바닥으로부터 0.8m ~ 1.5m 이하의 위치에 설치한다.
④ 옥내소화전설비의 호스의 구경은 25mm 이상의 것을 사용하여야 한다.

- 옥내소화전(2개 이상인 경우 2개, 고층건축물의 경우 최대 5개)을 동시에 방수할 경우 방수량은 130L/min 이상이어야 한다.
- 방수구는 바닥으로부터 높이가 1.5m 이하의 위치에 설치한다.
- 옥내소화전설비의 호스의 구경은 40mm(호스릴 25mm) 이상의 것을 사용하여야 한다.

빈출 21 [2024] [2020]

자동화재탐지설비의 회로도통시험 적부 판정방법으로 옳지 않은 것은?

① 전압계가 있는 경우 정상은 24[V]를 가리킨다.
② 전압계가 있는 경우 단선은 0[V]를 가리킨다.
③ 도통시험 확인등이 있는 경우 정상은 정상확인등이 녹색으로 점등된다.
④ 도통시험 확인등이 있는 경우 단선은 단선확인등이 적색으로 점등된다.

전압계가 있는 경우 정상은 4 ~ 8[V]를 가리킨다.

빈출 22 [2024] [2020]

무창층에 대한 설명으로 옳지 않은 것은?

① 내부 또는 외부에서 쉽게 부수거나 열 수 있을 것
② 도로 또는 차량이 진입할 수 있는 빈터를 향할 것
③ 해당 층의 바닥면으로부터 개구부 밑부분까지의 높이가 1.0m 이내일 것
④ 크기는 지름 50cm 이상의 원이 통과할 수 있을 것

해당 층의 바닥면으로부터 개구부 밑부분까지의 높이가 1.2m 이내일 것

빈출 23 [2025] [2022] [2020]

다음 중 종합방재실의 설치위치에 대한 설명으로 옳지 않은 것은?

① 화재 및 침수 등으로 인하여 피해를 입을 우려가 적은 곳
② 초고층 건축물에 특별피난계단이 설치되어 있고, 특별피난계단 출입구로부터 5m 이내에 종합방재실을 설치하려는 경우에는 지하 1층 또는 지하 2층에 설치할 수 있다.
③ 1층 또는 피난층
④ 공동주택의 경우에는 관리사무소 내에 설치할 수 있다.

초고층 건축물 등에 특별피난계단이 설치되어 있고, 특별피난계단 출입구로부터 5m 이내에 종합방재실을 설치하려는 경우 2층 또는 지하 1층에 설치할 수 있다.

빈출 24 [2023] [2022] [2021] [2018]

다음 중 출혈에 대한 설명 및 응급처치 방법으로 알맞은 것은?

① 절단과 같은 심한 출혈이 있을 때 최후의 수단으로 직접압박법을 시행한다.
② 응급처치 방법에는 직접압박법과 부목고정법이 있다.
③ 호흡과 맥박이 느리고 약하고 불규칙하다.
④ 출혈 시 탈수현상이 나타나며 갈증을 호소한다.

- 절단과 같은 심한 출혈이 있을 때 최후의 수단으로 지혈대 사용법을 사용한다.
- 출혈 시 응급처치 방법에는 직접압박법과 지혈대 사용법이 있다.
- 출혈 시 호흡과 맥박이 빠르고 약하고 불규칙하다.

빈출 25 [2025] [2021] [2019] [2018]

다음은 방염에 관한 내용이다. (   ) 안에 들어갈 말로 알맞은 것은?

> 방염성능기준 이상의 실내장식물 등을 설치하여야 할 장소는 (㉠)이며, 방염대상물품은 (㉡)에 설치하는 스크린이다.

① ㉠ : 운동시설, ㉡ : 가상체험 체육시설업
② ㉠ : 노유자 시설, ㉡ : 야구연습장
③ ㉠ : 아파트, ㉡ : 농구연습장
④ ㉠ : 방송국, ㉡ : 탁구연습장

방염성능기준 이상의 실내장식물 등을 설치하여야 할 장소는 운동시설(㉠)이며, 방염대상물품은 가상체험 체육시설업(㉡)에 설치하는 스크린이다.

빈출 26 [2025] [2023] [2019] [2018]

방화구획의 설치기준 중 스프링클러설비, 기타 이와 유사한 자동식 소화설비를 설치한 10층 이하의 층은 바닥면적 몇 m² 이내마다 구획하여야 하는가?

① 1,500m²
② 3,000m²
③ 4,000m²
④ 5,000m²

방화구획의 면적별 구획기준

면적별 구획	• 10층 이하의 층은 바닥면적 1,000m² 이내마다 구획 • 11층 이상의 층은 바닥면적 200m²(벽 및 반자의 실내마감이 불연재료인 경우 500m²) 이내마다 구획 ※ 스프링클러설비 기타 이와 유사한 자동식 소화설비를 설치한 경우에는 상기 면적의 3배 이내마다 구획

∴ 1,000m² × 3배 = 3,000m² 이내마다 구획해야 한다.

빈출 27 `2024` `2020` `2019`

다음 그림의 소화기를 점검하고자 할 때 알맞지 않은 것은? (현재는 2020년이라 가정한다)

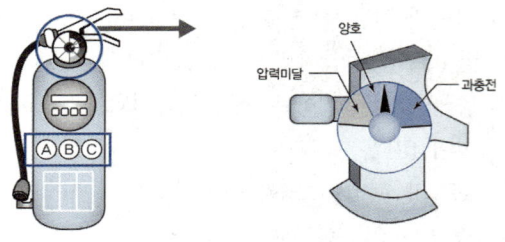

- 총중량 : 3.3kg
- 주성분 : $NH_4N_2PO_4$
- 능력단위 : A3B5C
- 충전압력 : 0.9MPa(20℃)
- 제조연월 : 2012.11

① 금속화재에 적응성이 있다.
② 축압식 분말소화기를 점검하고 있다.
③ 내용연수 초과로 소화기를 교체해야 한다.
④ 0.7 ~ 0.98MPa의 압력을 유지하고 있다.

일반화재(A급화재)	A
유류화재(B급화재)	B
전기화재(C급화재)	C
주방화재(K급화재)	K
금속화재(D급화재)	D

→ 능력단위에 표시 D가 없으므로 금속화재에는 적응성이 없다.

빈출 28 `2025` `2024`

다음 그림과 같이 습식 스프링클러설비의 말단 시험 밸브를 개방하여 가압수를 배출시키고 감시제어반을 확인할 때 제어반에서 확인해야 할 사항으로 알맞지 않은 것은?

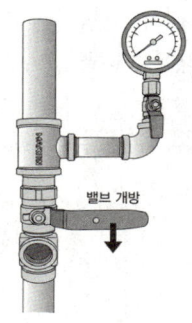

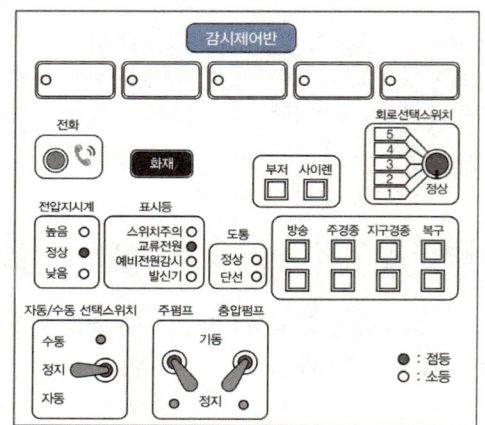

① 알람밸브 동작 확인
② 감지기 작동 확인
③ 사이렌 및 경보작동 확인
④ 화재표시등 점등 확인

습식, 건식 스프링클러설비	준비작동식, 일제살수식 스프링클러설비
감지기 ×	감지기 ○

빈출 29 `2025` `2023` `2022` `2021`

다음 중 1급 소방안전관리자로 선임될 수 없는 사람은? (단, 해당 소방안전관리자가 자격증을 받은 경우이다)

① 소방설비기사
② 소방설비산업기사
③ 소방시설관리사
④ 위험물안전관리자로 선임된 위험물기능장

- 1급 소방안전관리대상물

선임자격	• 소방설비기사 또는 소방설비산업기사의 자격이 있는 사람 • 소방공무원으로 7년 이상 근무한 경력이 있는 사람 • 소방청장이 실시하는 1급 소방안전관리대상물의 소방안전관리에 관한 시험에 합격한 사람

- 2급 소방안전관리대상물

선임자격	• 위험물기능장·위험물산업기사 또는 위험물기능사 자격이 있는 사람 • 소방공무원으로 3년 이상 근무한 경력이 있는 사람 • 소방청장이 실시하는 2급 소방안전관리대상물의 소방안전관리에 관한 시험에 합격한 사람 • 소방안전관리자로 선임된 사람(소방안전관리자로 선임된 기간으로 한정)

빈출 30 `2023` `2022` `2019` `2018`

다음 그림은 옥내소화전 감시제어반 중 펌프제어를 위한 스위치의 예시를 나타낸 것이다. 평상시 및 펌프점검 시 스위치 위치에 대한 설명으로 옳은 것을 모두 고른 것은?

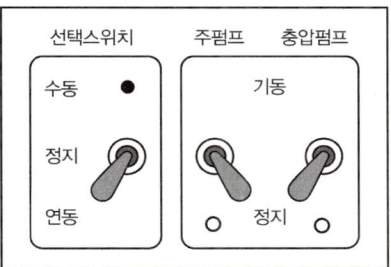

> ㉠ 평상시 펌프 선택스위치는 '수동' 위치에 있어야 한다.
> ㉡ 평상시 주펌프 스위치는 '기동' 위치에 있어야 한다.
> ㉢ 펌프 수동기동 시 펌프 선택스위치는 '수동'에 있어야 한다.

① ㉠ ② ㉢
③ ㉠, ㉡ ④ ㉠, ㉡, ㉢

감시제어반의 스위치와 표시등
- 평상시에 펌프는 정지상태로 '자동(연동)'에 있어야 한다.
- 시험점검을 위한 수동 조작 시에는 자동/수동 절환스위치를 '수동' 위치에, 주펌프 또는 충압펌프는 '기동' 버튼을 눌러야 한다.
→ ㉠ : 연동, ㉡ : 정지

박문각 자격증 시리즈
소방안전관리자 1급
필기 8개년 기출문제집 + 무료특강

초판인쇄	2026. 1. 15	
초판발행	2026. 1. 20	저자와의 협의 하에 인지 생략

편 저 자	김연진
발 행 인	박용
출판총괄	김현실
개발책임	이성준
편집개발	김태희, 이보혜
마 케 팅	김치환, 최지희
일러스트	㈜ 유미지
발 행 처	㈜ 박문각출판
출판등록	등록번호 제2019-000137호
주　　소	06654 서울시 서초구 효령로 283 서경B/D 4층
전　　화	(02) 6466-7202
팩　　스	(02) 584-2927
홈페이지	www.pmgbooks.co.kr
ISBN	979-11-7519-235-5
정가	20,000원

이 책의 무단 전재 또는 복제 행위는 저작권법 제 136조에 의거, 5년 이하의 징역 또는 5,000만원 이하의 벌금에 처하거나 이를 병과할 수 있습니다.